建筑识图从新手老手到高手丛书

建筑结构工程施工图识读要领与实例

张　勇　主编

中国建材工业出版社

图书在版编目(CIP)数据

建筑结构工程施工图识读要领与实例/张勇　主编．
—北京：中国建材工业出版社，2013.10
(建筑识图从新手老手到高手丛书)
ISBN 978-7-5160-0597-2

Ⅰ.①建…　Ⅱ.①张…　Ⅲ.①结构工程—工程施工—建筑制图—识别　Ⅳ.①TU74

中国版本图书馆CIP数据核字(2013)第228763号

内　容　提　要

本书从实际需求出发，以面广、实用、精练、方便查阅为原则。以最新现行国家标准和行业标准为主要依据编写，是一本深入浅出讲解建筑结构施工图的书籍。本书共分为四章，内容包括：建筑结构施工图识图基础、钢筋混凝土结构施工图识读、钢结构施工图识读和砌体结构施工图识读。

本书内容详实，语言简练，重点突出，图文并茂，浅显易懂。本书具有较强的指导性和可读性，可作为建筑工程施工技术人员的必备培训用书、学习辅导提高书，也适合大中专、技校等院校相关专业师生参考使用。

建筑识图从新手老手到高手丛书
建筑结构工程施工图识读要领与实例
张　勇　主编

出版发行：中国建材工业出版社
地　　址：北京市西城区车公庄大街6号
邮　　编：100044
经　　销：全国各地新华书店
印　　刷：北京雁林吉兆印刷有限公司
开　　本：710mm×1000mm　1/16
印　　张：15.25
字　　数：290千字
版　　次：2013年10月第1版
印　　次：2013年10月第1次
定　　价：45.00元

本社网址：www.jccbs.com.cn
本书如出现印装质量问题，由我社营销部负责调换。联系电话：(010)88386906

编 委 会

前 言

建筑施工图识读是建筑工程施工的基础，建筑构造和设备是建筑设计的重要组成部分，也是建筑装饰施工中必须给予重视的关键环节。

参加工程建筑施工的新员工，对建筑的基本构造不熟悉，不能熟练掌握建筑施工图，随着国家经济建设的发展，建筑工程的规模也日益扩大，对于施工人员的识图技能要求也越来越高，帮助他们正确掌握建筑施工图，提高识图技能，为实施工程施工创造良好的条件，是本丛书编写的出发点。

本丛书按照最新颁布的《房屋建筑制图统一标准》(GB/T 50001—2010)、《总图制图标准》(GB/T 50103—2010)、《建筑制图标准》(GB/T 50104—2010)、《建筑结构制图标准》(GB/T 50105—2010)、《建筑给水排水制图标准》(GB/T 50106—2010)、《暖通空调制图标准》(GB/T 50114—2010)等相关国家标准编写。

本丛书主要作为有关建筑工程技术人员参照新的制图标准学习怎样正确识读和绘制建筑施工现场工程图的培训用书和学习参考书，同时用于专业人员提升专业和技术水平的参考书，还可作为高等院校土建类各专业的参考教材。

本丛书共分为三册：

(1)《建筑结构工程施工图识读要领与实例》；

(2)《建筑设备工程施工图识读要领与实例》；

(3)《建筑给排水工程施工图识读要领与实例》。

本丛书在编写过程中，融入了编者多年的工作经验。注重工程实践，侧重实际工程施工图的识读，是本书的特色之一。

由于编写水平有限，丛书中的缺点在所难免，希望同行和读者给予指正。

编 者

2013 年 9 月

目　录

中国建材工业出版社
China Building Materials Press

第一章 建筑结构施工图识图基础

第一节 国家制图标准

一、图线

(1)图线的宽度 b 应根据图样的复杂程度和比例，按现行国家标准《房屋建筑制图统一标准》(GB/T 50001—2010)中图线的有关规定选用。

(2)总图制图应根据图纸功能，按表 1-1 规定的线型选用。

表 1-1 图线

名称		线型	线宽	用途
实线	粗		b	(1)新建建筑物±0.000 高度可见轮廓线； (2)新建铁路、管线
	中		$0.7b$ $0.5b$	(1)新建构筑物、道路、桥涵、边坡、围墙、运输设施的可见轮廓线； (2)原有标准轨距铁路
	细		$0.25b$	(1)新建建筑物±0.000 高度以上的可见建筑物、构筑物轮廓线； (2)原有建筑物、构筑物，原有窄轨、铁路、道路、桥涵、围墙的可见轮廓线； (3)新建人行道、排水沟、坐标线、尺寸线、等高线
虚线	粗		b	新建建筑物、构筑物地下轮廓线
	中		$0.5b$	计划预留扩建的建筑物、构筑物、铁路、道路、运输设施、管线、建筑红线及预留用地各线
	细		$0.25b$	原有建筑物、构筑物、管线的地下轮廓线
单点长画线	粗		b	露天矿开采界限
	中		$0.5b$	土方填挖区的零点线
	细		$0.25b$	分水线、中心线、对称线、定位轴线
双点长画线	粗		b	用地红线
	中		$0.7b$	地下开采区塌落界限
	细		$0.5b$	建筑红线

续表

名称	线型	线宽	用途
折断线		0.5b	断线
不规则曲线		0.5b	新建人工水体轮廓线

注:根据各类图纸所表示的不同重点确定使用不同的粗、细线型。

(3)建筑结构专业制图应选用表 1-2 中的图线。每个图样应根据复杂程度与比例大小,先选用适当基本线宽度 b,再选用相应的线宽。根据表达内容的层次,基本线宽 b 和线宽比可适当地增加或减少。在同一张图纸中,相同比例的各种图样,应该用相同的线宽组。

表 1-2 图线

名称		线型	线宽	用途
实线	粗		b	螺栓、钢筋线、结构平面图中的单线结构构件线、钢木支撑及系杆线、图名下横线、剖切线
	中粗		0.7b	结构平面图及详图中剖到或可见的墙身轮廓线,基础轮廓线,钢、木结构轮廓线,钢筋线
	中		0.5b	结构平面图及详图中剖到或可见的墙身轮廓线、基础轮廓线、可见的钢筋混凝土构件轮廓线、钢筋线
	细		0.25b	标注引出线、标高符号线、索引符号线、尺寸线
虚线	粗		b	不可见的钢筋线、螺栓线、结构平面图中不可见的单线结构构件线及钢、木支撑线
	中粗		0.7b	结构平面图中的不可见构件、墙身轮廓线及不可见钢、木结构构件线、不可见的钢筋线
	中		0.5b	结构平面图中的不可见构件、墙身轮廓线及不可见钢、木结构构件线、不可见的钢筋线
	细		0.25b	基础平面图中的管沟轮廓线、不可见的钢筋混凝土构件轮廓线
单点长画线	粗		b	柱间支撑、垂直支撑、设备基础轴线图中的中心线
	细		0.25b	定位轴线、对称线、中心线、重心线

续表

名称		线型	线宽	用途
双点长画线	粗		b	预应力钢筋线
	细		0.25b	原有结构轮廓线
折断线			0.25b	断开界线
波浪线			0.25b	断开界线

二、比例

(1)总图制图采用的比例宜符合表 1-3 的规定。

表 1-3　比例

图名	比例
现状图	1∶500、1∶1 000、1∶2 000
地理交通位置图	1∶25 000～1∶200 000
总体规划、总体布置、区域位置图	1∶2 000、1∶5 000、1∶10 000、1∶25 000、1∶50 000
总平面图，竖向布置图，管线综合图，土方图，铁路、道路平面图	1∶300、1∶500、1∶1 000、1∶2 000
场地园林景观总平面图、场地园林景观竖向布置图、种植总平面图	1∶300、1∶500、1∶1 000
铁路、道路纵断面图	垂直:1∶100、1∶200、1∶500 水平:1∶1 000、1∶2 000、1∶5 000
铁路、道路横断面图	1∶20、1∶50、1∶100、1∶200
场地断面图	1∶100、1∶200、1∶500、1∶1 000
详图	1∶1、1∶2、1∶5、1∶10、1∶20、1∶50、1∶100、1∶200

(2)建筑结构工程绘图时，根据图样的用途，以及被绘物体的复杂程度，应选用表 1-4 中的常用比例，特殊情况也可选用可用比例。

表 1-4 建筑结构工程比例

图名	常用比例	可用比例
结构平面图 基础平面图	1∶50、1∶100、1∶150	1∶60、1∶200
圈梁平面图，总图中 管沟、地下设施等	1∶200、1∶500	1∶300
详图	1∶10、1∶20、1∶50	1∶5、1∶30、1∶25

(3)当构件的纵、横向断面尺寸相差悬殊时，可在同一详图中的纵、横向选用不同的比例绘图。轴线尺寸与构件也可选用不同的比例绘制。

三、建筑结构工程基本知识

(1)构件的名称可用代号来表示，代号后应用阿拉伯数字标注该构件的型号或编号，也可为构件的顺序号。构件的顺序号采用不带角标的阿拉伯数字连续编排。常用的构件代号应符合表 1-5 的规定。

表 1-5 常用构件代号

序 号	名 称	代 号
1	板	B
2	屋面板	WB
3	空心板	KB
4	槽形板	CB
5	折板	ZB
6	密肋板	MB
7	楼梯板	TB
8	盖板或沟盖板	GB
9	挡雨板或檐口板	YB
10	起重机安全走道板	DB
11	墙板	QB
12	天沟板	TGB
13	梁	L
14	屋面梁	WL

续表

序　号	名　称	代　号
15	吊车梁	DL
16	单轨吊车梁	DDL
17	轨道连接	DGL
18	车挡	CD
19	圈梁	QL
20	过梁	GL
21	连系梁	LL
22	基础梁	JL
23	楼梯梁	TL
24	框架梁	KL
25	框支梁	KZL
26	屋面框架梁	WKL
27	檩条	LT
28	屋架	WJ
29	托架	TJ
30	天窗架	CJ
31	框架	KJ
32	刚架	GJ
33	支架	ZJ
34	柱	Z
35	框架柱	KZ
36	构造柱	GZ
37	承台	CT
38	设备基础	SJ
39	桩	ZH
40	挡土墙	DQ
41	地沟	DG

续表

序　号	名　称	代　号
42	柱间支撑	ZC
43	垂直支撑	CC
44	水平支撑	SC
45	梯	T
46	雨篷	YP
47	阳台	YT
48	梁垫	LD
49	预埋件	M—
50	天窗端壁	TD
51	钢筋网	W
52	钢筋骨架	G
53	基础	J
54	暗柱	AZ

注：1. 预制混凝土构件、现浇混凝土构件、钢构件和木构件，一般可以采用本表中的构件代号。在绘图中，除混凝土构件可以不注明材料代号外，其他材料的构件应在构件代号前加注材料代号，并在图纸中加以说明。

2. 预应力混凝土构件的代号，应在构件代号前加注“Y”，如 Y-DL 表示预应力混凝土起重机梁。

(2)当采用标准、通用图集中的构件时，应用该图集中的规定代号或型号注写。

(3)结构平面图应按图 1-1、图 1-2 的规定采用正投影法绘制，特殊情况下也可采用仰视投影绘制。

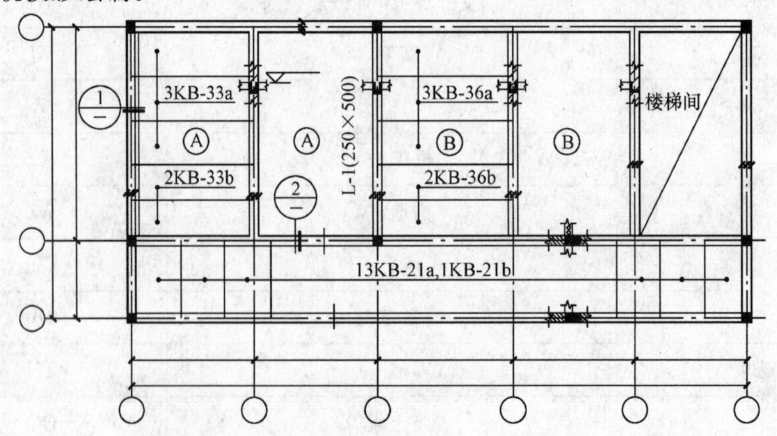

图 1-1　用正投影法绘制预制楼板结构平面图

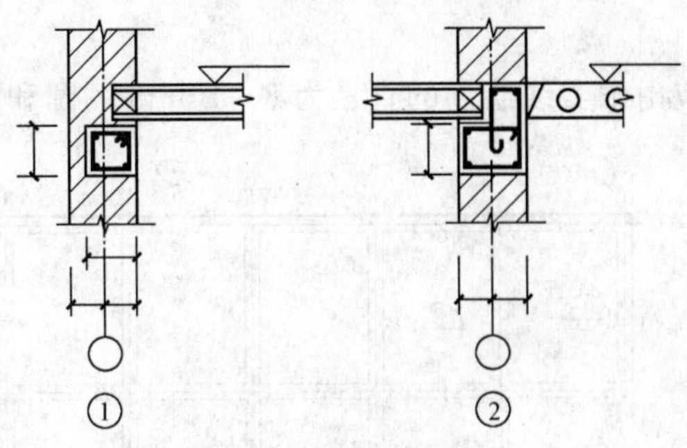

图 1-2　节点详图

(4)在结构平面图中，构件应采用轮廓线表示，当能用单线表示清楚时，也可用单线表示。定位轴线应与建筑平面图或总平面图一致，并标注结构标高。

(5)在结构平面图中，当若干部分相同时，可只绘制一部分，并用大写的拉丁字母(A、B、C……)外加细实线圆圈表示相同部分的分类符号。分类符号圆圈直径为8mm 或 10mm。其他相同部分仅标注分类符号。

(6)桁架式结构的几何尺寸图可用单线图表示。杆件的轴线长度尺寸应标注在构件的上方(图 1-3)。

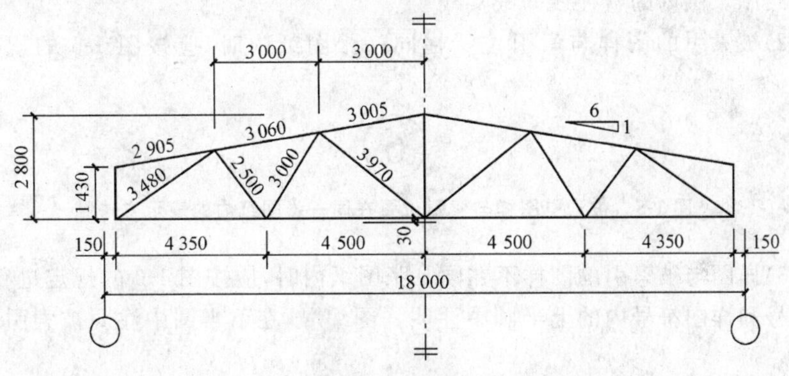

图 1-3　对称桁架几何尺寸标注方法

(7)在杆件布置和受力均对称的桁架单线图中，若需要时可在桁架的左半部分标注杆件的几何轴线尺寸，右半部分标注杆件的内力值和反力值；非对称的桁架单线图，可在上方标注杆件的几何轴线尺寸，下方标注杆件的内力值和反力值。竖杆的几何轴线尺寸可标注在左侧，内力值标注在右侧。

(8)在结构平面图中索引的剖视详图、断面详图应采用索引符号表示，其编号顺序宜按图 1-4 的规定进行编排，并符合下列规定：

1)外墙按顺时针方向从左下角开始编号；

2)内横墙从左至右，从上至下编号；

3)内纵墙从上至下，从左至右编号。

(9)在结构平面图中的索引位置处，粗实线表示剖切位置，引出线所在一侧应为投射方向。

(10)索引符号应由细实线绘制的直径为 8～10mm 的圆和水平直径线组成。

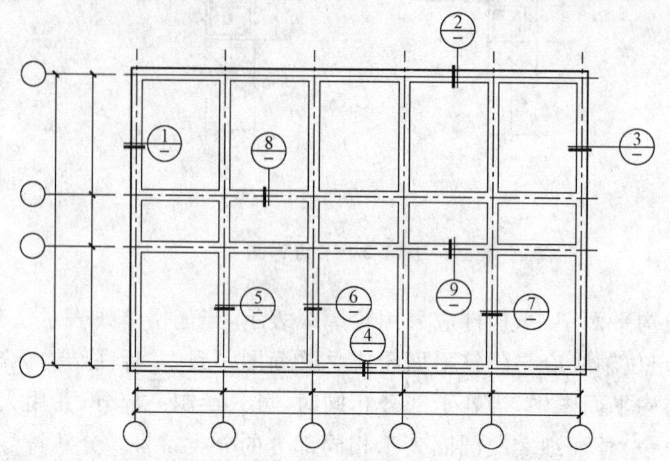

图 1-4　结构平面图中索引剖视详图、断面详图编号顺序表示方法

(11)被索引出的详图应以详图符号表示,详图符号的圆应以直径为 14mm 的粗实线绘制。圆内的直径线为细实线。

(12)被索引的图样与索引位置在同一张图纸内时,应按图 1-5 的规定进行编排。

图 1-5　被索引图样与索引位置在同一张图纸内的表示方法

(13)详图与被索引的图样不在同一张图纸内时,应按图 1-6 的规定进行编排,索引符号和详图符号内的上半圆中注明详图编号,在下半圆中注明被索引的图纸编号。

图 1-6　详图和被索引图样不在同一张图纸内的表示方法

(14)构件详图的纵向较长,重复较多时,可用折断线断开,适当省略重复部分。

(15)图样的图名和标题栏内的图名应能准确表达图样、图纸构成的内容,做到简练、明确。

(16)图纸上所有的文字、数字和符号等,应字体端正、排列整齐、清楚正确,避免重叠。

(17)图样及说明中的汉字宜采用长仿宋体,图样下的文字高度不宜小于 5mm,说明中的文字高度不宜小于 3mm。

(18)拉丁字母、阿拉伯数字、罗马数字的高度,不应小于 2.5mm。

第二节　混凝土结构表示方法

一、钢筋的一般表示方法

(1)普通钢筋的一般表示方法应符合表1-6的规定。预应力钢筋的表示方法应符合表1-7的规定。钢筋网片的表示方法应符合表1-8的规定。钢筋的焊接接头的表示方法应符合表1-9的规定。

表1-6　普通钢筋

名　称	图　例	说　明
钢筋横断面	●	—
无弯钩的钢筋端部		下图表示长、短钢筋投影重叠时,短钢筋的端部用45°斜画线表示
带半圆形弯钩的钢筋端部		—
带直钩的钢筋端部		—
带丝扣的钢筋端部		—
无弯钩的钢筋搭接		—
带半圆弯钩的钢筋搭接		—
带直钩的钢筋搭接		—
花篮螺丝钢筋接头	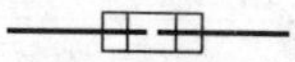	—
机械连接的钢筋接头		用文字说明机械连接的方式(如冷挤压或直螺纹等)

表 1-7　预应力钢筋

名　称	图　例
预应力钢筋或钢绞线	
后张法预应力钢筋断面 无粘结预应力钢筋断面	
单根预应力钢筋断面	
张拉端锚具	
固定端锚具	
锚具的端视图	
可动连接件	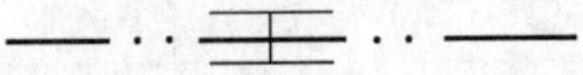
固定连接件	

表 1-8　钢筋网片

名　称	图　例
一片钢筋网平面图	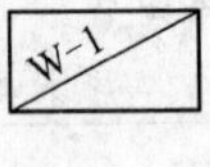 W-1
一行相同的钢筋网平面图	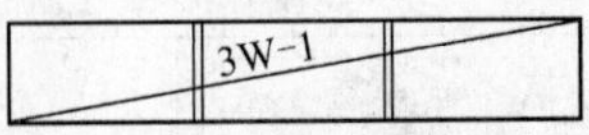 3W-1

注:用文字注明焊接网或绑扎网片。

表 1-9　钢筋的焊接接头

名　称	接头形式	标注方法
单面焊接的钢筋接头	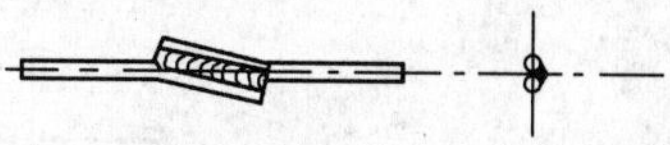	
双面焊接的钢筋接头	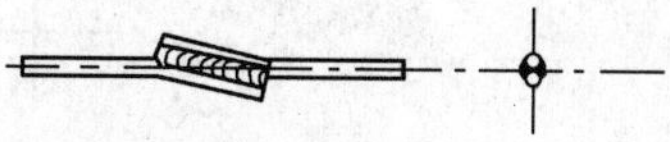	
用帮条单面焊接的钢筋接头	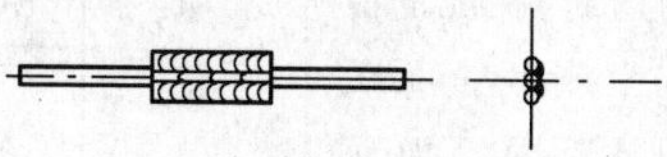	
用帮条双面焊接的钢筋接头	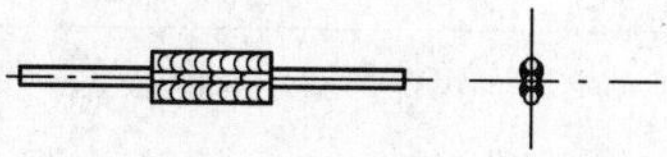	
接触对焊的钢筋接头（闪光焊、压力焊）	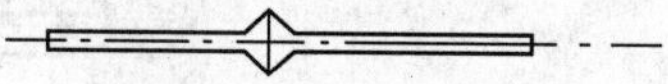	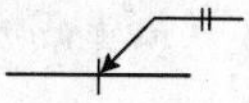
坡口平焊的钢筋接头	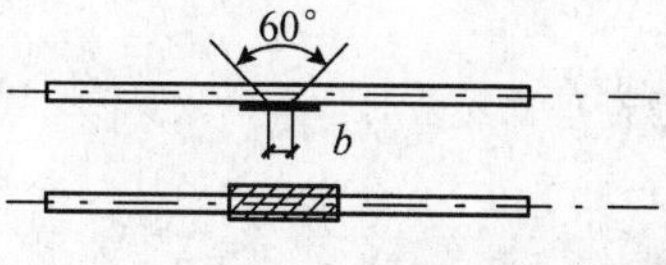 60° b	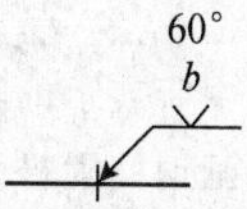 60° b
坡口立焊的钢筋接头	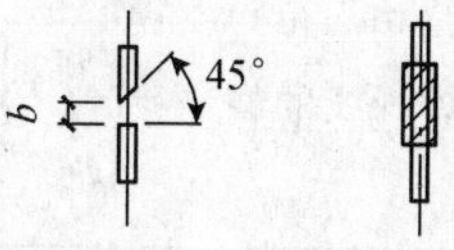 b 45°	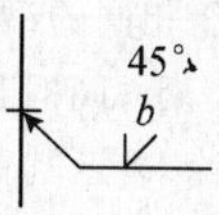 45° b
用角钢或扁钢做连接板焊接的钢筋接头	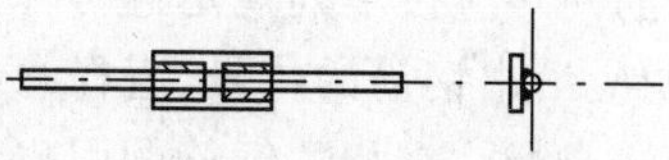	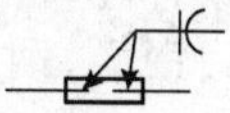
钢筋或螺（锚）栓与钢板穿孔塞焊的接头	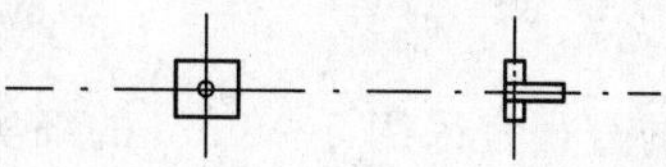	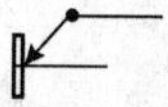

(2)钢筋的画法应符合表 1-10 的规定。

表 1-10　钢筋的画法

说　明	图　例
在结构楼板中配置双层钢筋时，底层钢筋的弯钩应向上或向左，顶层钢筋的弯钩则向下或向右	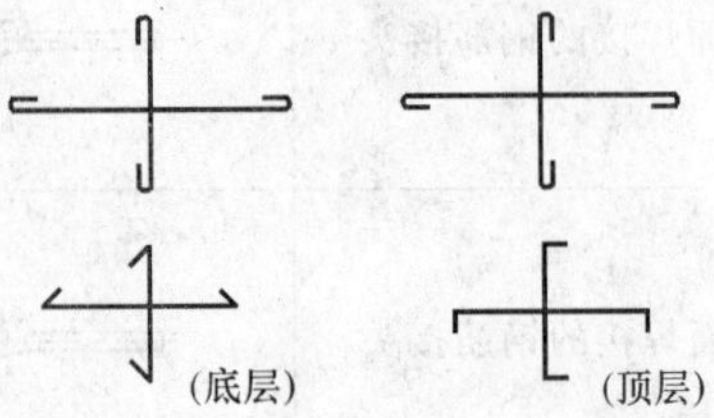 (底层)　(顶层)
钢筋混凝土墙体配双层钢筋时，在配筋立面图中，远面钢筋的弯钩应向上或向左，而近面钢筋的弯钩向下或向右(JM 近面，YM 远面)	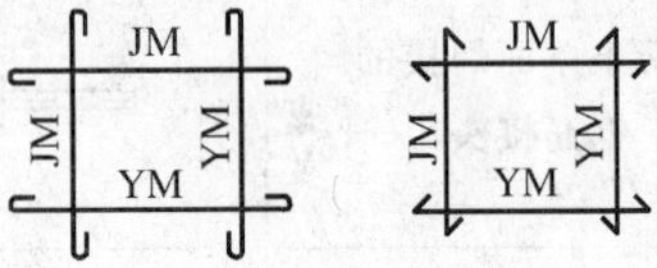 JM　YM　JM　YM　JM　YM　JM　YM
若在断面图中不能表达清楚的钢筋布置，应在断面图外增加钢筋大样图(如钢筋混凝土墙、楼梯等)	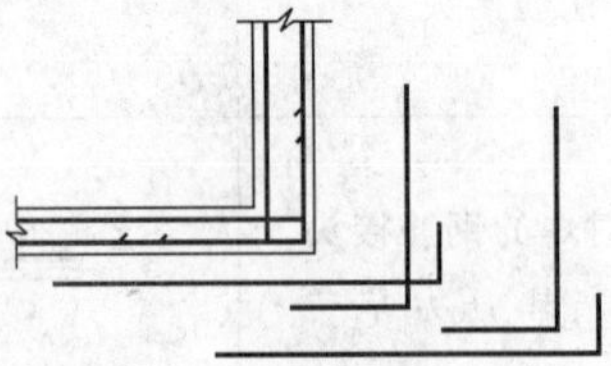
图中所表示的箍筋、环筋等若布置复杂时，可加画钢筋大样及说明	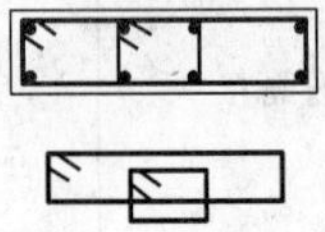
每组相同的钢筋、箍筋或环筋，可用一根粗实线表示，同时用一根两端带斜短画线的横穿细线，表示其钢筋及起止范围	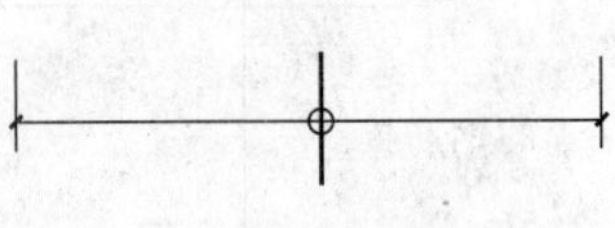

(3)钢筋、钢丝束及钢筋网片应按下列规定进行标注。

1)钢筋、钢丝束的说明应给出钢筋的代号、直径、数量、间距、编号及所在位置，其说明应沿钢筋的长度标注或标注在相关钢筋的引出线上。

2)钢筋网片的编号应标注在对角线上，网片的数量应与网片的编号标注在一起。

3)钢筋、杆件等编号的直径宜采用 5～6mm 的细实线圆表示，其编号应采用阿拉伯数字按顺序编写(简单的构件、钢筋种类较少可不编号)。

(4)钢筋在平面、立面、剖(断)面中的表示方法应符合下列规定。

1)钢筋在平面图中的配置应按图 1-7 所示的方法表示。当钢筋标注的位置不够时,可采用引出线标注。引出线标注钢筋的斜短画线应为中实线或细实线。

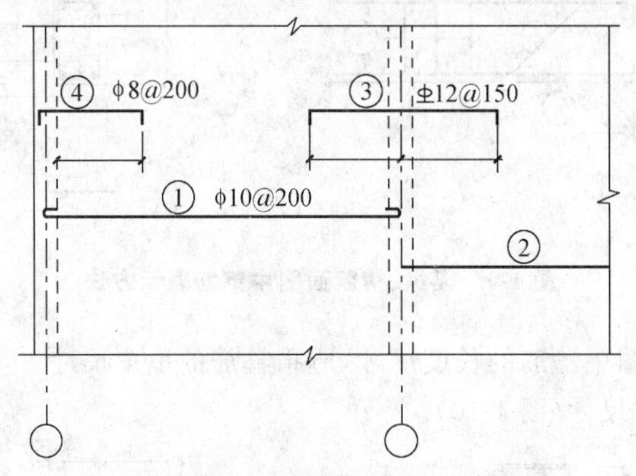

图 1-7　钢筋在楼板配筋图中的表示方法

2)当构件布置较简单时,结构平面布置图可与板配筋平面图合并绘制。

3)平面图中的钢筋配置较复杂时,可按表 1-10 的方法绘制,其表示方法如图 1-8 所示。

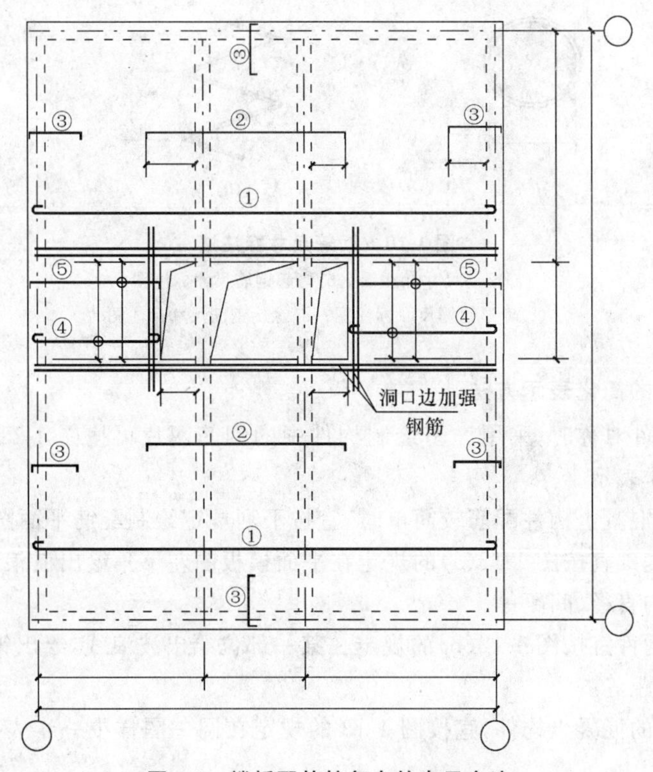

图 1-8　楼板配筋较复杂的表示方法

4)钢筋在梁纵、横断面图中的配置,应按图 1-9 所示的方法表示。

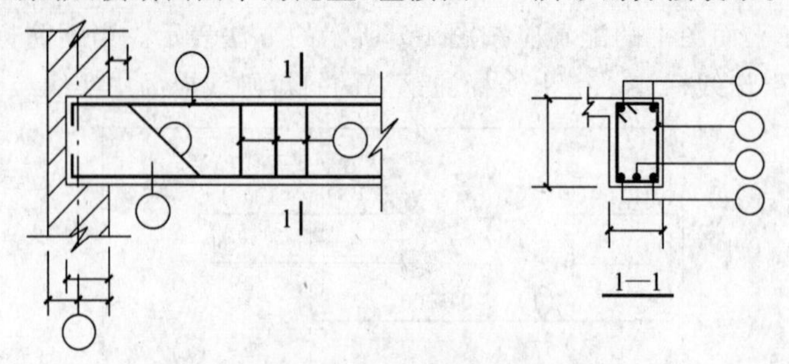

图 1-9 梁纵、横断面图中钢筋表示方法

(5)构件配筋图中箍筋的长度尺寸,应指箍筋的里皮尺寸。弯起钢筋的高度尺寸应指钢筋的外皮尺寸(图 1-10)。

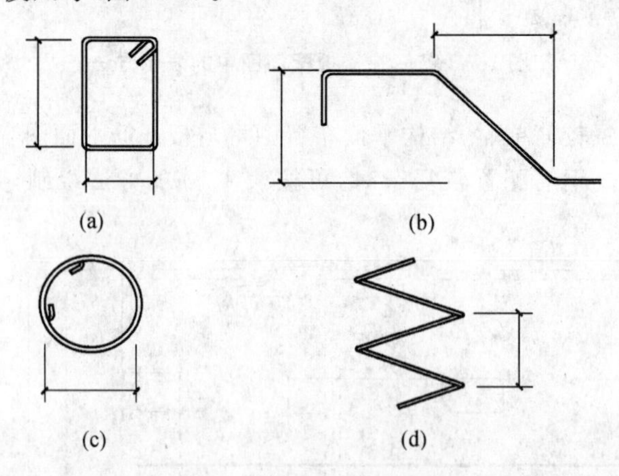

图 1-10 钢箍尺寸标注法

(a)箍筋尺寸标注图;(b)弯起钢筋尺寸标注图;

(c)环形钢筋尺寸标注图;(d)螺旋钢筋尺寸标注图

二、钢筋的简化表示方法

(1)当构件对称时,采用详图绘制构件中的钢筋网片可按图 1-11 所示的方法用一半或 1/4 表示。

(2)钢筋混凝土构件配筋较简单时,宜按下列规定绘制配筋平面图:

1)独立基础宜按图 1-12(a)的规定在平面模板图左下角绘出波浪线,绘出钢筋并标注钢筋的直径、间距等。

2)其他构件宜按图 1-12(b)的规定在某一部位绘出波浪线,绘出钢筋并标注钢筋的直径、间距等。

(3)对称的混凝土构件,宜按图 1-13 的规定在同一图样中一半表示模板,另一半表示配筋。

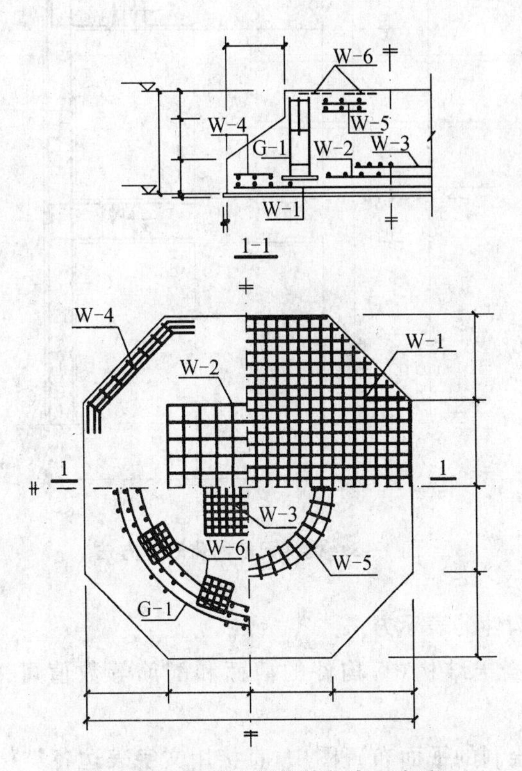

图 1-11　构件中钢筋简化表示方法

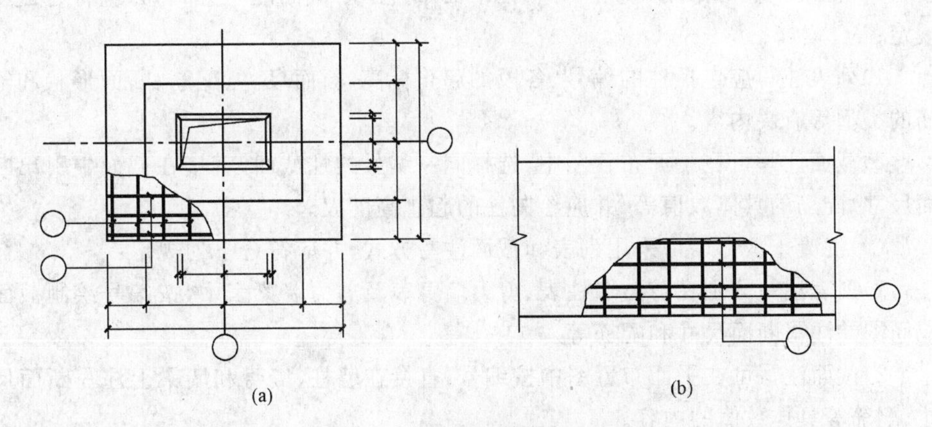

图 1-12　构件配筋简化表示方法

(a)独立基础；(b)其他构件

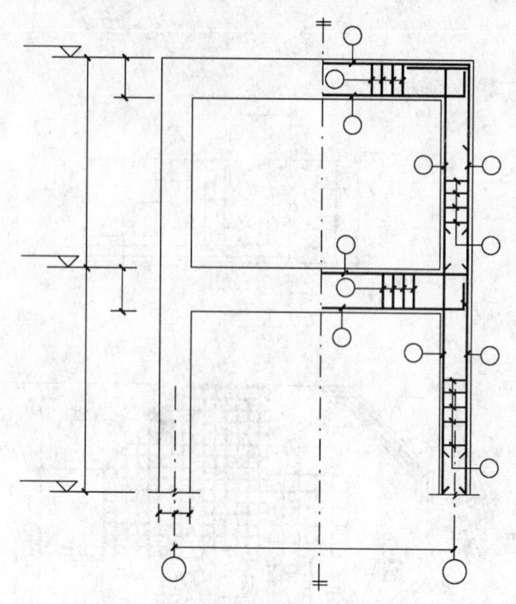

图 1-13　构件配筋简化表示方法

三、文字注写构件的表示方法

（1）在现浇混凝土结构中，构件的截面和配筋等数值可采用文字注写方式表达。

（2）按结构层绘制的平面布置图中，直接用文字表达各类构件的编号（编号中含有构件的类型代号和顺序号）、断面尺寸、配筋及有关数值。

（3）混凝土柱可采用列表注写和在平面布置图中截面注写方式，并应符合下列规定：

1）列表注写应包括柱的编号、各段的起止标高、断面尺寸、配筋、断面形状和箍筋的类型等有关内容。

2）截面注写可在平面布置图中，选择同一编号的柱截面，直接在截面中引出断面尺寸、配筋的具体数值等，并应绘制柱的起止高度表。

（4）混凝土剪力墙可采用列表和截面注写方式，并应符合下列规定：

1）列表注写分别在剪力墙柱表、剪力墙身表及剪力墙梁表中，按编号绘制截面配筋图并注写断面尺寸和配筋等。

2）截面注写可在平面布置图中按编号，直接在墙柱、墙身和墙梁上注写断面尺寸、配筋等具体数值的内容。

（5）混凝土梁可采用在平面布置图中的平面注写和截面注写方式，并应符合下列规定：

1）平面注写可在梁平面布置图中，分别在不同编号的梁中选择一个，直接注写编号、断面尺寸、跨数、配筋的具体数值和相对高差（无高差可不注写）等内容。

2)截面注写可在平面布置图中,分别在不同编号的梁中选择一个,用剖面号引出截面图形并在其上注写断面尺寸、配筋的具体数值等。

(6)重要构件或较复杂的构件,不宜采用文字注写方式表达构件的截面尺寸和配筋等有关数值,宜采用绘制构件详图的表示方法。

(7)基础、楼梯、地下室结构等其他构件,当采用文字注写方式绘制图纸时,可采用在平面布置图上直接注写有关具体数值,也可采用列表注写的方式。

(8)采用文字注写构件的尺寸、配筋等数值的图样,应绘制相应的节点做法及标准构造详图。

四、预埋件、预留孔洞的表示方法

(1)在混凝土构件上设置预埋件时,可按图 1-14 的规定,在平面图或立面图上表示。引出线指向预埋件,并标注预埋件的代号。

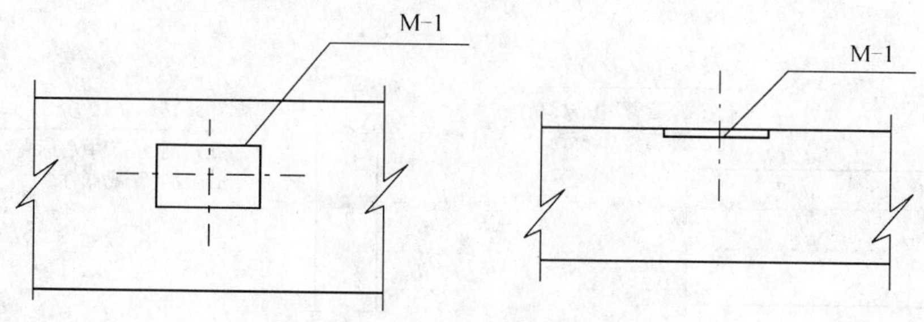

图 1-14　预埋件的表示方法

(2)在混凝土构件的正、反面同一位置均设置相同的预埋件时,可按图 1-15 的规定,引出线为一条实线和一条虚线并指向预埋件,同时在引出横线上标注预埋件的数量及代号。

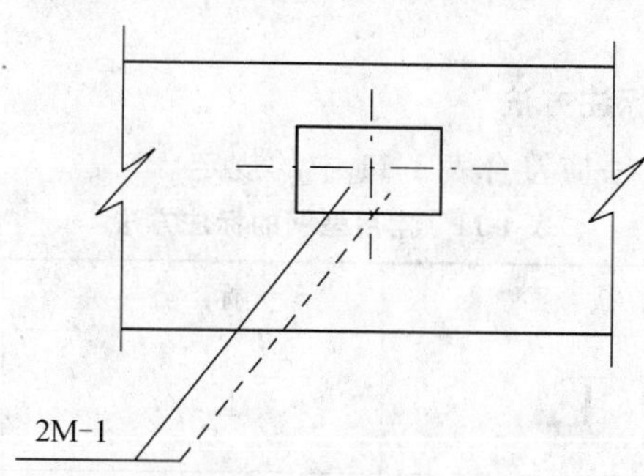

图 1-15　同一位置正、反面预埋件相同的表示方法

(3)在混凝土构件的正、反面同一位置设置编号不同的预埋件时,可按图 1-16 的规定,引一条实线和一条虚线并指向预埋件。引出横线上标注正面预埋件代号,引出横线下标注反面预埋件代号。

(4)在构件上设置预留孔、洞或预埋套管时,可按图 1-17 的规定,在平面或断面图中表示。引出线指向预留(埋)位置,引出横线上方标注预留孔、洞的尺寸和预埋套管的外径。横线下方标注孔、洞(套管)的中心标高或底标高。

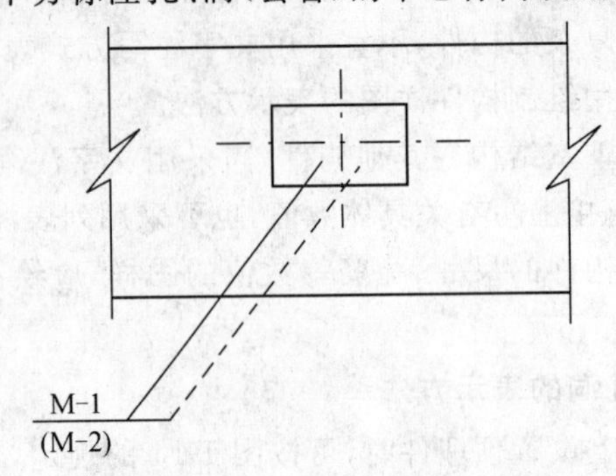

图 1-16　同一位置正、反面预埋件不相同的表示方法

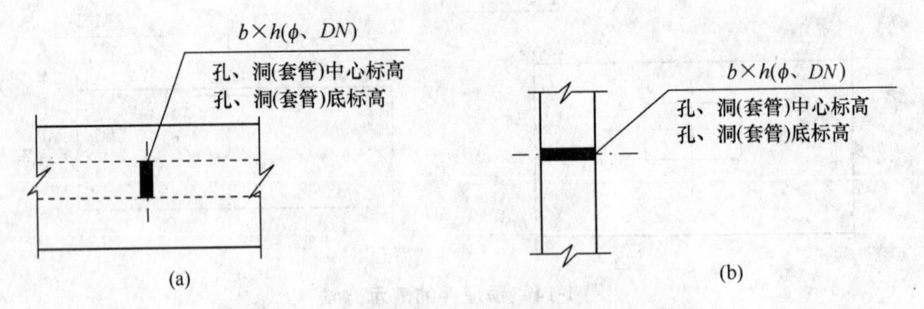

图 1-17　预留孔、洞及预埋套管的表示方法

第三节　钢结构表示方法

一、常用钢结构的标注方法

常用型钢的标注方法应符合表 1-11 中的规定。

表 1-11　常用型钢的标注方法

名　称	截　面	标　注	说　明
等边角钢	∟	∟ $b \times t$	b 为肢宽； t 为肢厚
不等边角钢	B ∟	∟ $B \times b \times t$	B 为长肢宽； b 为短肢宽； t 为肢厚
工字钢	I	I N　Q I N	轻型工字钢加注“Q”字

续表

名　称	截　面	标　注	说　明
槽钢	[	[N　Q[N	轻型槽钢加注“Q”字
方钢	▨ b	□b	—
扁钢	b	— $b\times t$	—
钢板	—	$-\frac{-b\times t}{L}$	$\frac{宽\times厚}{板长}$
圆钢	◍	ϕd	—
钢管	○	$\phi d\times t$	d 为外径； t 为壁厚
薄壁方钢管	□	B□$b\times t$	薄壁型钢加注“B”字， t 为壁厚
薄壁等肢角钢	L	BL$b\times t$	
薄壁等肢 卷边角钢	a	B$b\times a\times t$	
薄壁槽钢	h	B[$h\times b\times t$	
薄壁卷边槽钢	a	B[$h\times b\times a\times t$	
薄壁卷边 Z 型钢	h a b	B$h\times b\times a\times t$	

续表

名 称	截 面	标 注	说 明
T型钢	T	TW×× TM×× TN××	TW为宽翼缘T型钢； TM为中翼缘T型钢； TN为窄翼缘T型钢
H型钢	H	HW×× HM×× HN××	HW为宽翼缘H型钢； HM为中翼缘H型钢； HN为窄翼缘H型钢
起重机钢轨		QU××	详细说明产品规格型号
轻轨及钢轨		××kg/m钢轨	

二、螺栓、孔、电焊铆钉的表示方法

螺栓、孔、电焊铆钉的表示方法应符合表1-12中的规定。

表1-12 螺栓、孔、电焊铆钉的表示方法

名 称	图 例	说 明
永久螺栓	M ϕ	(1)细“+”线表示定位线 (2)M表示螺栓型号 (3)ϕ表示螺栓孔直径
高强螺栓	M ϕ	
安装螺栓	M ϕ	
膨胀螺栓	d	

续表

名　称	图　例	说　明
圆形螺栓孔		(4)d表示膨胀螺栓、电焊铆钉直径 (5)采用引出线标注螺栓时，横线上标注螺栓规格，横线下标注螺栓孔直径
长圆形螺栓孔		
电焊铆钉		

三、常用焊缝的表示方法

(1)焊接钢构件的焊缝除应按现行的国家标准《焊缝符号表示法》(GB/T 324)有关规定执行外，还应符合下述规定。

(2)单面焊缝的标注方法应符合下列规定：

1)当箭头指向焊缝所在的一面时，应将图形符号和尺寸标注在横线的上方，如图 1-18(a)所示；当箭头指向焊缝所在另一面(相对应的那面)时，应将图形符号和尺寸标注在横线的下方，如图 1-18(b)所示。

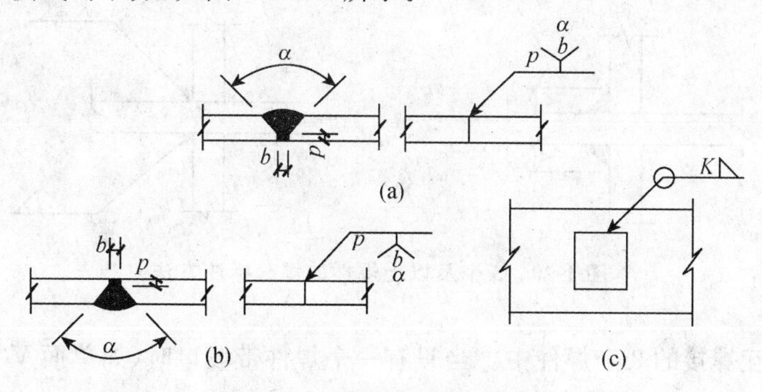

图 1-18　单面焊缝的标注方法

2)表示环绕工作件周围的焊缝时，应按图 1-18(c)的规定执行，其围焊焊缝符号为圆圈，绘在引出线的转折处，并标注焊角尺寸 K。

(3)双面焊缝的标注，应在横线的上、下都标注符号和尺寸。上方表示箭头一面的符号和尺寸，下方表示另一面的符号和尺寸，如图 1-19(a)所示；当两面的焊缝尺寸相同时，只需在横线上方标注焊缝的符号和尺寸，如图 1-19(b)、(c)、(d)所示。

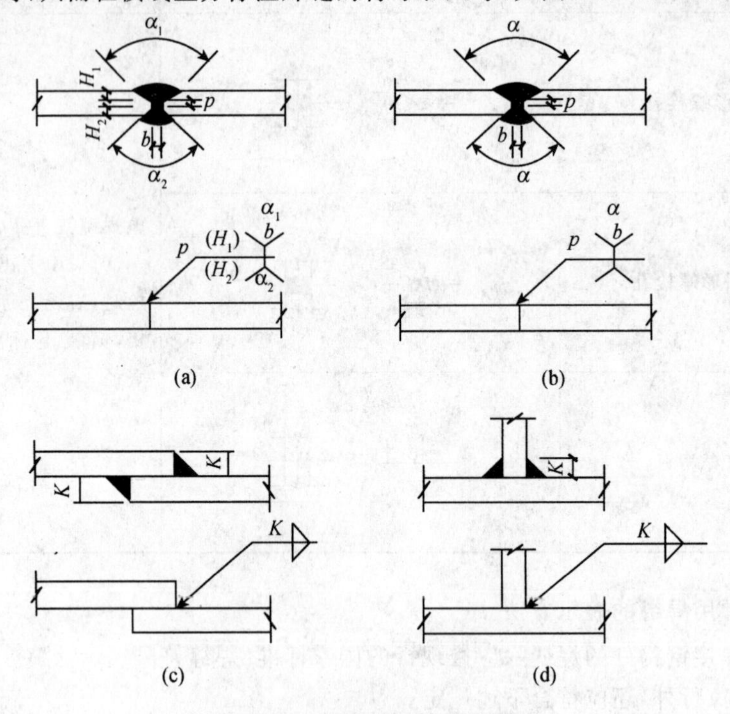

图 1-19 双面焊缝的标注方法

(4)3 个和 3 个以上的焊件相互焊接的焊缝，不得作为双面焊缝标注。其焊缝符号和尺寸应分别标注，如图 1-20 所示。

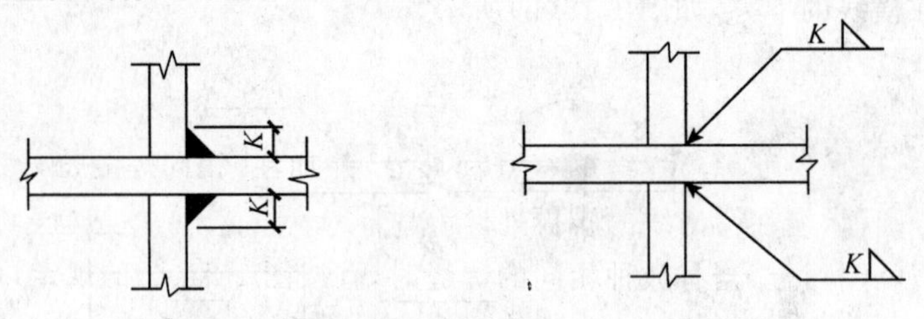

图 1-20 3 个及以上焊件的焊缝标注方法

(5)相互焊接的 2 个焊件中。当只有一个焊件带坡口时(如单面 V 形)，引出线箭头必须指向带坡口的焊件，如图 1-21 所示。

(6)相互焊接的 2 个焊件，当为单面带双边不对称坡口焊缝时，应按图 1-22 的规定，引出线箭头应指向较大坡口的焊件。

(7)当焊缝分布不规则时，在标注焊缝符号的同时，可按图 1-23 的规定，宜在焊缝处加中实线(表示可见焊缝)，或加细栅线(表示不可见焊缝)。

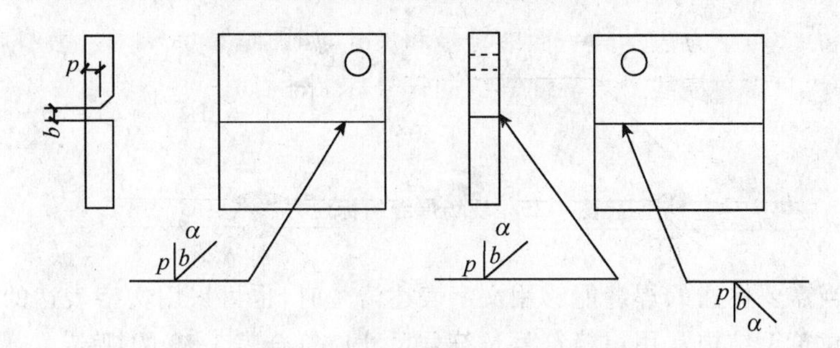

图 1-21　一个焊件带坡口的焊缝标注方法

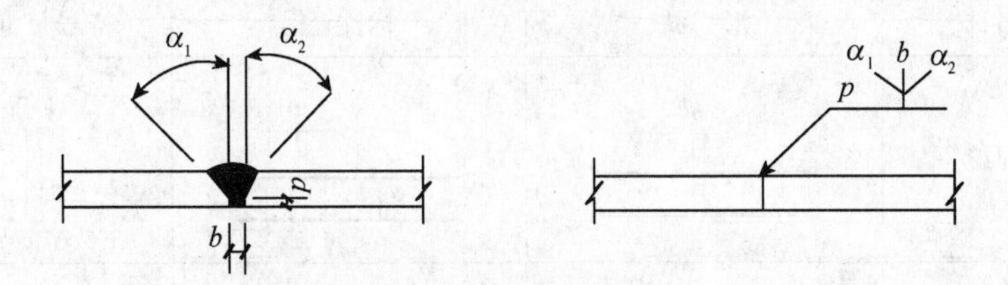

图 1-22　不对称坡口焊缝的标注方法

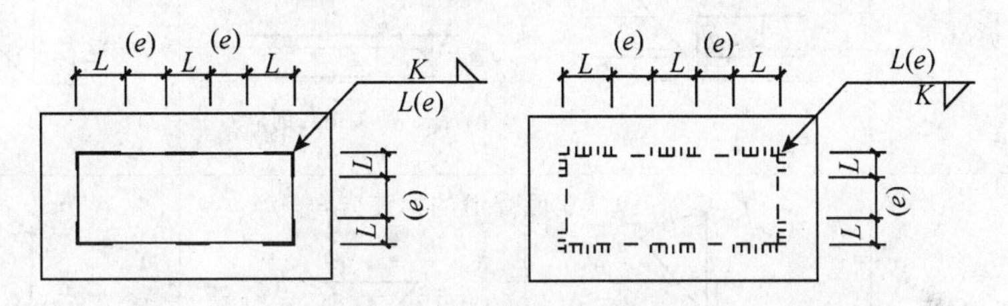

图 1-23　不规则焊缝的标注方法

(8)相同焊缝符号应按下列方法表示：

1)在同一图形上，当焊缝形式、断面尺寸和辅助要求均相同时，应按图 1-24(a)的规定，可只选择一处标注焊缝的符号和尺寸，并加注“相同焊缝符号”，相同焊缝符号为 3/4 圆弧，绘在引出线的转折处。

2)在同一图形上，当有数种相同的焊缝时，宜按图 1-24(b)的规定，可将焊缝分类编号标注。在同一类焊缝中可选择一处标注焊缝符号和尺寸。分类编号采用大写的拉丁字母 A、B、C。

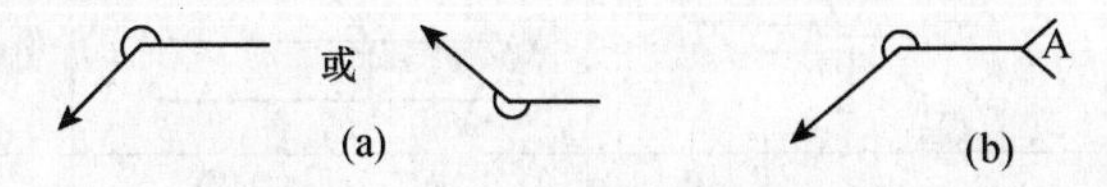

图 1-24　相同焊缝的标注方法

(9)需要在施工现场进行焊接的焊件焊缝，应按图 1-25 的规定标注“现场焊缝”符号。现场焊缝符号为涂黑的三角形旗号，绘在引出线的转折处。

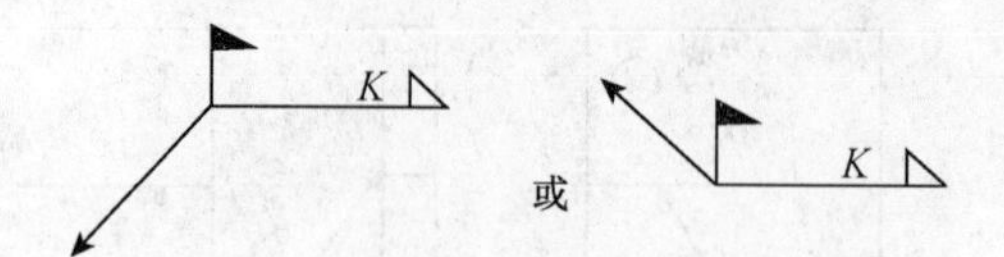

图 1-25　现场焊缝的标注方法

(10)当需要标注的焊缝能够用文字表述清楚时,也可采用文字表达的方式。

(11)建筑钢结构常用焊缝符号及符号尺寸应符合表 1-13 的规定。

表 1-13　建筑钢结构常用焊缝符号及符号尺寸

焊缝名称	形　式	标注法	符号尺寸(mm)
V 形焊缝			
单边 V 形焊缝		注：箭头指向剖口	
带钝边单边 V 形焊缝			
带垫板带钝边单边 V 形焊缝		注：箭头指向剖口	
带垫板 V 形焊缝			
Y 形焊缝			

续表

焊缝名称	形　式	标注法	符号尺寸(mm)
带垫板 Y 形焊缝	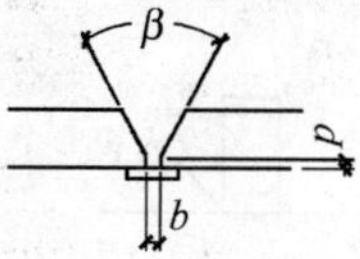	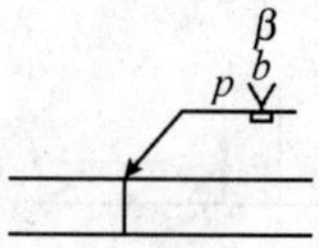	—
双单边 V 形焊缝	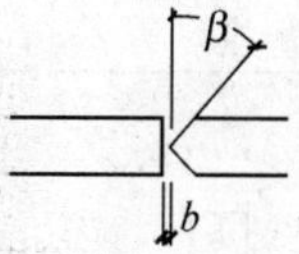	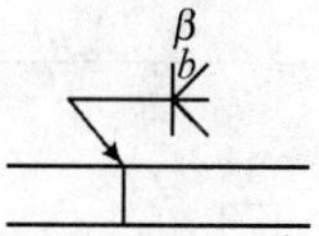	—
双 V 形焊缝	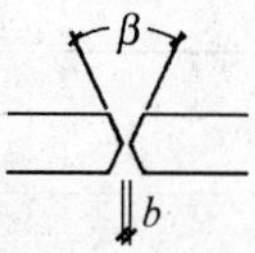	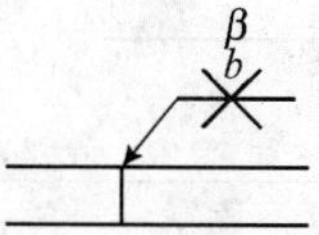	—
带钝边 U 形焊缝	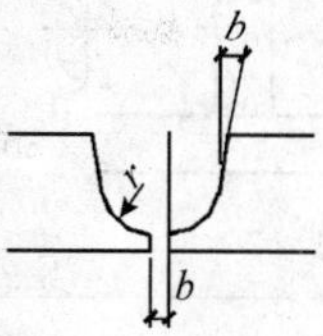	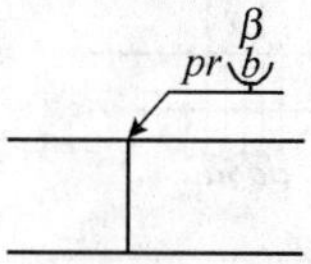	
带钝边双 U 形焊缝	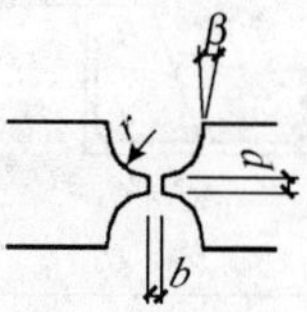	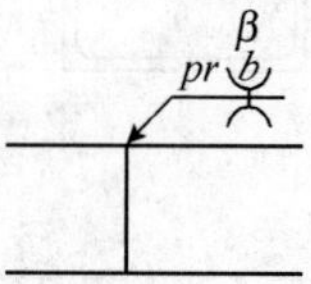	—
带钝边 J 形焊缝		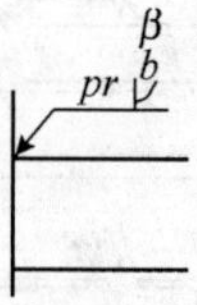	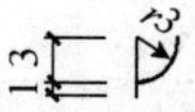
带钝边双 J 形焊缝		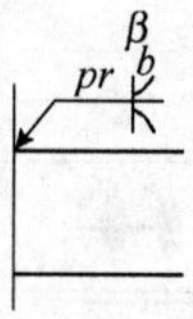	—

续表

焊缝名称	形　式	标注法	符号尺寸(mm)
角焊缝	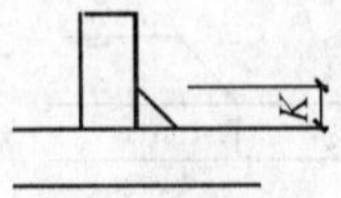 K	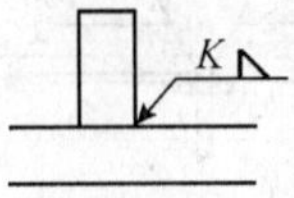 K	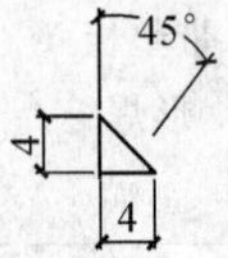 45° 4 4
双面角焊缝	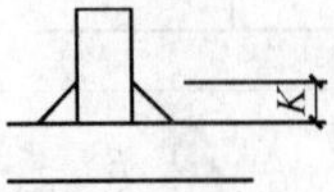 K	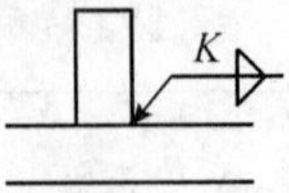 K	—
剖口角焊缝	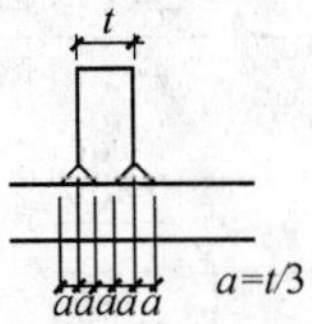 t aaaaa　a=t/3	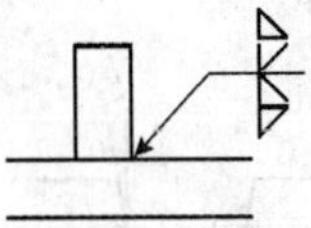	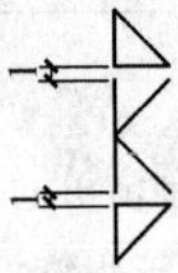
喇叭形焊缝	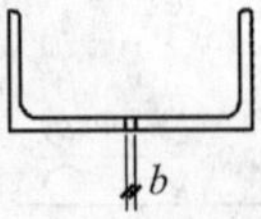 b	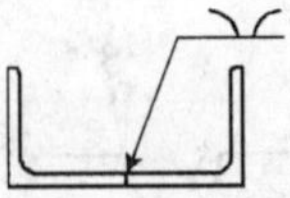	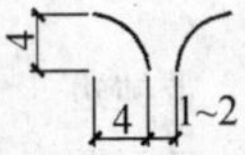 4 4　1~2
双面半喇叭形焊缝	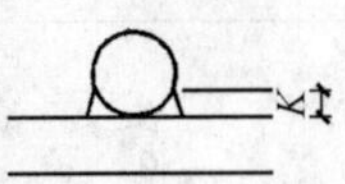 K	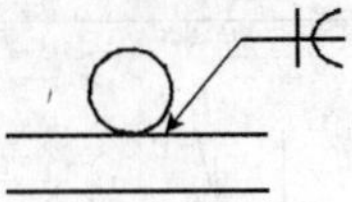	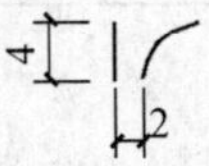 4 2
塞焊	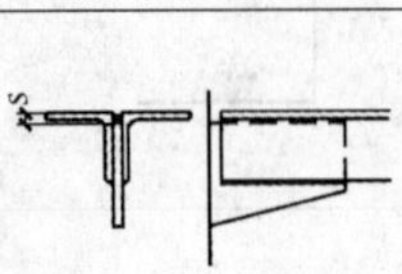 s	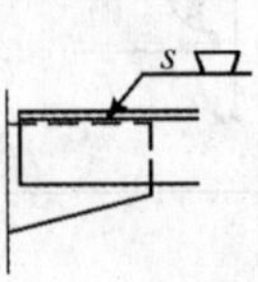 s	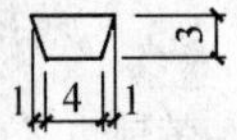 3 1　4　1
	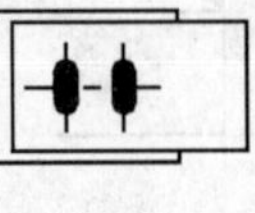	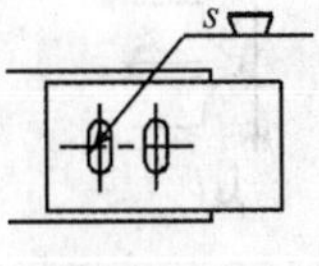 s	

四、尺寸标注

(1)两构件的两条很近的重心线,应按图 1-26 的规定在交汇处将其各自向外错开。

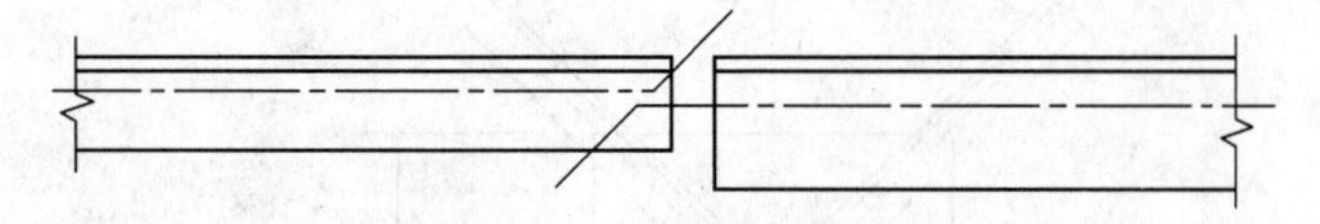

图 1-26　两构件重心不重合的表示方法

(2)弯曲构件的尺寸应按图 1-27 的规定沿其弧度的曲线标注弧的轴线长度。

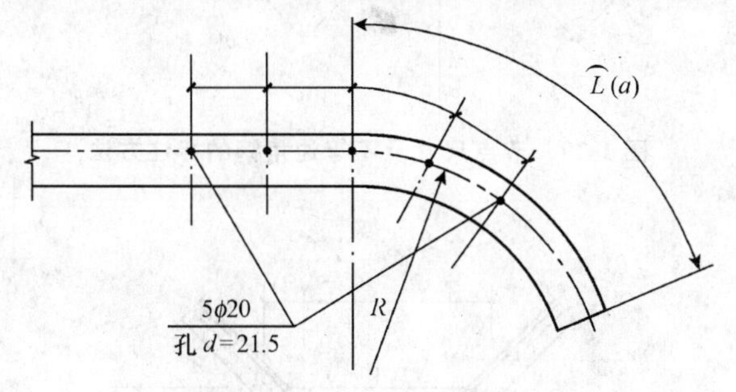

图 1-27　弯曲构件尺寸的标注方法

(3)切割的板材,应按图 1-28 的规定标注各线段的长度及位置。

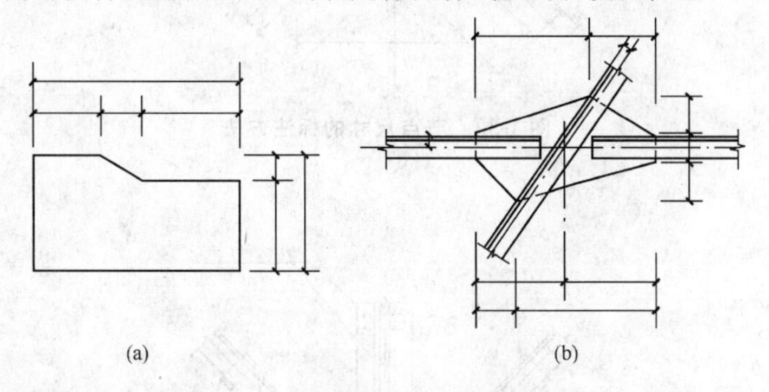

图 1-28　切割板材尺寸的标注方法

(4)不等边角钢的构件,应按图 1-29 的规定标注出角钢一肢的尺寸。

(5)节点尺寸,应按图 1-29、图 1-30 的规定,注明节点板的尺寸和各杆件螺栓孔中心或中心距,以及杆件端部至几何中心线交点的距离。

(6)双型钢组合截面的构件,应按图 1-31 的规定注明缀板的数量及尺寸。引出横线上方标注缀板的数量及缀板的宽度、厚度,引出横线下方标注缀板的长度尺寸。

(7)非焊接的节点板,应按图 1-32 的规定注明节点板的尺寸和螺栓孔中心与几何中心线交点的距离。

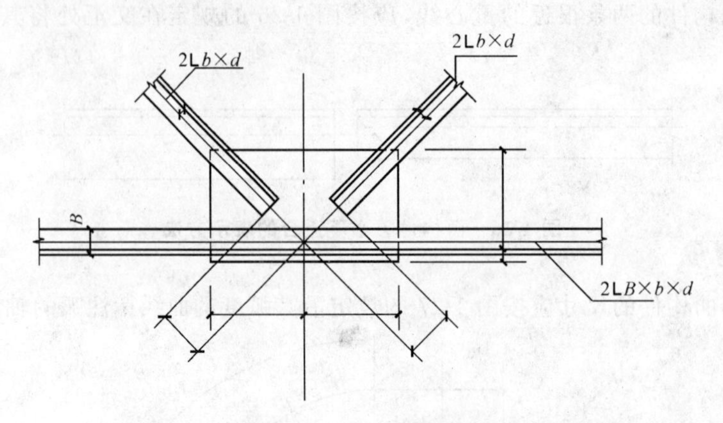

图 1-29　节点尺寸及不等边角钢的标注方法

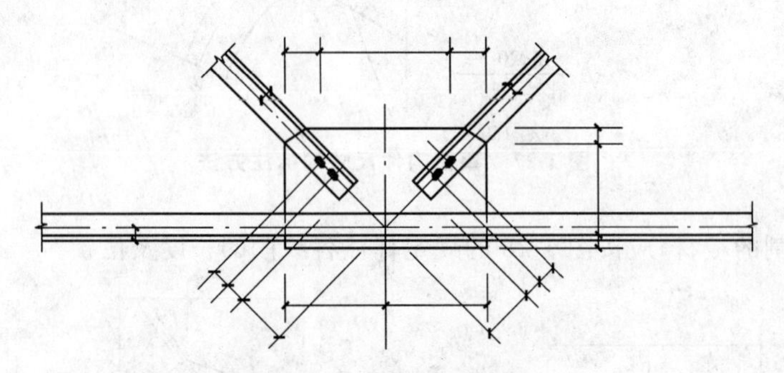

图 1-30　节点尺寸的标注方法

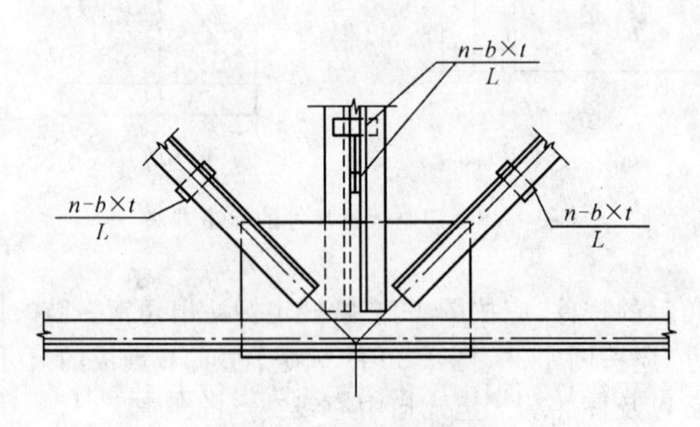

图 1-31　缀板的标注方法

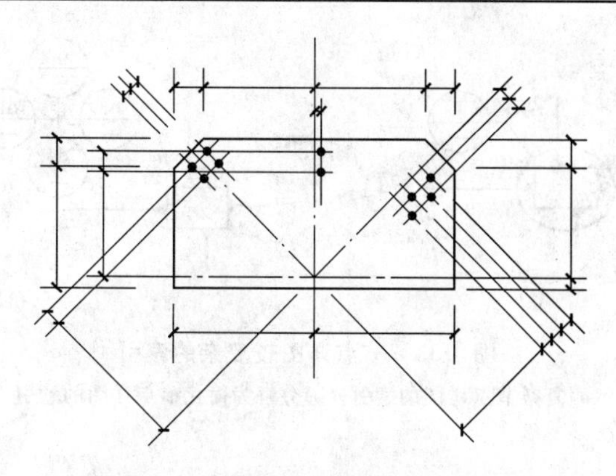

图 1-32　非焊接节点板尺寸的标注方法

五、钢结构制图的一般要求

(1)钢结构布置图可采用单线表示法、复线表示法及单线加短构件表示法，并符合下列规定：

1)单线表示时，应使用构件重心线(细点画线)定位，构件采用中实线表示；非对称截面应在图中注明截面摆放方式。

2)复线表示时，应使用构件重心线(细点画线)定位，使用细实线表示构件外轮廓，细虚线表示构件腹板或肢板。

3)单线加短构件表示时，应使用构件重心线(细点画线)定位，构件采用中实线表示；短构件使用细实线表示外轮廓，细虚线表示腹板或肢板；短构件长度一般为构件实际长度的 1/3～1/2。

4)为方便表示，非对称截面可采用外轮廓线定位。

(2)构件断面可采用原位标注或编号后集中标注，并符合下列规定：

1)平面图中主要标注内容为梁、水平支撑、栏杆、铺板等平面构件。

2)剖、立面图中主要标注内容为柱、支撑等竖向构件。

(3)构件连接应根据设计深度的不同要求，采用如下表示方法：

1)制造图的表示方法，要求有构件详图及节点详图。

2)索引图加节点详图的表示方法。

3)标准图集的方法。

六、复杂节点详图的分解索引

(1)从结构平面图或立面图引出的节点详图较为复杂时，可按图 1-33(b)的规定，将图 1-33(a)的复杂节点分解成多个简化的节点详图进行索引。

(2)由复杂节点详图分解的多个简化节点详图有部分或全部相同时，可按图 1-34的规定简化标注索引。

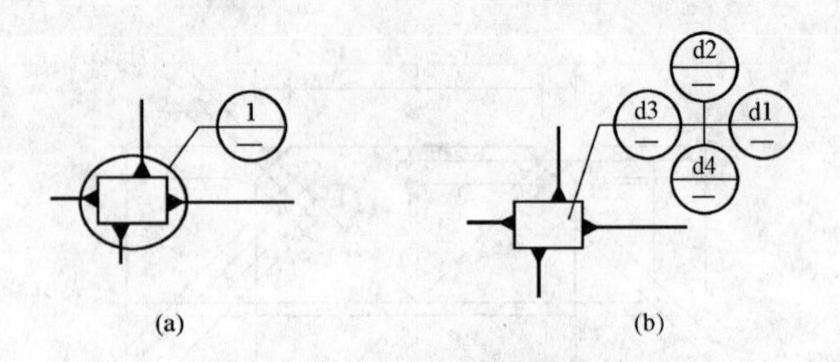

图 1-33　节点详图较复杂的索引

(a)复杂节点详图的索引；(b)分解为简化节点详图的索引

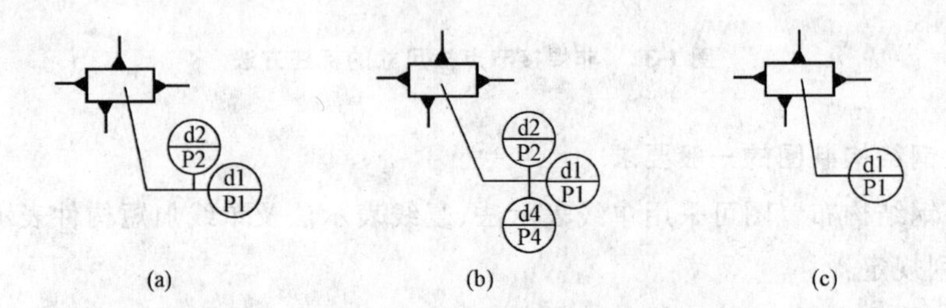

图 1-34　节点详图分解索引的简化标注

(a)同方向节点相同；(b)d1 与 d2 相同，d2 与 d4 不同；(c)所有节点相同

第四节　计算机制图相关代码

(1)常用状态代码见表 1-14。

表 1-14　常用状态代码

工程性质或阶段	状态代码名称	英文状态代码名称	备注
新建	新建	N	—
保留	保留	E	—
拆除	拆除	D	—
拟建	拟建	F	—
临时	临时	T	—
搬迁	搬迁	M	—
改建	改建	R	—
合同外	合同外	X	—
阶段编号	—	1～9	—
可行性研究	可研	S	阶段名称
方案设计	方案	C	阶段名称

续表

工程性质或阶段	状态代码名称	英文状态代码名称	备注
初步设计	初设	P	阶段名称
施工图设计	施工图	W	阶段名称

(2)常用总图专业图层名称见表1-15。

表 1-15 常用总图专业图层名称

图层	中文名称	英文名称	备注
总平面图	总图—平面	G—SITE	—
红线	总图—平面—红线	G—SITE—REDL	建筑红线
外墙线	总图—平面—墙线	G—SITE—WALL	—
建筑物轮廓线	总图—平面—建筑	G—SITE—BOTL	—
构筑物	总图—平面—构筑	G—SITE—STRC	—
总平面标注	总图—平面—标注	G—SITE—IDEN	总平面图尺寸标注及文字标注
总平面文字	总图—平面—文字	G—SITE—TEXT	总平面图说明文字
总平面坐标	总图—平面—坐标	G—SITE—CODT	—
交通	总图—交通	G—DRIV	—
道路中线	总图—交通—中线	G—DRIV—CNTR	—
道路竖向	总图—交通—竖向	G—DRIV—GRAD	—
交通流线	总图—交通—流线	G—DRIV—FLWL	—
交通详图	总图—交通—详图	G—DRIV—DTEL	交通道路详图
停车场	总图—交通—停车场	G—DRIV—PRKG	—
交通标注	总图—交通—标注	G—DRIV—IDEN	交通道路尺寸标注及文字标注
交通文字	总图—交通—文字	G—DRIV—TEXT	交通道路说明文字
交通坐标	总图—交通—坐标	G—DRIV—CODT	—
景观	总图—景观	G—LSCP	园林绿化
景观标注	总图—景观—标注	G—LSCP—IDEN	园林绿化标注及文字标注

续表

图层	中文名称	英文名称	备注
景观文字	总图—景观—文字	G—LSCP—TEXT	园林绿化说明文字
景观坐标	总图—景观—坐标	G—LSCP—CODT	—
管线	总图—管线	G—PIPE	—
给水管线	总图—管线—给水	G—PIPE—DOMW	给水管线说明文字、尺寸标注及文字、坐标标注
排水管线	总图—管线—排水	G—PIPE—SANR	排水管线说明文字、尺寸标注及文字、坐标标注
供热管线	总图—管线—供热	G—PIPE—HOTW	供热管线说明文字、尺寸标注及文字、坐标标注
燃气管线	总图—管线—燃气	G—PIPE—GASS	燃气管线说明文字、尺寸标注及文字、坐标标注
电力管线	总图—管线—电力	G—PIPE—POWR	电力管线说明文字、尺寸标注及文字、坐标标注
通讯管线	总图—管线—通讯	G—PIPE—TCOM	通讯管线说明文字、尺寸标注及文字、坐标标注
注释	总图—注释	G—ANNO	—
图框	总图—注释—图框	G—ANNO—TTLB	图框及图框文字
图例	总图—注释—图例	G—ANNO—LEGN	图例与符号
尺寸标注	总图—注释—尺寸	G—ANNO—DIMS	尺寸标注及文字标注
文字说明	总图—注释—文字	G—ANNO—TEXT	总图专业文字说明
等高线	总图—注释—等高线	G—ANNO—CNTR	道路等高线、地形等高线
背景	总图—注释—背景	G—ANNO——BGRD	—
填充	总图—注释—填充	G—ANNO—PATT	图案填充
指北针	总图—注释—指北针	G—ANNO—NARW	—

(3)常用建筑专业图层名称见表1-16。

表1-16　常用建筑专业图层名称

图层	中文名称	英文名称	备注
轴线	建筑—轴线	A—AXIS	—
轴网	建筑—轴线—轴网	A—AXIS—GRID	平面轴网、中心线
轴线标注	建筑—轴线—标注	A—AXIS—DIMS	轴线尺寸标注及文字标注
轴线编号	建筑—轴线—编号	A—AXIS—TEXT	—
墙	建筑—墙	A—WALL	墙轮廓线，通常指混凝土墙
砖墙	建筑—墙—砖墙	A—WALL—MSNW	—
轻质隔墙	建筑—墙—隔墙	A—WALL—PRTN	—
玻璃幕墙	建筑—墙—幕墙	A—WALL—GLAZ	—
矮墙	建筑—墙—矮墙	A—WALL—PRHT	半截墙
单线墙	建筑—墙—单线	A—WALL—CNTR	—
墙填充	建筑—墙—填充	A—WALL—PATT	—
墙保温层	建筑—墙—保温	A—WALL—HPRT	内、外墙保温完成线
柱	建筑—柱	A—COLS	柱轮廓线
柱填充	建筑—柱—填充	A—COLS—PATT	—
门窗	建筑—门窗	A—DRWD	门、窗
门窗编号	建筑—门窗—编号	A—DRWD—IDEN	门、窗编号
楼面	建筑—楼面	A—FLOR	楼面边界及标高变化处
地面	建筑—楼面—地面	A—FLOR—GRND	地面边界及标高变化处、室外台阶、散水轮廓
屋面	建筑—楼面—屋面	A—FLOR—ROOF	屋面边界及标高变化处、排水坡脊或坡谷线、坡向箭头及数字、排水口
阳台	建筑—楼面—阳台	A—FLOR—BALC	阳台边界线
楼梯	建筑—楼面—楼梯	A—FLOR—STRS	楼梯踏步、自动扶梯

续表

图层	中文名称	英文名称	备注
电梯	建筑—楼面—电梯	A—FLOR—EVTR	电梯间
卫生洁具	建筑—楼面—洁具	A—FLOR—SPCL	卫生洁具投影线
房间名称、编号	建筑—楼面—房间	A—FLOR—IDEN	—
栏杆	建筑—楼面—栏杆	A—FLOR—HRAL	楼梯扶手、阳台防护栏
停车库	建筑—停车场	A—PRKG	—
停车道	建筑—停车场—道牙	A—PRKG—CURB	停车场道牙、车行方向、转弯半径
停车位	建筑—停车场—车位	A—PRKG—SIGN	停车位标线、编号及标识
区域	建筑—区域	A—AREA	—
区域边界	建筑—区域—边界	A—AREA—OTLN	区域边界及标高变化处
区域标注	建筑—区域—标注	A—AREA—TEXT	面积标注
家具	建筑—家具	A—FURN	—
固定家具	建筑—家具—固定	A—FURN—FIXD	固定家具投影线
活动家具	建筑—家具—活动	A—FURN—MOVE	活动家具投影线
吊顶	建筑—吊顶	A—CLNG	—
吊顶网格	建筑—吊顶—网格	A—CLNG—GRID	吊顶网格线、主龙骨
吊顶图案	建筑—吊顶—图案	A—CLNG—PATT	吊顶图案线
吊顶构件	建筑—吊顶—构件	A—CLNG—SUSP	吊顶构件,吊顶上的灯具、风口
立面	建筑—立面	A—ELEV	—
立面线 1	建筑—立面—线一	A—ELEV—LIN1	—
立面线 2	建筑—立面—线二	A—ELEV—LIN2	—
立面线 3	建筑—立面—线三	A—ELEV—LIN3	—
立面线 4	建筑—立面—线四	A—ELEV—LIN4	—
立面填充	建筑—立面—填充	A—ELEV—PATT	—
剖面	建筑—剖面	A—SECT	—

续表

图层	中文名称	英文名称	备注
剖面线 1	建筑—剖面—线一	A—SECT—LIN1	—
剖面线 2	建筑—剖面—线二	A—SECT—LIN2	—
剖面线 3	建筑—剖面—线三	A—SECT—LIN3	—
剖面线 4	建筑—剖面—线四	A—SECT—LIN4	—
详图	建筑—详图	A—DETL	—
详图线 1	建筑—详图—线一	A—DETL—LIN1	—
详图线 2	建筑—详图—线二	A—DETL—LIN2	—
详图线 3	建筑—详图—线三	A—DETL—LIN3	—
详图线 4	建筑—详图—线四	A—DETL—LIN4	—
三维	建筑—三维	A—3DMS	—
三维线 1	建筑—三维—线一	A—3DMS—LIN1	—
三维线 2	建筑—三维—线二	A—3DMS—LIN2	—
三维线 3	建筑—三维—线三	A—3DMS—LIN3	—
三维线 4	建筑—三维—线四	A—3DMS—LIN4	—
注释	建筑—注释	A—ANNO	—
图框	建筑—注释—图框	A—ANNO—TTLB	图框及图框文字
图例	建筑—注释—图例	A—ANNO—LEGN	图例与符号
尺寸标注	建筑—注释—标注	A—ANNO—DIMS	尺寸标注及文字标注
文字说明	建筑—注释—文字	A—ANNO—TEXT	建筑专业文字说明
公共标注	建筑—注释—公共	A—ANNO—IDEN	—
标高标注	建筑—注释—标高	A—ANNO—ELVT	标高符号及文字标注
索引符号	建筑—注释—索引	A—ANNO—CRSR	—
引出标注	建筑—注释—引出	A—ANNO—DRVT	—
表格	建筑—注释—表格	A—ANNO—TABL	—
填充	建筑—注释—填充	A—ANNO—PATT	图案填充
指北针	建筑—注释—指北针	A—ANNO—NARW	—

(4)常用结构专业图层名称见表1-17。

表1-17　常用结构专业图层名称

图层	中文名称	英文名称	备注
轴线	结构—轴线	S—AXIS	—
轴网	结构—轴线—轴网	S—AXIS—GRID	平面轴网、中心线
轴线标注	结构—轴线—标注	S—AXIS—DIMS	轴线尺寸标注及文字标注
轴线编号	结构—轴线—编号	S—AXIS—TEXT	—
柱	结构—柱	S—COLS	—
柱平面实线	结构—柱—平面—实线	S—COLS—PLAN—LINE	柱平面图(实线)
柱平面虚线	结构—柱—平面—虚线	S—COLS—PLAN—DASH	柱平面图(虚线)
柱平面钢筋	结构—柱—平面—钢筋	S—COLS—PLAN—RBAR	柱平面图钢筋标注
柱平面尺寸	结构—柱—平面—尺寸	S—COLS—PLAN—DIMS	柱平面图尺寸标注及文字标注
柱平面填充	结构—柱—平面—填充	S—COLS—PLAN—PATT	—
柱编号	结构—柱—平面—编号	S—COLS—PLAN—IDEN	—
柱详图实线	结构—柱—详图—实线	S—COLS—DETL—LINE	—
柱详图虚线	结构—柱—详图—虚线	S—COLS—DETL—DASH	—
柱详图钢筋	结构—柱—详图—钢筋	S—COLS—DETL—RBAR	—
柱详图尺寸	结构—柱—详图—尺寸	S—COLS—DETL—DIMS	—
柱详图填充	结构—柱—详图—填充	S—COLS—DETL—PATT	—
柱表	结构—柱—表	S—COLS—TABL	—
柱楼层标高表	结构—柱—表—层高	S—COLS—TABL—ELVT	—
构造柱平面实线	结构—柱—构造—实线	S—COLS—CNTJ—LINE	构造柱平面图(实线)
构造柱平面虚线	结构—柱—构造—虚线	S—COLS—CNTJ—DASH	构造柱平面图(虚线)
墙	结构—墙	S—WALL	—
墙平面实线	结构—墙—平面—实线	S—WALL—PLAN—LINE	通常指混凝土墙，墙平面图(实线)
墙平面虚线	结构—墙—平面—虚线	S—WALL—PLAN—DASH	墙平面图(虚线)
墙平面钢筋	结构—墙—平面—钢筋	S—WALL—PLAN—RBAR	墙平面图钢筋标注
墙平面尺寸	结构—墙—平面—尺寸	S—WALL—PLAN—DIMS	墙平面图尺寸标注及文字标注

续表

图层	中文名称	英文名称	备注
墙平面填充	结构—墙—平面—填充	S—WALL—PLAN—PATT	—
墙编号	结构—墙—平面—编号	S—WALL—PLAN—IDEN	—
墙详图实线	结构—墙—详图—实线	S—WALL—DETL—LINE	—
墙详图虚线	结构—墙—详图—虚线	S—WALL—DETL—DASH	—
墙详图钢筋	结构—墙—详图—钢筋	S—WALL—DETL—RBAR	—
墙详图尺寸	结构—墙—详图—尺寸	S—WALL—DETL—DIMS	—
墙详图填充	结构—墙—详图—填充	S—WALL—DETL—PATT	—
墙表	结构—墙—表	S—WALL—TABL	—
墙柱平面实线	结构—墙柱—平面—实线	S—WALL—COLS—LINE	墙柱平面图(实线)
墙柱平面钢筋	结构—墙柱—平面—钢筋	S—WALL—COLS—RBAR	墙柱平面图钢筋标注
墙柱平面尺寸	结构—墙柱—平面—尺寸	S—WALL—COLS—DIMS	墙柱平面图尺寸标注及文字标注
墙柱平面填充	结构—墙柱—平面—填充	S—WALL—COLS—PATT	—
墙柱编号	结构—墙柱—平面—编号	S—WALL—COLS—IDEN	—
墙柱表	结构—墙柱—表	S—WALL—COLS—TABL	—
墙柱楼层标高表	结构—墙柱—表—层高	S—WALL—COLS—ELVT	—
连梁平面实线	结构—连梁—平面—实线	S—WALL—BEAM—LINE	连梁平面图(实线)
连梁平面虚线	结构—连梁—平面—虚线	S—WALL—BEAM—DASH	连梁平面图(虚线)
连梁平面钢筋	结构—连梁—平面—钢筋	S—WALL—BEAM—RBAR	连梁平面图钢筋标注
连梁平面尺寸	结构—连梁—平面—尺寸	S—WALL—BEAM—DIMS	连梁平面图尺寸标注及文字标注
连梁编号	结构—连梁—平面—编号	S—WALL—BEAM—IDEN	—
连梁表	结构—连梁—表	S—WALL—BEAM—TABL	—
连梁楼层标高表	结构—连梁—表—层高	S—WALL—BEAM—ELVT	—

续表

图层	中文名称	英文名称	备注
砌体墙平面实线	结构—墙—砌体—实线	S—WALL—MSNW—LINE	砌体墙平面图(实线)
砌体墙平面虚线	结构—墙—砌体—虚线	S—WALL—MSNW—DASH	砌体墙平面图(虚线)
砌体墙平面尺寸	结构—墙—砌体—尺寸	S—WALL—MSNW—DIMS	砌体墙平面图尺寸标注及文字标注
砌体墙平面填充	结构—墙—砌体—填充	S—WALL—MSNW—PATT	—
梁	结构—梁	S—BEAM	—
梁平面实线	结构—梁—平面—实线	S—BEAM—PLAN—LINE	梁平面图(实线)
梁平面虚线	结构—梁—平面—虚线	S—BEAM—PLAN—DASH	梁平面图(虚线)
梁平面水平钢筋	结构—梁—钢筋—水平	S—BEAM—RBAR—HCPT	梁平面图水平钢筋标注
梁平面垂直钢筋	结构—梁—钢筋—垂直	S—BEAM—RBAR—VCPT	梁平面图垂直钢筋标注
梁平面附加吊筋	结构—梁—吊筋—附加	S—BEAM—RBAR—ADDU	梁平面图附加吊筋钢筋标注
梁平面附加箍筋	结构—梁—箍筋—附加	S—BEAM—RBAR—ADDO	梁平面图附加箍筋钢筋标注
梁平面尺寸	结构—梁—平面—尺寸	S—BEAM—PLAN—DIMS	梁平面图尺寸标注及文字标注
梁编号	结构—梁—平面—编号	S—BEAM—PLAN—IDEN	—
梁详图实线	结构—梁—详图—实线	S—BEAM—DETL—LINE	—
梁详图虚线	结构—梁—详图—虚线	S—BEAM—DETL—DASH	—

续表

图层	中文名称	英文名称	备注
梁详图钢筋	结构—梁—详图—钢筋	S—BEAM—DETL—RBAR	—
梁详图尺寸	结构—梁—详图—尺寸	S—BEAM—DETL—DIMS	—
梁楼层标高表	结构—梁—表—层高	S—BEAM—TABL—ELVT	—
过梁平面实线	结构—过梁—平面—实线	S—LTEL—PLAN—LINE	过梁平面图(实线)
过梁平面虚线	结构—过梁—平面—虚线	S—LTEL—PLAN—DASH	过梁平面图(虚线)
过梁平面钢筋	结构—过梁—平面—钢筋	S—LTEL—PLAN—RBAR	过梁平面图钢筋标注
过梁平面尺寸	结构—过梁—平面—尺寸	S—LTELM—PLAN—DIMS	过梁平面图尺寸标注及文字标注
楼板	结构—楼板	S—SLAB	—
楼板平面实线	结构—楼板—平面—实线	S—SLAB—PLAN—LINE	楼板平面图(实线)
楼板平面虚线	结构—楼板—平面—虚线	S—SLAB—PLAN—DASH	楼板平面图(虚线)
楼板平面下部钢筋	结构—楼板—正筋	S—SLAB—BBAR	楼板平面图下部钢筋(正筋)
楼板平面下部钢筋标注	结构—楼板—正筋—标注	S—SLAB—BBAR—IDEN	楼板平面图下部钢筋(正筋)标注
楼板平面下部钢筋尺寸	结构—楼板—正筋—尺寸	S—SLAB—BBAR—DIMS	楼板平面图下部钢筋(正筋)尺寸标注及文字标注
楼板平面上部钢筋	结构—楼板—负筋	S—SLAB—TBAR	楼板平面图上部钢筋(负筋)
楼板平面上部钢筋标注	结构—楼板—负筋—标注	S—SLAB—TBAR—IDEN	楼板平面图上部钢筋(负筋)标注

续表

图层	中文名称	英文名称	备注
楼板平面上部钢筋尺寸	结构—楼板—负筋—尺寸	S—SLAB—TBAR—DIMS	楼板平面图上部钢筋(负筋)尺寸标注及文字标注
楼板平面填充	结构—楼板—平面—填充	S—SLAB—PLAN—PATT	—
楼板详图实线	结构—楼板—详图—实线	S—SLAB—DETL—LINE	—
楼板详图钢筋	结构—楼板—详图—钢筋	S—SLAB—DETL—RBAR	—
楼板详图钢筋标注	结构—楼板—详图—标注	S—SLAB—DETL—IDEN	—
楼板详图尺寸	结构—楼板—详图—尺寸	S—SLAB—DETL—DIMS	—
楼板编号	结构—楼板—平面—编号	S—SLAB—PLAN—IDEN	—
楼板楼层标高表	结构—楼板—表—层高	S—SLAB—TABL—ELVT	—
预制板	结构—楼板—预制	S—SLAB—PCST	—
洞口	结构—洞口	S—OPNG	—
洞口楼板实线	结构—洞口—平面—实线	S—OPNG—PLAN—LINE	楼板平面洞口(实线)
洞口楼板虚线	结构—洞口—平面—虚线	S—OPNG—PLAN—DASH	楼板平面洞口(虚线)
洞口楼板加强钢筋	结构—洞口—平面—钢筋	S—OPNG—PLAN—RBAR	楼板平面洞边加强钢筋
洞口楼板钢筋标注	结构—洞口—平面—标注	S—OPNG—RBAR—IDEN	楼板平面洞边加强钢筋标注
洞口楼板尺寸	结构—洞口—平面—尺寸	S—OPNG—PLAN—DIMS	楼板平面洞口尺寸标注及文字标注

续表

图层	中文名称	英文名称	备注
洞口楼板编号	结构—洞口—平面—编号	S—OPNG—PLAN—IDEN	—
洞口墙上实线	结构—洞口—墙—实线	S—OPNG—WALL—LINE	墙上洞口(实线)
桩	结构—桩	S—PILE	—
桩平面实线	结构—桩—平面—实线	S—PILE—PLAN—LINE	桩平面图(实线)
桩平面虚线	结构—桩—平面—虚线	S—PILE—PLAN—DASH	桩平面图(虚线)
桩编号	结构—桩—平面—编号	S—PILE—PLAN—IDEN	—
桩详图	结构—桩—详图	S—PILE—DETL	—
楼梯	结构—楼梯	S—STRS	—
楼梯平面实线	结构—楼梯—平面—实线	S—STRS—PLAN—LINE	楼梯平面图(实线)
楼梯平面虚线	结构—楼梯—平面—虚线	S—STRS—PLAN—DASH	楼梯平面图(虚线)
楼梯平面钢筋	结构—楼梯—平面—钢筋	S—STRS—PLAN—RBAR	楼梯平面图钢筋
楼梯平面标注	结构—楼梯—平面—标注	S—STRS—RBAR—IDEN	楼梯平面图钢筋标注及其他标注
楼梯平面尺寸	结构—楼梯—平面—尺寸	S—STRS—PLAN—DIMS	楼梯平面图尺寸标注及文字标注
楼梯详图实线	结构—楼梯—详图—实线	S—STRS—DETL—LINE	—
楼梯详图虚线	结构—楼梯—详图—虚线	S—STRS—DETL—DASH	—
楼梯详图钢筋	结构—楼梯—详图—钢筋	S—STRS—DETL—RBAR	—

续表

图层	中文名称	英文名称	备注
楼梯详图标注	结构—楼梯—详图—标注	S—STRS—DETL—IDEN	—
楼梯详图尺寸	结构—楼梯—详图—尺寸	S—STRS—DETL—DIMS	—
楼梯详图填充	结构—楼梯—详图—填充	S—STRS—DETL—PATT	—
钢结构	结构—钢	S—STEL	—
钢结构辅助线	结构—钢—辅助	S—STEL—ASIS	—
斜支撑	结构—钢—斜撑	S—STEL—BRGX	—
型钢实线	结构—型钢—实线	S—STEL—SHAP—LINE	—
型钢标注	结构—型钢—标注	S—STEL—SHAP—IDEN	—
型钢尺寸	结构—型钢—尺寸	S—STEL—SHAP—DIMS	—
型钢填充	结构—型钢—填充	S—STEL—SHAP—PATT	—
钢板实线	结构—钢板—实线	S—STEL—PLAT—LINE	—
钢板标注	结构—钢板—标注	S—STEL—PLAT—IDEN	—
钢板尺寸	结构—钢板—尺寸	S—STEL—PLAT—DIMS	—
钢板填充	结构—钢板—填充	S—STEL—PLAT—PATT	—
螺栓	结构—螺栓	S—ABLT	—
螺栓实线	结构—螺栓—实线	S—ABLT—LINE	—
螺栓标注	结构—螺栓—标注	S—ABLT—IDEN	—
螺栓尺寸	结构—螺栓—尺寸	S—ABLT—DIMS	—

续表

图层	中文名称	英文名称	备注
螺栓填充	结构—螺栓—填充	S—ABLT—PATT	—
焊缝	结构—焊缝	S—WELD	—
焊缝实线	结构—焊缝—实线	S—WELD—LINE	—
焊缝标注	结构—焊缝—标注	S—WELD—IDEN	—
焊缝尺寸	结构—焊缝—尺寸	S—WELD—DIMS	—
预埋件	结构—预埋件	S—BURY	—
预埋件实线	结构—预埋件—实线	S—BURY—LINE	—
预埋件虚线	结构—预埋件—虚线	S—BURY—DASH	—
预埋件钢筋	结构—预埋件—钢筋	S—BURY—RBAR	—
预埋件标注	结构—预埋件—标注	S—BURY—IDEN	—
预埋件尺寸	结构—预埋件—尺寸	S—BURY—DIMS	—
注释	结构—注释	S—ANNO	—
图框	结构—注释—图框	S—ANNO—TTLB	图框及图框文字
尺寸标注	结构—注释—标注	S—ANNO—DIMS	尺寸标注及文字标注
文字说明	结构—注释—文字	S—ANNO—TEXT	结构专业文字说明
公共标注	结构—注释—公共	S—ANNO—IDEN	—
标高标注	结构—注释—标高	S—ANNO—ELVT	标高符号及文字标注
索引符号	结构—注释—索引	S—ANNO—CRSR	—
引出标注	结构—注释—引出	S—ANNO—DRVT	—
表格线	结构—注释—表格—线	S—ANNO—TSBL—LINE	—
表格文字	结构—注释—表格—文字	S—ANNO—TSBL—TEXT	—
表格钢筋	结构—注释—表格—钢筋	S—ANNO—TSBL—RBSR	—
填充	结构—注释—填充	S—ANNO—PSTT	图案填充
指北针	结构—注释—指北针	S—ANNO—NSRW	—

第二章　钢筋混凝土结构施工图识读

第一节　钢筋混凝土结构施工图识读要领

一、钢筋混凝土结构施工图识读基础

1. 结构施工图的内容和组成

结构施工图作为建筑结构施工的主要依据，为了保证建筑物的安全，其上应标明各种承重构件(如基础、墙、柱、梁、楼板、屋架和楼梯等)的平面布置、标高、材料、形状尺寸、详细设计与构造要求及其相互关系。

结构施工图的组成一般包括结构图纸目录、结构设计总说明、基础施工图、结构平面布置图、梁板配筋图、节点详图和楼梯详图等。图纸目录可以让我们了解图纸的排序、总张数和每张图纸的内容，校对图纸的完整性，查找我们所需要的图纸。

2. 结构设计总说明的内容

在结构设计总说明中应表达的内容很多，各个单体设计的内容也不尽相同，但概括起来，一般包括以下一些内容：

(1)工程结构设计的主要依据。

1)工程设计所依据的规范、规程、图集和结构整体分析所使用的结构分析软件。

2)由地质勘查单位提供的相应工程地质勘查报告及其主要内容，包括工程所在地区的地震基本烈度、抗震设防烈度、建筑场地类别、地基液化等级判别；工程地质和水文地质简况。

3)采用的设计荷载，包含工程所在地的风荷载、雪荷载、楼(屋)面使用荷载、其他特殊的荷载或建设单位要求的使用荷载。

(2)设计±0.000标高所对应的黄海高程系绝对标高值。

(3)建筑结构的安全等级和设计使用年限，混凝土结构的耐久性要求和砌体结构施工质量控制等级。

(4)建筑场地类别、地基的液化等级、建筑的抗震设防类别、抗震设防烈度(设计基本地震加速度及设计地震分组)和钢筋混凝土结构的抗震等级。

(5)说明基础的形式、采用的材料及其强度，地基基础设计等级。

(6)说明主体结构的形式、采用的材料及其设计强度。

(7)构造方面的做法及要求。

(8)抗震的构造要求。

(9)对本工程施工的特殊要求，施工中应注意的事项。

3. 构件代号

建筑结构构件种类繁多，布置复杂，为图示简明、清晰，便于施工、制表、查阅，

有必要对各类结构构件用代号标识，代号后用阿拉伯数字标注该构件的型号或编号，也可以是该构件的顺序号。构件的顺序号采用不带角标的阿拉伯数字连续编排。“国标”中规定了常用构件的代号，见表1-5。构件代号通常为构件类型名称的汉语拼音的第一个字母，如框架梁的代号为“KL”，另外预应力钢筋混凝土构件的代号前加注“Y-”，如“Y-KL”是预应力钢筋混凝土框架梁。有时在构件代号的前面加注材料代号，以表明构件的材料种类，具体可见图纸的设计说明，当采用标准、通用图集中的构件时，尚应按该图集中的规定代号或型号注写。

4. 结构的基本知识

（1）混凝土强度等级。

混凝土按其抗压强度的不同分为不同的强度等级。混凝土强度等级分为C7.5，C10，C15，C20，C25，C30，C35，C40，C45，C50，C55和C60十二个等级，数字越大，表示混凝土的抗压强度越高。

（2）钢筋等级。

1）Ⅰ级钢筋，HPB235为热轧光圆钢筋，用φ表示。

2）Ⅱ级钢筋，HRB335为热轧带肋钢筋，用Φ表示。

3）Ⅲ级钢筋，HRB400为热轧带肋钢筋，用Φ表示。

4）Ⅳ级钢筋，RRB400为余热处理钢筋，光圆或螺纹，用Φ表示。

5）冷拔低碳钢丝，冷拔是使φ6～φ9的光圆钢筋通过钨合金的拔丝模进行强力冷拔，钢筋通过拔丝模时，受到拉伸和压缩双重作用，使钢筋内部晶体产生塑性变形，因而能较大幅度地提高抗拉强度（可提高50%～90%）。光圆钢筋经冷拔后称为冷拔低碳钢丝，用$φ^b$表示。

（3）钢筋的分类和作用。

如图2-1所示，按钢筋在构件中所起的不同作用，可分为：

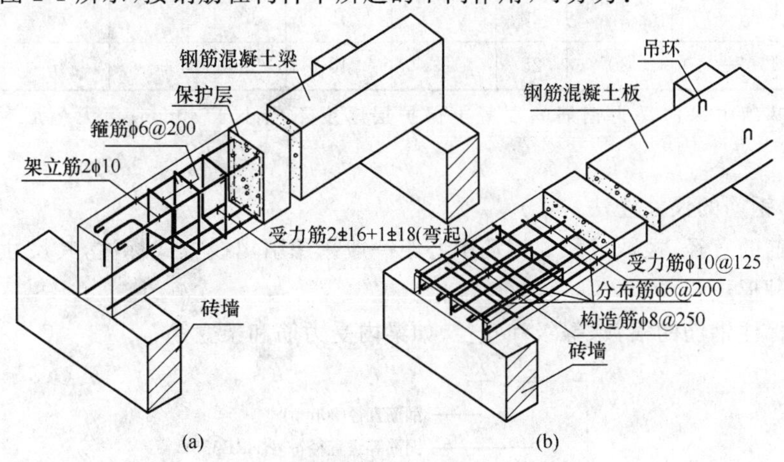

图2-1　钢筋混凝土构件的配筋构造

（a）钢筋混凝土梁；（b）钢筋混凝土板

1)受力筋——是构件中主要的受力钢筋。承受构件中拉力的钢筋,叫做受拉筋;在梁、柱等构件中有时还需要配置承受压力的钢筋,叫做受压筋。

2)箍筋——是构件中承受剪力或扭力的钢筋,同时用来固定纵向钢筋的位置,一般用于梁和柱中。

3)架立筋——一般用于梁中,它与梁内的受力筋、箍筋一起构成钢筋的骨架。

4)分布筋——一般用于板中,它与板内的受力筋一起构成钢筋骨架。

5)构造筋——因构件的构造要求或施工安装需要而配置的钢筋。

构件中若采用 HPB300 级钢筋(表面光圆钢筋),为了加强钢筋与混凝土的黏结力,钢筋的两端都要做成弯钩,如梁内上部架立钢筋端部的半圆形弯钩、箍筋端部的 45°斜弯钩和板内上部构造筋端部的直角弯钩等;若采用 HRB335 级或 HRB335 级以上的钢筋(表面带肋的人字形或螺纹钢筋),则钢筋的两端不必做成弯钩。

(4)混凝土保护层。

为了保护钢筋(防锈、防火、防腐蚀)和确保钢筋与混凝土之间的粘结力,钢筋的外边沿至构件表面应留有一定厚度的混凝土,叫做保护层。纵向受力的普通钢筋及预应力钢筋,其混凝土保护层厚度不应小于钢筋的公称直径,且应符合表 2-1 的规定。

表 2-1　纵向受力钢筋的混凝土保护层最小厚度　　(单位:mm)

环境类别		板墙壳			梁			柱		
		≤C20	C25～C45	≥C50	≤C20	C25～C45	≥C50	≤C20	C25～C45	≥C50
一		20	15	15	30	25	25	30	30	30
二	a	—	20	20	—	30	30	—	30	30
二	b	—	25	20	—	35	30	—	35	30
三		—	30	25	—	40	35	—	40	35

注:基础中纵向受力钢筋的混凝土保护层厚度不应小于 40mm;当无垫层时不应小于 70mm。

(5)钢筋的尺寸注法。

钢筋的直径、根数或相邻钢筋中心距一般采用引出线方式标注,其尺寸标注有下列两种形式:

1)标注钢筋的根数、等级和直径,如梁内受力筋和架立筋;

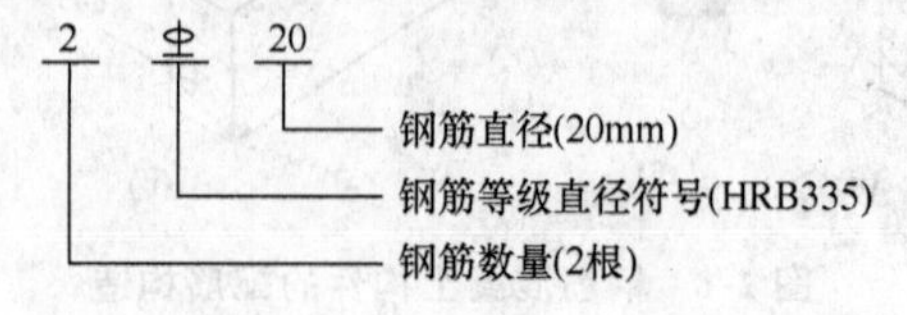

2)标注钢筋的等级、直径和相邻钢筋中心距,如梁内箍筋和板内钢筋。

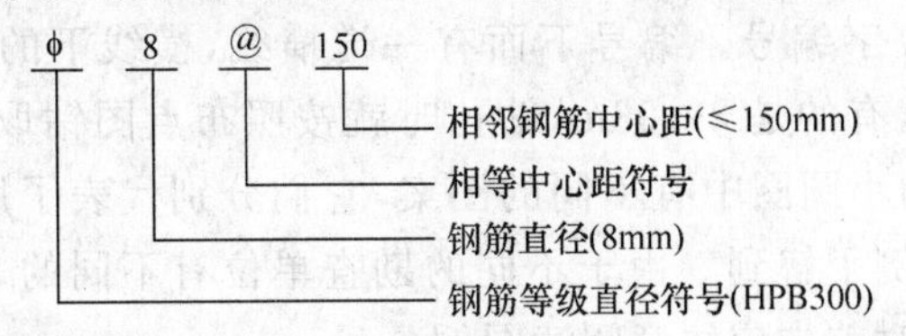

钢筋的长度在配筋图中一般不予标注,常列入构件的钢筋材料表中,而钢筋材料表通常由施工单位编制。

二、地质勘探图

地质勘探图虽然不属于结构施工图的范围,但它与结构施工图中的基础施工图有着密切的关系。因为任何房屋建筑的基础都坐落在一定的地基上。地基土的好坏,对工程的影响很大,所以施工人员除了要看基础施工图外,尚应能看懂该建筑坐落处的地基的地质勘探图。地质勘探图及其相应的资料都是伴随基础施工图一起交给施工单位的,在看图时可以结合基础施工图一起看地质勘探图。目的是了解地基的构造层次和地基土的工程力学性能,从而明确地基为什么要埋置在某个深度,并在什么土层之中。看懂了勘探图及地质资料后,可以检查基础施工的开挖深度的土质、土色、成分是否与勘探情况符合,如发现异常则可及时提出,便于及时处理,防止造成事故。

1. 地质勘探图概念

地质勘探图是利用钻机钻取一定深度内土层土壤后,经土工试验确定该处地面以下一定深度内土壤成分和分布状况的图纸。地质勘探前要根据该建筑物的大小、高度,以及该处地貌变化情况,确定钻孔的多少、深度和在该建筑上的平面布置,以便钻孔后取得的资料能满足建筑基础设计的需要。施工人员阅读该类图纸只是为了核对施工土方时的准确性和防止异常情况的出现,达到顺利施工,保证工程质量。另外,根据国家有关规定,土方施工完成后,还应请地质勘察单位、设计单位、监理单位等部门共同组成检查组验证签字后方能进行基础的施工。

2. 地质勘探图的内容

地质勘探图正名为工程地质勘察报告。它包括四个部分,一是建筑物平面外形轮廓和勘探点位置的平面布点图;二是场地情况描述,如场地历史和现状、地下水位的变化情况;三是工程地质剖面图,描述钻孔钻入深度范围内土层土质类别的分布;四是土层土质描述及地基承载力的一张表格,在表中将土的类别、色味、土层厚度、湿度、密度、状态以及有无杂物的情况加以说明,并提供各土层土的承载力特征值。

地质勘察部门还可以对取得的土质资料提出结论和建议,作为设计人员做基础设计时的参考和依据。

(1)建筑物外形及探点图。

图 2-2 为某工程的平面图，在这个建筑外形上布了 10 个钻孔点。孔点用小圆圈表示，在孔边用数字编号。编号下面有一道横线，横线下的数字代表孔面的高程，有的是 30.06m，有的是 29.93m，钻孔时就按照布点图钻取土样。在图中我们看到，有的孔点用的小圆圈中有不同的图案，它们分别代表了用途不同的钻孔，这可以根据给出的图例了解到。由于不同的勘查单位有不同的表示符号，因此在阅读工程地质探点图时首先应注意阅读图例。

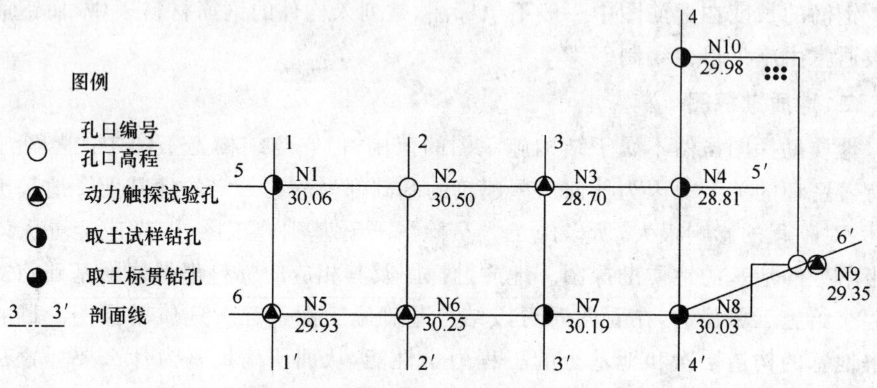

图 2-2　地质钻孔平面布置图(单位：m)

(2)工程地质剖面图。

地质勘察的剖面图是将平面上布的钻孔连成一线，以该连线作为两孔之间地质的剖切面的剖切处，由此绘出两钻孔深度范围内其土质的土层情况。例如我们将图 2-2 中 5～9 孔连成一线剖切后可以看到如图 2-3 所示的剖面图。其中，I_2 类土厚 2.4～3.4m，在孔 9 的位置深约 2.7m。I_3 类土最深点又在孔 9 处，深度为 6.3m，其大致厚度约为 3.6m，即用 I_3 类土深度减去 I_2 类土深度就为该 I_3 类土的厚度了。从图中还可看出 I_3 类土往下为Ⅱ类土，Ⅱ类土往下为Ⅲ类土。

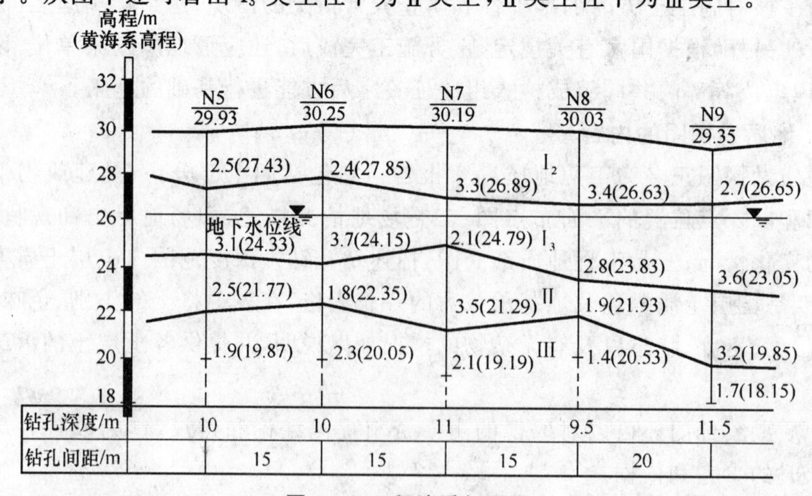

图 2-3　工程地质剖面图

从图 2-3 上还可以看到，该处地下水位在地面下约 3.8m，以及各钻孔的深度。要说明的是图中各孔与孔之间的土层采用直线分布表示，这是简化的方法，实际的土层变化是很复杂的。但作为钻探工作者不能随便臆造两孔间的土层变化，所以采用直线表示作为制图的规则。

(3)土层描述表。

前面我们从土层剖面图看出了该建筑物地面下的一定深度范围内，有三类不同土质的土层。由此勘察报告要制成如表 2-2 的土层描述表。表中可以看出不同土层采用不同的代号，如 I_2 表示杂填土土层。不同土层的土质是不同的，因此对不同的土层要把土工试验分析的情况写在表上，让设计及施工人员明了。其中的湿度、密度、状态都是告诉我们土质的含水率、孔隙率；色和味，是给我们直接的比较。因此，施工人员看懂地质勘探图并与工程施工现场结合，这对于掌握土方工程施工和做好房屋基础的施工具有一定的意义。

表 2-2　土层描述表

土层代号	土类	色味	厚度/m	湿度	密度	状态	地基承载力特征值 f_{ak}/kPa
I_2	杂填土	—	2.40～3.40	稍湿	稍密	杂	—
I_3	粉质黏土	灰黄	2.10～3.70	湿	稍密	流塑	80
Ⅱ	黏土	灰黄	1.80～3.25	稍湿	密实	可塑	180

注：1. 钻探期间稳定地下水位在地面下约 3.8m，不同季节有升降变化。

2. 结论与建议：本场地的黏土层在较厚的填土层以下，由于民用建筑荷载不十分大，故建议做换土处理，做条形基础、板式基础等天然浅基础，承载力特征值按120kPa计。

三、基础施工图

房屋的基础施工图归属于结构施工图纸之中，因为基础埋入地下，一般不需要做建筑装饰，主要是让它承受上部建筑物的全部荷载(建筑物本身的自重及建筑物内人员、设备的质量，风、地震作用)，并将这些荷载传递给地基。一般说来在房屋标高±0.000 以下的构造部分均属于基础工程。根据基础工程施工需要所绘制的图纸，均称为基础施工图。

地基是指支承建筑物质量和作用的土层或岩层。地基特别是土的抗压强度一般远低于墙体和柱的材料。为降低地基单位面积上所受到的压力，避免地基在上部荷载作用下被压溃、失稳，产生过大或过于不均匀的沉降，往往需要把墙、柱下的基础部分适当扩大。我们把墙、柱下端基础的扩大部分称为基础的大放脚。图 2-4 是墙下基础与地基示意图。

基础的形式和种类很多，从大的原则可以分为天然基础和人工基础两类。天然基础中，按其构造形式大致可分为条形基础和独立基础两类，如图 2-5 所示；按其所采用的材料不同又可分为砖基础、素混凝土基础[图 2-6(a)]、钢筋混凝土基础[图 2-6(b)]等。其中，砖、块石及素混凝土基础称为刚性基础，钢筋混凝土基础称为柔性基础[《建筑地基基础设计规范》(GB 50007—2011)中称为扩展基础]。刚性基础一般做成阶梯形，台阶的宽高比(宽/高)一般要小于《建筑地基基础设计规范》(GB 50007—2011)规定的宽高比限值(b/h)，此限值与基础材料，基地反力大小等因素有关。因此，要加大基础底部的接触面积(增大基础大放脚的尺寸)，就要加高基础，因而要相应地增加基础的埋置深度。而钢筋混凝土基础(柔性基础)由于配置了足够的钢筋，基础大放脚的尺寸不受宽高比的限制，因而埋深可以比具有相同基底面积的刚性基础小，如图 2-6 所示。

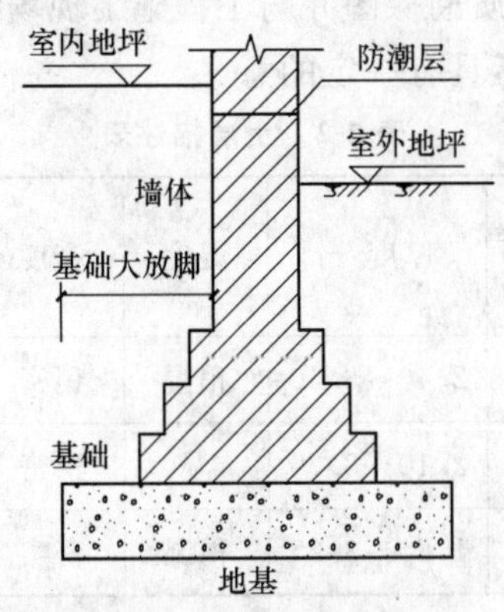

图 2-4 墙下基础与地基的示意

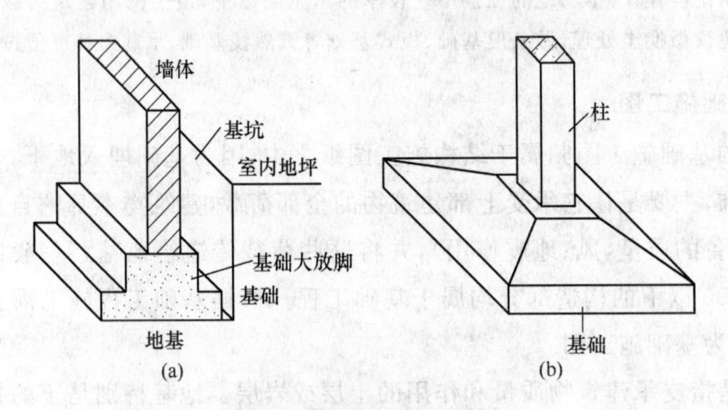

图 2-5 常见的基础形式

(a)条形基础；(b)独立基础

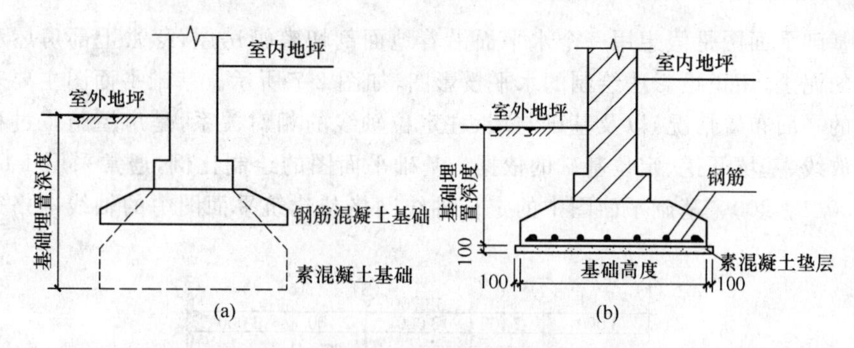

图 2-6　素混凝土基础与钢筋混凝土基础

(a)素混凝土基础和钢筋混凝土基础比较;(b)混凝土基础与钢筋混凝土基础

人工基础即为桩基础,下面对桩基础做一详细介绍。

桩是深入土层的柱型构件,是一古老而现代的基础形式。其最早的应用可追溯到新石器时代,目前仍是各类工程经常采用的基础形式。据不完全统计,我国每年桩的使用量超过100万根,不仅在沿海软土地区普遍采用,而且在地质条件较好的地区如北京、西安、沈阳、石家庄等,由于大量高层和超高层建筑物的兴建,桩基础也得到很好的应用。

桩与连接于桩顶的承台组成桩基础,简称桩基。若桩身全埋于土中,承台底与土体接触,则称为低承台桩基;若桩身上部露出地面,而承台底位于地面以上,则称为高承台桩基。建筑工程一般为低承台桩基。

桩的分类主要从桩的几何特征、使用功能、桩径、成桩方法、成桩对地基土的影响、桩身材料等几方面划分。

(1)按几何特征划分:桩的几何特征主要指桩的截面形状,为提高桩的侧摩阻力和端阻力,可采用不同的截面形式和桩体形状。常用的桩截面主要是圆形和方形,有时也可采用圆环、三角、十字形等形式。

(2)按使用功能划分:桩按使用功能分为竖向抗压桩(又分为摩擦桩、端承摩擦桩、摩擦端承桩、端承桩四类)、竖向抗拔桩、水平受荷桩和复合受荷桩。

(3)按桩径划分:小径为 $d\leqslant 250$mm;中等直径桩为 $250<d<800$mm;大直径桩为 $d\geqslant 800$mm。

(4)按成桩方法划分:根据成桩方法可分为打入桩、灌注桩和静压桩。

(5)按成桩工艺对地基土的影响划分:根据成桩工艺对地基土的影响可分为挤土桩、部分挤土桩和非挤土桩。

(6)按桩身材料划分:按桩身材料分为混凝土桩、钢桩和组合材料桩。

基础施工图一般由基础平面图、基础详图和设计说明组成。由于基础是首先施工的部分,基础施工图往往又是结构施工图的前几张图纸。其中,设计说明的主要内容是明确室内地面的设计标高及基础埋深、基础持力层及其承载力特征值、基础的材料,以及对基础施工的具体要求。

基础平面图是假想用一个水平面沿着地面剖切整幢房屋，移去上部房屋和基础上的泥土，用正投影法绘制的水平投影图，如图 2-7 所示。基础平面图主要表示基础的平面布置情况，以及基础与墙、柱定位轴线的相对关系，是房屋施工过程中指导放线、基坑开挖、定位基础的依据。基础平面图的绘制比例，通常采用 1∶50、1∶100、1∶200。基础平面图中的定位轴线网格与建筑平面图中的轴线网格完全相同。

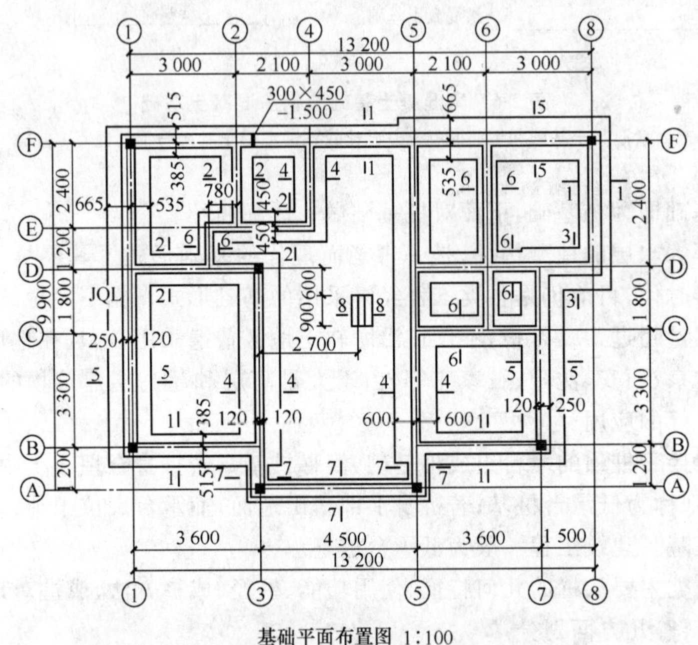

基础平面布置图 1∶100

图 2-7　墙下条形基础平面布置图(单位：mm)

注：1. ±0.000 相当于绝对标高 80.900m；
2. 根据地质报告，持力层为粉质黏土，其地基承载力特征值 $f_{ak}=150$MPa；
3. 本工程墙下采用钢筋混凝土条形基础，混凝土强度等级 C25，钢筋 HPB235、HRB335；
4. GZ 主筋锚入基础内 $40d$(d 为柱内主筋直径)；
5. 地基开挖后待设计部门验槽后方可进行基础施工；
6. 条形基础施工完成后对称回填土，且分层夯实，然后施工上部结构；
7. 其他未尽事宜按《建筑地基基础工程施工质量验收规范》(GB 50202—2002)执行。

基础详图主要表达基础各个部分的断面形状、尺寸、材料、构造做法(如垫层等)、细部尺寸和埋置深度。

下面就几种常见的基础形式，介绍其施工图的制图特点和识读方法。

(一)条形基础

1. 墙下条形基础

条形基础属于连续分布的基础，其长度方向的尺寸远大于宽度方向的尺寸，经常用于墙下。可以用砖、石、混凝土等材料制成刚性条形基础；当荷载较大、地基较软弱时，也可以采用钢筋混凝土做成柔性的钢筋混凝土条形基础。

(1)基础平面布置图。

图 2-7 是某一办公楼的基础平面布置图，由于该结构形式为砌体结构，故基础采用了墙下条形基础。

1)基础设计说明。在基础平面布置图中有专门就基础给出的分说明，从中我们可以看出基础采用的材料；基础持力层的名称和承载力特征值 f_{ak}；基础施工时的一些注意事项等。

2)图线。

定位轴线：基础平面图中的定位轴线无论从编号或距离尺寸上都应与建筑施工图中的平面图保持一致，它是施工现场放线的依据，是基础平面图中的重要内容。

墙身线：定位轴线两侧的中粗线是墙的断面轮廓线，两墙线外侧的中粗线是可见的基础底部的轮廓线，基础轮廓线也是基坑的边线，它是基坑开挖的依据。定位轴线和墙身线都是基础平面图中的主要图线。一般情况下，为了使图面简洁，基础的细部投影都省略不画，比如基础大放脚的细部投影轮廓线，都在基础详图中具体给出。

基础圈梁及基础梁：有时为了增强基础的整体性，防止或减轻不均匀沉降，需要设置基础圈梁(JQL)。在图中，沿墙身轴线画的粗点画线即表示基础圈梁的中心位置，同时在旁边标注的 JQL 也特别指出这里布置了基础圈梁（有时基础平面图中未表示基础圈梁，而在基础详图的剖面中反映，这因设计单位的习惯不同而异）。

构造柱：为了满足抗震设防的要求，砌体结构的房屋都应按照《建筑抗震设计规范》(GB 50011)的有关规定设置构造柱，通常从基础梁或基础圈梁的定面开始设置，在图纸中用涂黑的矩形表示。

地沟及其他管洞：由于给排水、暖通专业的要求常常需要设置地沟，或者在基础墙上预留管洞（使排水管、进水管和采暖管能通过，基础和基础下面是不允许留设管洞和地沟的），在基础平面图上要表示洞口或地沟的位置。图 2-7 中②轴靠近 F 轴位置墙上的 $\frac{300\times450}{-1.500}$ 粗实线表示了预留洞口的位置，它表示这个洞口宽×高为 300mm×450mm，洞口的底标高为－1.500m。

3)尺寸标注。是确定基础的尺寸和平面位置的。除了定位轴线以外，基础平面图中的标注对象就是基础各个部位的定位尺寸（一般均以定位轴线为基准确定构件的平面位置）和定形尺寸。图 2-7 中，标注 4—4 剖面，基础宽度 1 200mm，墙体厚度 240mm，墙体轴线居中，基础两边线到定位轴线均为 600mm；标注 5—5 剖面，基础宽度 1 200mm，墙体厚度 370mm，墙体偏心 65mm，基础两边线到定位轴线分别为 665mm 和 535mm。

4)剖切符号。在房屋的不同部位,由于上部结构布置、荷载或地基承载力的不同从而使得基础各部位的断面形状、细部尺寸不尽相同。对于每一种不同的基础,都要分别画出它们的断面图,因此,在基础平面图中应相应地画出剖切符号并注明断面编号。断面编号可以采用阿拉伯数字或英文字母,在注写时编号数字或字母注写的一侧则为剖视方向。

(2)基础详图。

在基础平面布置图中仅表示出了基础的平面位置,而基础各部分的断面形式、详细尺寸、所用材料、构造做法(如防潮层、垫层等)以及基础的埋置深度尚需要在基础详图中得到体现。基础详图一般采用垂直的横剖断面表示,见图 2-8。断面详图相同的基础用同一个编号、同一个详图表示,如图 2-8 所示的 1—1 剖面详图,它既适用于①轴的墙下,也适用于⑧轴的墙下和其他标注有剖面号为 1—1 的基础。

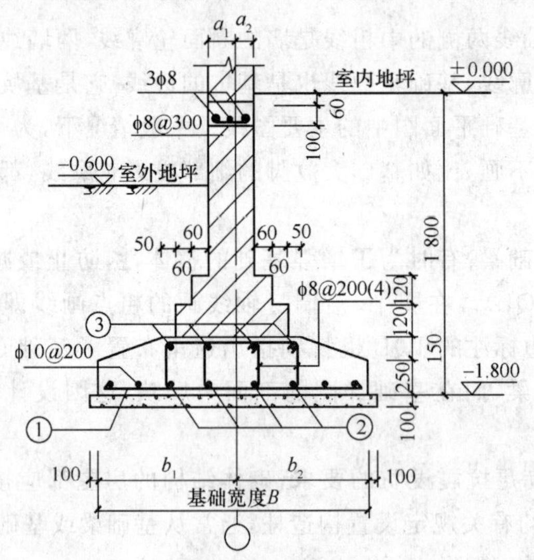

基础细部数据表

基础剖面	a_1	a_2	b_1	b_2	B	钢筋①	钢筋②	钢筋③
1—1	250	120	515	38	900	Φ10@200	—	—
4—4	120	120	600	600	1 200	Φ12@200	—	—
5—5	250	120	665	535	1 200	Φ12@200	4Φ14	4Φ14

图 2-8　条形基础详图(单位:mm)(标高单位为 m)

在阅读基础详图的施工图时,首先应将图名及剖面编号与基础平面图相互对照,找出它在平面图中的剖切位置。基础平面布置图(图 2-7)中的基础断面 1—1、4—4、5—5 的详图在图 2-8 中画出,因篇幅有限未将所有基础断面列出。由于墙下条形基础的断面结构形式一般情况下基本相同,仅仅是尺寸和配筋略有不同。因此,有时为了节省施工图的篇幅,只绘出一个详图示意,不同之处用代号表示,然后再以列表的方式将不同的断面与各自的尺寸和配筋一一对应给出。当然也可以将不同的基础断面均以详图的方式绘出，二者只是表达形式的区别，这与不同设计单位的施工图表达习惯有关。

基础详图图示的主要内容如下：

1)基础断面轮廓线和基础配筋。图 2-8 中的基础为墙下钢筋混凝土柔性条形基础，为了突出表示配筋，钢筋用粗线表示，室内外地坪用粗线表示，墙体和基础轮廓用中粗线表示。定位轴线、尺寸线、引出线等均为细线。

从图 2-8 中我们可以看出，此基础详图主要给出了 1—1、4—4、5—5 三种断面基础详图，其基础底面宽度分别为 900mm、1 200mm、1 200mm。为保护基础的钢筋，同时也为施工时铺设钢筋弹线方便，基础下面设置了素混凝土垫层 100mm 厚，每侧超出基础底面各 100mm，一般情况下垫层混凝土等级常采用 C10。

从图 2-8 中还可以看到，条形基础内配置了①号钢筋，为 HRB335 或 HRB400 级钢，具体数值可以通过表格“基础细部数据表”中查得，与 1—1 对应的①号钢筋为⏀10@200，与 4—4 对应的①号钢筋为⏀12@200。此外，5—5 剖面基础中还设置了基础圈梁，它由上下层的受力钢筋和箍筋组成。受力钢筋按普通梁的构造要求配置，上下各为 4⏀14，箍筋为 4 肢箍ϕ8@200。

2)墙身断面轮廓线。

图 2-8 中墙身中粗线之间填充了图例符号，表示墙体材料是砖；墙下有放脚，由于受刚性角的限制，故分两层放出，每层 120mm，每边放出 60mm。

3)基础埋置深度。从图 2-8 中可以看出，基础底面即垫层顶面标高为 -1.800m，说明该基础埋深 1.8m，在基础开挖时必须要挖到这个深度。

(3)看基础图主要应记住的内容。

看完基础施工图后，主要应记住轴线道数、位置、编号，为了准确起见，看轴线位置时，有时应对照建筑平面图进行核对。其次应记住基础底标高，即挖土的深度。以上几点是基础施工最基本的要素，如果弄错待到基础施工完毕后才发现那将很难补救。其他还有砖墙的厚度，大放脚的收退，底板配筋、预留孔洞位置等都应随施工进展看清记牢。

2. 柱下条形基础

(1)基础平面布置图。

框架结构的基础有各种各样的类型，这里我们介绍一种由地梁联结的柱下条形基础，它由基础底板和基础梁组成。图 2-9 中可以看到形成长方形的基础平面，由于篇幅有限，在绘制时，中间省略了一部分轴线的基础。

在图中我们可看出基础中心位置正好与定位轴线重合，基础的轴线距离都是 6.00m，每根基础梁上有三根柱子，用黑色的矩形表示。地梁底部扩大的面为基础底板，即图中基础的宽度为 2.00m。从图上的编号可以看出两端轴线，即①轴和⑧轴的基础相同，均为 JL1，其他中间各轴线的相同，均为 JL2。从图中看出地梁长度为 15.600m，基础两端还有为了承托上部墙体（砖墙或轻质砌块墙）而设置的基础梁，标注为 JL3，它的断面要比 JL1、JL2 小，尺寸为 300mm×550mm（$b\times h$）。JL3 的设置，使我们在看图中了解到该方向可以不必再另行挖土方做砖墙的基础了。从图 2-9 中还可以看出柱子的柱距均为 6.0m，跨度为 7.8m。以上就是从该框架结构基础平面图中可以看到的内容。

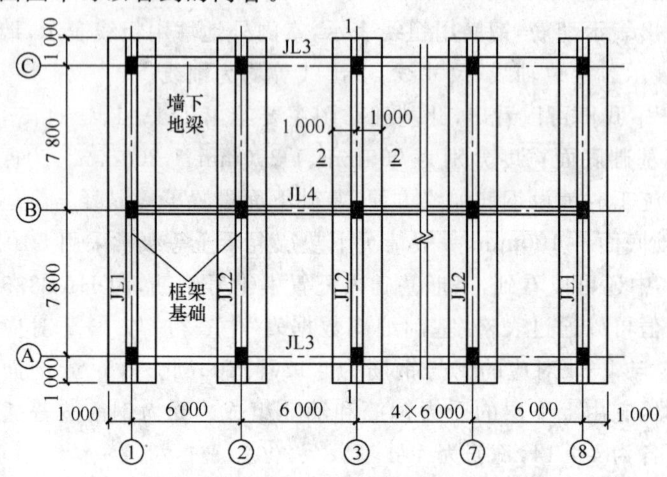

图 2-9　柱下条形基础平面图（单位：mm）

（2）基础详图。

该类基础形式除了用平面图表示外，还需要与基础剖面详图相结合，才能了解基础的构造，带地梁的条形基础剖面图，不但要有横剖断面，还要有一个纵剖断面，二者相配合才能看清楚梁内钢筋的配置构造。

图 2-10 是平面图中 JL2 的纵向剖面图，从该剖面图中可以看到基础梁沿长向的构造。

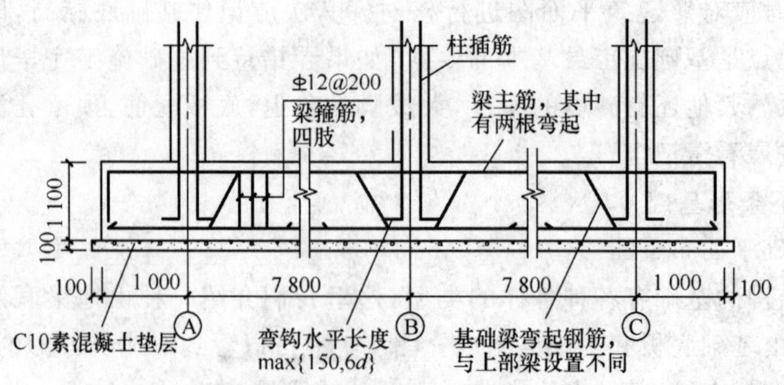

图 2-10　柱下条形基础纵向剖面（单位：mm）

首先我们看出基础梁的两端有一部分挑出长度为 1 000mm，由力学知识可以知道，这是为了更好地平衡梁在框架柱处的支座弯矩。基础梁的高度是 1 100mm，基础梁的长度为 17 600mm，即跨距 7 800mm×2mm 加上柱轴线到梁边的

1 000mm，故总长为 7 800×2＋1 000×2＝17 600(mm)。弄清楚梁的几何尺寸之后，主要是看懂梁内钢筋的配置。我们可以看到，竖向有三根柱子的插筋，长向有梁的上部主筋和下部的受力主筋，根据力学的基本知识我们可以知道，基础梁承受的是地基土向上的反力，它的受力就好比是一个翻转 180°的上部结构的梁，因此跨中上部钢筋配置得少而支座处下部钢筋配置得多，而且最明显的是如果设弯起钢筋时，弯起钢筋在柱边支座处斜的方向和上部结构的梁的弯起钢筋斜向相反。这些在看图时和施工绑扎钢筋时必须弄清楚，否则就要造成错误，如果检查忽略而浇注了混凝土那就会成为质量事故。此外，上下的受力钢筋用钢箍绑扎成梁，图中注明了箍筋采用Φ 12，并且是四肢箍，具体什么是四肢箍，我们还得结合剖面图来看。

图 2-11 就是该梁式基础的横剖断面，从图中可以看到，基础宽度为 2.00m，基础底有 100mm 厚的素混凝土垫层，底板边缘厚为 250mm，斜坡高亦为 250mm，梁高与纵剖面一样为 1 100mm。从基础的横剖面图上还可以看出的是地基梁的宽度为 500mm。看懂这些几何尺寸对于计算模板用量和混凝土的体积是十分有用的。

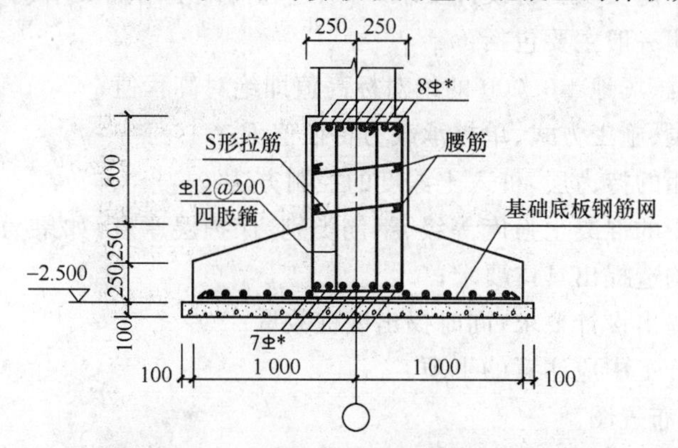

图 2-11　柱下条形基础横向剖面(单位：mm)(标高单位为 m)

其次，在横剖面图上应该看梁及底板的钢筋配置情况。从图 2-11 中看出底板在宽度方向上是主要受力钢筋，它摆放在底下，断面上一个一个的黑点表示长向钢筋，一般是分布筋。板钢筋上面是梁的配筋，可以看出上部主筋有 8 根，下部配置有 7 根。上面提到的四肢箍就是由两个长方形的钢箍组成的，上下钢筋由四肢钢筋联结在一起，这种形式的箍筋称为四肢箍。另外，由于梁高较大，在梁的两侧一般设置侧向钢筋加强，俗称腰筋，并采用 S 形拉结筋勾住以形成整体。

总之，无论横剖面图还是纵剖面图都是以看清结构构造为目的，在平面图上选取剖切位置而剖得的视图。图 2-10、图 2-11 都是在图 2-9 上 1—1、2—2 剖切处产生的剖面图。因此，只有将基础平面图、剖面图(基础详图)结合起来阅读，才能全面地了解基础的构造，具体施工时才能做到心中有数。

(二)桩基础

桩基础是在软土地基或高层建筑结构中常用的一种基础形式，在高大的土木建筑中，如果浅层的土不能满足建筑物对地基承载力或变形的要求，为了将很大的集中荷载传递到较深的稳定坚固土层中，通常就会采用桩基础，它属于人工基础，具有承载力高、基础沉降小且均匀等特点。

桩基础一般由承台和桩组成，桩基础的种类很多，按材料分有钢筋混凝土桩、钢桩、木桩；按施工方法不同分预制桩、灌注桩；按承台的位置分，如果承台底面高于地面，则为高桩承台基础，反之则为低桩承台基础，详细的分类在前面已经叙述了，这里不再赘述。

桩基础施工图的主要内容是表达桩、承台、柱或墙的平面位置、相互之间的位置关系、使用材料、尺寸、配筋及其他施工要求等，一般主要由桩基础设计说明、桩平面布置图、基础详图（包括承台配筋图和桩身配筋图）组成。

1. 桩平面布置图

（1）桩基础设计说明。

在图纸上不能反映出的设计要求，可通过在图纸上增加文字说明的方式表达。桩基础设计说明一般主要包括：

1）设计依据、场地±0.000的绝对标高值即绝对高程值；

2）桩的种类、施工方式、单桩承载力特征值R_a；

3）桩所采用的持力层、桩入土深度的控制方法；

4）桩身采用的混凝土强度等级、钢筋类别、保护层厚度，如果为人工挖孔灌注桩应对护壁的构造提出具体要求；

5）对试桩提出设计要求，同时提出试桩数量；

6）其他在施工中应注意的事项。

（2）桩平面布置图。

桩平面布置图是用一个在桩顶附近的假想平面将基础切开并移去上面部分后形成的水平投影图，主要内容包括：

1）图名、比例，桩平面布置图的比例最好与建筑平面图一致，常采用1∶100、1∶200；

2）定位轴线及其编号、尺寸间距；

3）承台的平面位置及其编号；

4）桩的平面位置应反映出桩与定位轴线的相对关系；

5）桩顶标高。

（3）桩身详图。

是通过桩中心的竖直剖切图。有时由于桩身较长，绘制时可以将其打断省略绘制。桩身详图主要内容包括：

1）图名；

2）桩的直径、长度、桩顶嵌入承台的长度[《建筑地基基础设计规范》（GB 50007—2011）规定≥50mm]；

3)桩主筋的数量、类别、直径、在桩身内的长度、伸入承台内的长度[《建筑地基基础设计规范》(GB 50007—2011)规定，HPB235≥30 倍钢筋直径，HRB335 和 HRB400≥35 倍钢筋直径]；

4)箍筋的类别、直径、间距，沿桩身加劲筋的直径、间距；

5)绘制桩身横断面图。

(4)桩平面布置图可按下列步骤阅读：

1)看图名、绘图比例；

2)对照建筑首层平面图校对定位轴线及编号，如有出入及时与设计人员联系解决；

3)读设计说明，明确桩的施工方法、单桩承载力特征值、采用的持力层、桩身入土深度及其控制；

4)阅读设计说明，明确桩的材料、钢筋、保护层等构造要求；

5)结合桩详图，分清不同长度桩的数量、桩顶标高、分布位置等；

6)明确试桩的数量以及为试桩提供反力的锚桩数量、配筋情况(锚桩配筋和桩头构造不同于一般工程桩)，以便及时和设计单位共同确定试桩和锚桩桩位。

2. 承台平面布置图、承台详图

(1)承台平面布置图。

是用一个略高于承台平面的假想平面将基础切开并移去上面部分后形成的水平投影图。承台平面布置图主要内容包括：

1)图名、比例：承台平面布置图的比例最好与建筑平面图一致；

2)定位轴线及其编号、尺寸间距；

3)承台的定位及编号、承台连系梁的布置及编号；

4)承台说明。

(2)承台详图。

是反映承台或承台梁剖面形式、详细几何尺寸、配筋情况及其他特殊构造的图纸。它主要包括：

1)图名、比例：常采用 1∶20、1∶50 等比例；

2)承台或承台梁剖面形式、详细几何尺寸、配筋情况；

3)垫层的材料、强度等级和厚度。

(3)承台平面布置图及详图的阅读，可按下列步骤进行：

1)看图名、绘图比例；

2)对照桩平面布置图校对定位轴线及编号，如有出入及时与设计人员联系解决；

3)查看桩平面布置图，确定承台的形式、数量和编号，将其在平面布置图中的位置一一对应；

4)阅读说明并参照承台详图及承台表，明确各个承台的剖面形式、尺寸、标高、材料、配筋等；

5)明确剪力墙或柱的尺寸、位置以及与承台的相对位置关系，查阅剪力墙或柱详图确认剪力墙或柱在承台中的插筋；

6)垫层的材料、强度等级和厚度。

四、主体结构施工图

相对于基础工程，主体工程是指房屋在基础以上的部分。建筑物的结构形式主要是根据房屋基础以上部分的结构形式来区分的。建筑物的结构形式多种多样，根据使用的材料不同，分为砌体结构、钢筋混凝土结构、钢结构、木结构；根据结构的受力形式，分为墙体承重的砖混结构、框架结构、框架-剪力墙结构、剪力墙结构、框筒结构等；根据结构的层数，有单层、多层、高层、超高层。以下将简要介绍砖混结构、钢筋混凝土结构施工图的识读方法。

(一)结构平面布置图概述

表示房屋上部结构布置的图样，叫做结构布置图。结构布置图采用正投影法绘制，设想用一个水平剖切面沿着楼板上表面剖切，然后移去剖切平面以上的部分所作的水平投影图，用平面图的方式表达，因此也称为结构平面布置图。这里要注意的是，结构平面图与建筑平面图的不同之处在于它们选取的剖切位置不一样，建筑平面是在楼层标高＋900mm，即大约在窗台的高度位置将建筑物切开，而结构平面则是在楼板上表面处将建筑物切开，然后向下投影。对于多层建筑，结构平面布置图一般应分层绘制，但当各楼层结构构件的类型、大小、数量、布置情况均相同时，可只画一个标准层的结构布置平面图。构件一般用其轮廓线表示，如能表示清楚，也可用单线表示，如梁、屋架、支撑等可用粗点画线表示其中心位置，楼梯间或电梯间一般另见详图，故在平面图中通常用一对交叉的对角线及文字说明来表示其范围。

(二)结构平面布置图的内容

建筑结构平面布置图一般包括以下内容：

(1)与建筑施工图相同的定位轴线及编号、各定位轴线的距离。

(2)墙体、门窗洞口的位置以及在洞口处的过梁或连梁的编号。

(3)柱或构造柱的编号、位置、尺寸和配筋。

(4)钢筋混凝土梁的编号、位置以及现浇钢筋混凝土梁的尺寸和配筋情况。

(5)楼板部分：如果是预制板，则需说明板的型号或编号、数量，铺板的范围和方向；如果是现浇板，则需说明板的范围、板厚，预留孔洞的位置和尺寸。

(6)有关的剖切符号、详图索引符号或其他标注符号。

(7)设计说明，内容为结构设计总说明中未指明的，或本楼层中需要特殊说明的特殊材料或构造措施等。

砌体结构中的圈梁平面布置另用示意图表示。在圈梁平面图中，圈梁一般用粗实线或粗点画线绘制，要求给出圈梁的编号、截面和配筋。

钢筋混凝土结构的柱、剪力墙、梁施工图目前都采用平面整体表示法（简称“平法”）绘制，根据结构的复杂程度，上述结构平面图中的柱、梁、墙可单独或合并绘制。

另外，在“平法”施工图中，用表格标注各楼层（包括地下室）的结构标高、结构层高和相应的结构层号。下面以钢筋混凝土结构为例来说明结构平面布置图。

（三）钢筋混凝土结构平面布置图的整体表示法——“平法”简介

“平法”制图，即建筑结构施工图的平面整体设计方法，它采用整体表达方法绘制结构布置平面图，把结构构件的尺寸和配筋等，整体直接表达在各类构件的结构平面布置图上，再与标准构造详图如《混凝土结构施工图整体表示法制图规则和构造详图》（11G101－1）等配合，构成一套新型完整的结构设计施工图。

“平法”制图主要针对钢筋混凝土结构柱、剪力墙、梁构件的结构施工图表达。下面分别对这几种构件“平法”的基本知识和识读方法进行介绍。

（四）柱平法施工图

柱平法施工图是在柱平面布置图上采用截面注写方式或列表注写方式绘制柱的配筋图，可以将柱的配筋情况直观地表达出来。

1. 柱平法施工图的主要内容

柱平法施工图的主要内容包括：①图名和比例；②定位轴线及其编号、间距和尺寸；③柱的编号、平面布置，应反映柱与定位轴线的关系；④每一种编号柱的标高、截面尺寸、纵向受力钢筋和箍筋的配置情况；⑤必要的设计说明。

柱平法表示有截面注写方式和列表注写方式两种，这两种绘图方式均需要对柱按其类型进行编号，编号由其类型代号和序号组成，其编号的含义如表 2-3 所示。

表 2-3　柱编号

柱类型	代号	序号
框架梁	KZ	××
框支柱	KZZ	××
梁上柱	LZ	××
剪力墙上柱	QZ	××

例如：KZ10 表示第 10 种框架柱，而 LZ01 表示第 1 种梁上起柱。

2. 截面注写方式

截面注写方式是在柱平面布置图上，在同一编号的柱中选择一个截面，直接在截面上注写截面尺寸和配筋的具体数值，图 2-12 是截面注写方式的图例。

图 2-12 是某结构从标高 19.470m 到 59.070m 的柱配筋图，即结构从六层到十六层柱的配筋图，这在楼层表中用粗实线来注明。由于在标高 37.470m 处，柱的截面尺寸和配筋发生了变化，但截面形式和配筋的方式没变。因此，这两个标高范围的柱可通过一张柱平面图来表示，但这两部分的数据需分别注写，故将图中的柱分 19.470～37.470m 和 37.470～59.070m 两个标高范围注写有关数据。因为图名中 37.470～59.070m 是写在括号里的，因此在柱平面图中，括号内注写的数字对应的就是 37.470～59.070m 标高范围内的柱。

图 2-12 中画出了柱相对于定位轴线的位置关系、柱截面注写方式。配筋图是采用双比例绘制的，首先对结构中的柱进行编号，将具有相同截面、配筋形式的柱编为一个号，从其中挑选出任意一个柱，在其所在的平面位置上按另一种比例原位放大绘制柱截面配筋图，并标注尺寸和柱配筋数值。在标注的文字中，主要有以下内容：

(1)柱截面尺寸 $b \times h$，如 KZ1 是 650mm×600mm(550mm×500mm)。说明在标高 19.470～37.470m 范围内，KZ1 的截面尺寸为 650mm×600mm；标高 37.470～59.070m 范围内，KZ1 的截面尺寸为 550mm×500mm。

(2)柱相对定位轴线的位置关系，即柱定位尺寸。在截面注写方式中，对每个柱与定位轴线的相对关系，不论柱的中心是否经过定位轴线，都要给予明确的尺寸标注，相同编号的柱如果只有一种放置方式，则可只标注一个。

(3)柱的配筋，包括纵向受力钢筋和箍筋。纵向钢筋的标注有两种情况，第一种情况如 KZ1，其纵向钢筋有两种规格，因此将纵筋的标注分为角筋和中间筋分别标注。集中标注中的 4Φ25，指柱四角的角筋配筋；截面宽度方向上标注的 5Φ22 和截面高度方向上标注的 4Φ22，表明了截面中间配筋情况(对于采用对称配筋的矩形柱，可仅在一侧注写中部钢筋，对称边省略不写)。另外一种情况是，其纵向钢筋只有一种规格，如 KZ2 和 LZ1，因此在集中标注中直接给出了所有纵筋的数量和直径，如 LZ1 的 6Φ16，对应配筋图中纵向钢筋的布置图，可以很明确地确定 6Φ16 的放置位置。箍筋的形式和数量可直观地通过截面图表达出来，如果仍不能很明确，则可以将其放出大样详图。

3. 列表注写方式

列表注写方式，则是在柱平面布置图上，分别在每一编号的柱中选择一个(有时几个)截面标注与定位轴线关系的几何参数代号，通过列柱表注写柱号、柱段起止标高、几何尺寸(含柱截面对轴线的偏心情况)与配筋具体数值，并配以各种柱截面形状及其箍筋类型图说明箍筋形式，图 2-13 是柱列表注写方式的图例。采用柱列表注写方式时柱表中注写的内容主要如下：

(1)注写柱编号。柱编号由类型代号(见表 2-3)和序号组成。

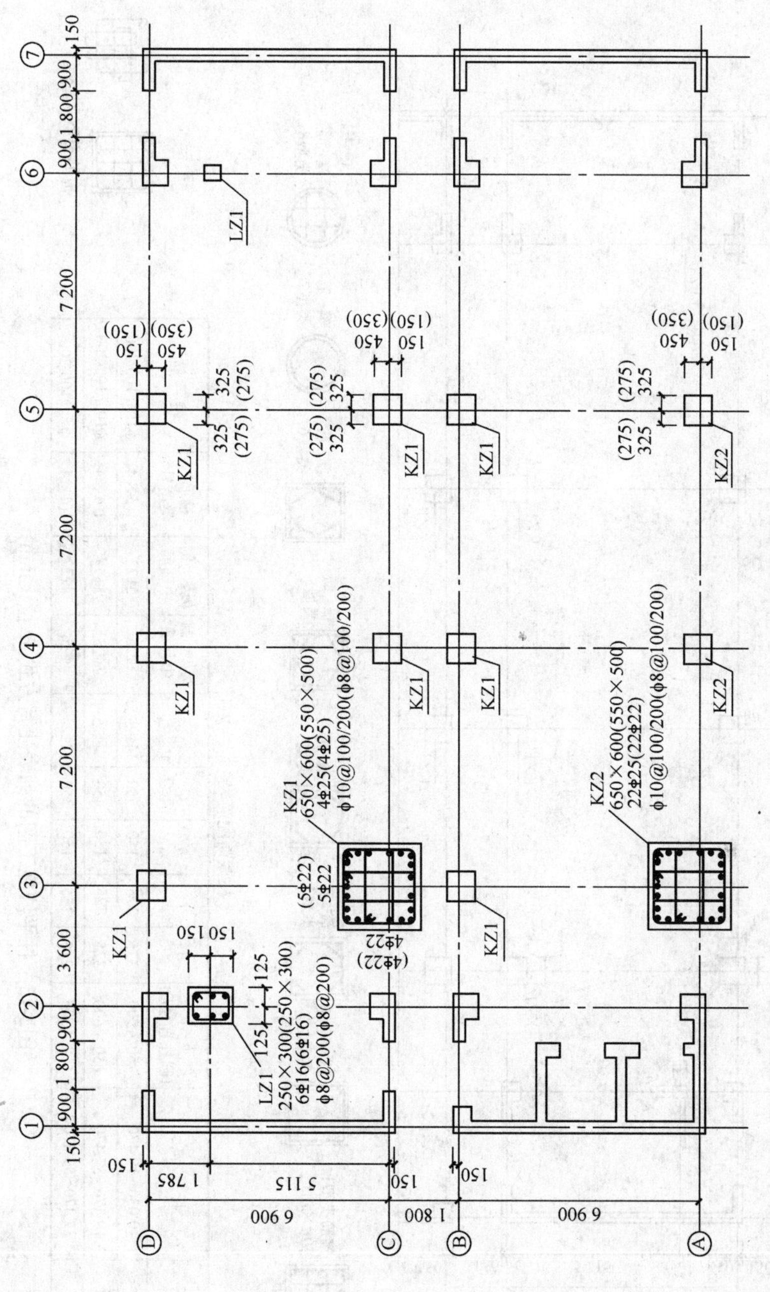

层号	标高/m	层高/m
屋面2	65.670	
塔层2	62.370	3.30
屋面1(塔层1)	59.070	3.30
16	55.470	3.60
15	51.870	3.60
14	48.270	3.60
13	44.670	3.60
12	41.070	3.60
11	37.470	3.60
10	33.870	3.60
9	30.270	3.60
8	26.670	3.60
7	23.070	3.60
6	19.470	3.60
5	15.870	3.60
4	12.270	3.60
3	8.670	3.60
2	4.470	4.20
1	-0.030	4.50
-1	-4.530	4.50
-2	-9.030	4.50

结构层楼面标高
结构层高

19.470~37.470(37.470~55.470)柱平法施工图

图2-12　柱平法施工图的截面注写方式(单位：mm)

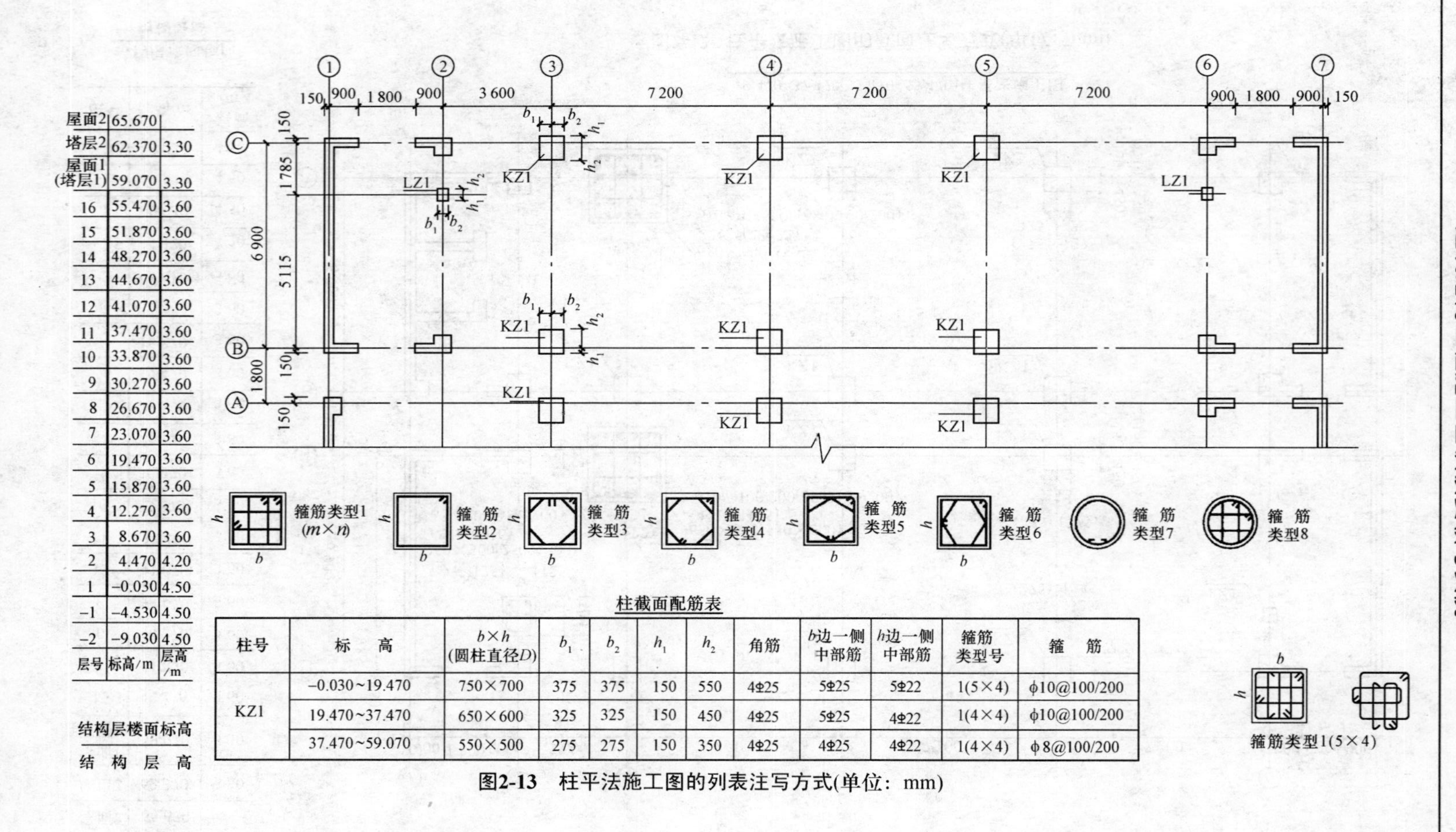

层号	标高/m	层高/m
屋面2	65.670	
塔层2	62.370	3.30
屋面1（塔层1）	59.070	3.30
16	55.470	3.60
15	51.870	3.60
14	48.270	3.60
13	44.670	3.60
12	41.070	3.60
11	37.470	3.60
10	33.870	3.60
9	30.270	3.60
8	26.670	3.60
7	23.070	3.60
6	19.470	3.60
5	15.870	3.60
4	12.270	3.60
3	8.670	3.60
2	4.470	4.20
1	−0.030	4.50
−1	−4.530	4.50
−2	−9.030	4.50

柱截面配筋表

柱号	标　高	b×h（圆柱直径D）	b_1	b_2	h_1	h_2	角筋	b边一侧中部筋	h边一侧中部筋	箍筋类型号	箍　筋
KZ1	−0.030~19.470	750×700	375	375	150	550	4Φ25	5Φ25	5Φ22	1(5×4)	φ10@100/200
	19.470~37.470	650×600	325	325	150	450	4Φ25	5Φ25	4Φ22	1(4×4)	φ10@100/200
	37.470~59.070	550×500	275	275	150	350	4Φ25	4Φ25	4Φ22	1(4×4)	φ8@100/200

图2-13　柱平法施工图的列表注写方式(单位：mm)

(2)注写各段柱的起止标高。自柱根部往上以变截面位置或截面未改变但配筋改变处为界分段注写。框架柱或框支柱的根部标高系指基础顶面标高;梁上柱的根部标高系指梁的顶面标高;剪力墙上柱的根部标高分为两种:当柱纵筋锚固在墙顶面时其根部标高为墙顶面标高;当柱与剪力墙重叠一层时其根部标高为墙顶面往下一层的楼层结构层楼面标高。

(3)注写柱截面尺寸。对于矩形柱,注写柱截面尺寸 $b \times h$ 及与轴线关系的几何参数代号 b_1、b_2 和 h_1、h_2 的具体数值,应对应于各段柱分别注写。其中 $b=b_1+b_2$,$h=h_1+h_2$。当截面的某一边收缩变化至与轴线重合或偏到轴线的另一侧时,b_1、b_2 和 h_1、h_2 中的某项为零或为负值。对于圆柱,表中 $b \times h$ 一栏改用在圆柱直径数字前加 d 表示,为表达简单,圆柱与轴线的关系也用 b_1、b_2 和 h_1、h_2 表示,并使 $d=b_1+b_2=h_1+h_2$。

(4)注写柱纵筋。将柱纵筋分成角筋、b 边中部筋和 h 边中部筋三项分别注写(对于采用对称配筋的矩形柱,可仅注写一侧中部钢筋,对称边省略不写)。

(5)注写箍筋类型号及箍筋肢数。箍筋的配置略显复杂,因为柱箍筋的配置有多种情况,不仅和截面的形状有关,还和截面的尺寸、纵向钢筋的配置有关系。因此,应在施工图中列出结构可能出现的各种箍筋形式,并分别予以编号,如图 2-13 中的类型 1、类型 2 等。箍筋的肢数用($m \times n$)来说明,其中 m 对应宽度 b 方向箍筋的肢数,n 对应宽度 h 方向箍筋的肢数。

(6)注写柱箍筋,包括钢筋级别、直径与间距。当为抗震设计时,用斜线"/"区分柱端箍筋加密区和柱身非加密区长度范围内箍筋的不同间距。至于加密区长度,就需要施工人员对照标准构造图集相应节点自行计算确定了。例如,ϕ10@100/200,表示箍筋为 HPB235,直径 ϕ10,加密区间距 100mm,非加密区间距 200mm。当箍筋沿柱全高为一种间距时,则不使用斜线"/",如Φ12@100,表示箍筋为 HRB335,直径 12,箍筋沿柱全高间距 100。如果圆柱采用螺旋箍筋时,应在箍筋表达式前加"L",如 Lϕ10@100/200。

总之,柱采用"平法"制图方法绘制施工图,可直接把柱的配筋情况注明在柱的平面布置图上,简单明了。但在传统的柱立面图中,我们可以看到纵向钢筋的锚固长度及搭接长度,而在柱的"平法"施工图中,则不能直接在图中表达这些内容。实际上,箍筋的锚固长度及搭接长度是根据《混凝土结构设计规范》(GB 50010)计算出来的。

因此,只要知道钢筋的级别和直径,就可以查表确定钢筋的锚固长度和最小搭接长度,不一定要在图中表达出来。施工时,先根据柱的平法施工图,确定柱的截面、配筋的级别和直径,再根据表等其他规范的规定,进行放样和绑扎。采用平法制图不再单独绘制柱的配筋立面图或断面图,可以极大地节省绘图工作量,同时不影响图纸内容的表达。

4. 柱平法施工图识读步骤

柱平法施工图可按如下步骤识读:

(1)查看图名、比例；

(2)校核轴线编号及间距尺寸，必须与建筑图、基础平面图保持一致；

(3)与建筑图配合，明确各柱的编号、数量及位置；

(4)阅读结构设计总说明或有关分页专项说明，明确标高范围柱混凝土的强度等级；

(5)根据各柱的编号，查对图中截面或柱表，明确柱的标高、截面尺寸和配筋，再根据抗震等级、标准构造要求确定纵向钢筋和箍筋的构造要求(包括纵向钢筋连接的方式、位置、锚固搭接长度、弯折要求、柱头节点要求；箍筋加密区长度范围等)。

(五)剪力墙平法施工图

剪力墙根据配筋形式可将其看成有剪力墙柱、剪力墙身和剪力墙梁(简称墙柱、墙身、墙梁)三类构件组成。剪力墙平法施工图，是在剪力墙平面布置图上采用截面注写方式或列表方式来表达剪力墙柱、剪力墙身、剪力墙梁的标高、偏心、截面尺寸和配筋情况等。

1. 剪力墙平法施工图主要内容

剪力墙平法施工图主要内容包括：

(1)图名和比例；

(2)定位轴线及其编号、间距和尺寸；

(3)剪力墙柱、剪力墙身、剪力墙梁的编号、平面布置；

(4)每一种编号剪力墙柱、剪力墙身、剪力墙梁的标高、截面尺寸、钢筋配置情况；

(5)必要的设计说明和详图。

注写每种墙柱、墙身、墙梁的标高、截面尺寸、配筋同柱一样有两种方式：截面注写方式和列表注写方式。同样无论哪种绘图方式均需要对剪力墙构件按其类型进行编号，编号由其类型代号和序号组成，其编号的含义见表 2-4、表 2-5。

表 2-4 墙柱编号

墙柱类型	代号	序号	墙柱类型	代号	序号
约束边缘暗柱	YAZ	××	构造边缘暗柱	GAZ	××
约束边缘端柱	YDZ	××	构造边缘翼墙(柱)	GYZ	××
约束边缘翼墙(柱)	YYZ	××	构造边缘转角墙(柱)	GJZ	××
约束边缘转角墙(柱)	YJZ	××	非边缘暗柱	AZ	××
构造边缘端柱	GDZ	××	扶壁柱	FBZ	××

如：YAZ10 表示第 10 种约束边缘暗柱，而 AZ01 表示第 1 种非边缘暗柱。

表 2-5　墙梁编号

墙梁类型	代号	序号
连梁(无交叉暗撑及无交叉钢筋)	LL	××
连梁(有交叉暗撑)	LL(JC)	××
连梁(有交叉钢筋)	LL(JG)	××
暗梁	AL	××
连框梁	BKL	××

如:LL10 表示第 10 种普通连梁,而 LL(JG)10 表示第 10 种有交叉钢筋的连梁。

2. 截面注写方式

截面注写方式,是在分标准层绘制的剪力墙平面布置图上,以直接在墙柱、墙身、墙梁上注写截面尺寸和配筋具体数值的方式来表达剪力墙平法施工图。在剪力墙平面布置图上,在相同编号的墙柱、墙身、墙梁中选择一根墙柱、一道墙身、一个墙梁,以适当的比例原位将其放大进行注写。

(1)剪力墙柱注写的内容有:绘制截面配筋图,并标注截面尺寸、全部纵向钢筋和箍筋的具体数值。

(2)剪力墙身注写的内容有:依次引注墙身编号(应包括注写在括号内墙身所配置的水平分布钢筋和竖向分布钢筋的排数)、墙厚尺寸、水平分布筋、竖向分布钢筋和拉筋的具体数值。

(3)剪力墙梁注写的内容有:

1)墙梁编号。

2)墙梁顶面标高高差,系指墙梁所在结构层楼面标高的高差值,高于者为正值,低于者为负值,当无高差时不注。

3)墙梁截面尺寸 $b \times h$、上部纵筋、下部纵筋和箍筋的具体数值。当连梁设有斜向交叉暗撑时要以 JC 打头附加注写一根暗撑的全部钢筋,并标注"×2"表示有两根暗撑相互交叉,以及箍筋的具体数值;当连梁设有斜向交叉钢筋时,还要以 JG 打头附加注写一道、斜向钢筋的配筋值,并标注"×2"表示有两根斜向钢筋相互交叉。图 2-14 是截面注写方式的图例。

3. 列表注写方式

列表注写方式,是在剪力墙平面布置图上,通过列剪力墙柱表、剪力墙身表和剪力墙梁表来注写每一种编号剪力墙柱、剪力墙身、剪力墙梁的标高、截面尺寸与配筋具体数值。图 2-15、图 2-16 是列表注写方式的图例。

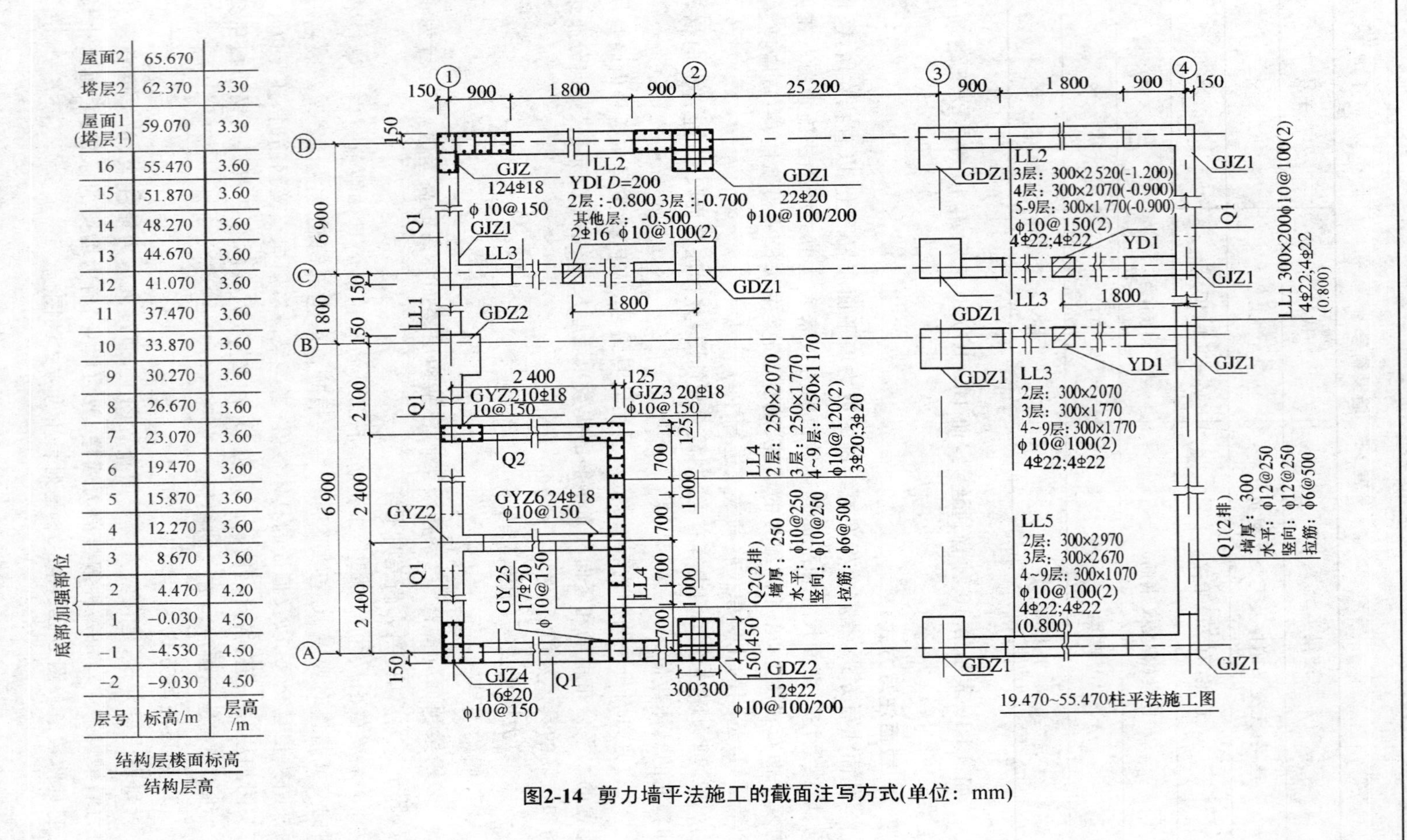

层号	标高/m	层高/m
屋面2	65.670	
塔层2	62.370	3.30
屋面1(塔层1)	59.070	3.30
16	55.470	3.60
15	51.870	3.60
14	48.270	3.60
13	44.670	3.60
12	41.070	3.60
11	37.470	3.60
10	33.870	3.60
9	30.270	3.60
8	26.670	3.60
7	23.070	3.60
6	19.470	3.60
5	15.870	3.60
4	12.270	3.60
3	8.670	3.60
2	4.470	4.20
1	-0.030	4.50
-1	-4.530	4.50
-2	-9.030	4.50

底部加强部位

结构层楼面标高
结构层高

图2-14 剪力墙平法施工的截面注写方式(单位：mm)

层号	标高/m	层高/m
屋面2	65.670	
塔层2	62.370	3.30
屋面1(塔层1)	59.070	3.30
16	55.470	3.60
15	51.870	3.60
14	48.270	3.60
13	44.670	3.60
12	41.070	3.60
11	37.470	3.60
10	33.870	3.60
9	30.270	3.60
8	26.670	3.60
7	23.070	3.60
6	19.470	3.60
5	15.870	3.60
4	12.270	3.60
3	8.670	3.60
2	4.470	4.20
1	−0.030	4.50
−1	−4.530	4.50
−2	−9.030	4.50

底部加强部位

结构层楼面标高
结构层高

剪力墙梁表

编号	所在楼层号	梁顶相对标高高差	梁截面 $b \times h$	上部纵筋	下部纵筋	箍筋
LL1	2~9	0.800	300×2 000	4⌀22	4⌀22	ϕ10@100(2)
	10~16	0.800	250×2 000	4⌀20	4⌀20	ϕ10@100(2)
	屋面1		250×1 200	4⌀20	4⌀20	ϕ10@100(2)
LL2	3	−1.200	300×2 520	4⌀22	4⌀22	ϕ10@150(2)
	4	−0.900	300×2 070	4⌀22	4⌀22	ϕ10@150(2)
	5~9	−0.900	300×1 770	4⌀22	4⌀22	ϕ10@150(2)
	10~屋面1	−0.900	250×1 770	3⌀22	3⌀22	ϕ10@100(2)
LL3	2		300×2 070	4⌀22	4⌀22	ϕ10@100(2)
	3		300×1 770	4⌀22	4⌀22	ϕ10@100(2)
	4~9		300×1 170	4⌀22	4⌀22	ϕ10@100(2)
	10~屋面1		250×1 170	3⌀22	3⌀20	ϕ10@100(2)
LL4	2		250×2 070	3⌀20	3⌀20	ϕ10@120(2)
	3		250×1 770	3⌀20	3⌀20	ϕ10@120(2)
	4~屋面1		250×1 170	3⌀20	3⌀20	ϕ10@120(2)

剪力墙身表

编号	标高	墙厚	水平分布筋	垂直分布筋	拉筋
Q1(2排)	−0.300~30.270	300	ϕ12@250	ϕ12@250	ϕ6@500
	30.270~59.070	250	ϕ12@250	ϕ12@250	ϕ6@500
Q2(2排)	−0.300~30.270	250	ϕ12@250	ϕ12@250	ϕ6@500
	30.270~59.070	200	ϕ12@250	ϕ12@250	ϕ6@500

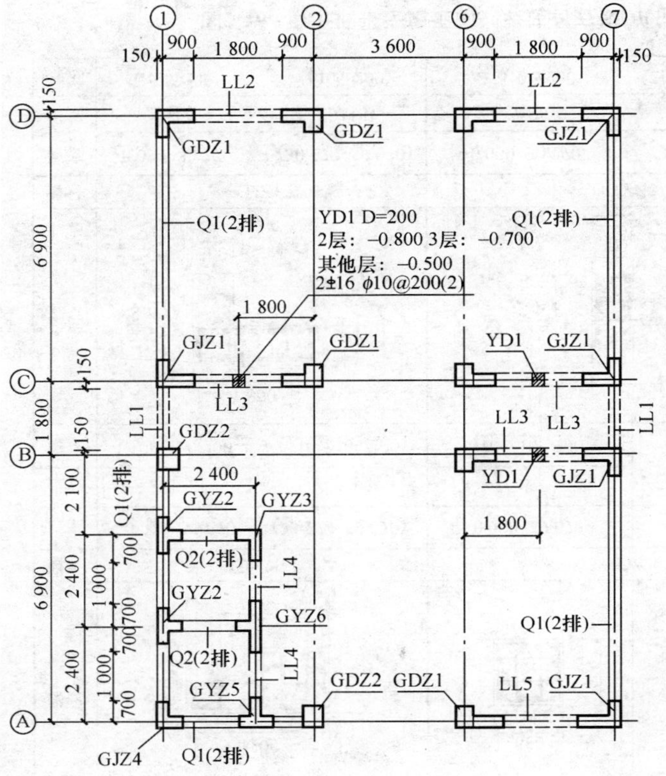

YD1 D=200
2层：−0.800 3层：−0.700
其他层：−0.500
2⌀16 ϕ10@200(2)

19.470~55.470柱平法施工图

图2-15 剪力墙平法施工图(部分墙柱表)(单位：mm)

层号	标高/m	层高/m
屋面2	65.670	
塔层2	62.370	3.30
屋面1(塔层1)	59.070	3.30
16	55.470	3.60
15	51.870	3.60
14	48.270	3.60
13	44.670	3.60
12	41.070	3.60
11	37.470	3.60
10	33.870	3.60
9	30.270	3.60
8	26.670	3.60
7	23.070	3.60
6	19.470	3.60
5	15.870	3.60
4	12.270	3.60
3	8.670	3.60
2	4.470	4.20
1	-0.030	4.50
-1	-4.530	4.50
-2	-9.030	4.50

底部加强部位（2、1层）

结构层楼面标高
结构层高

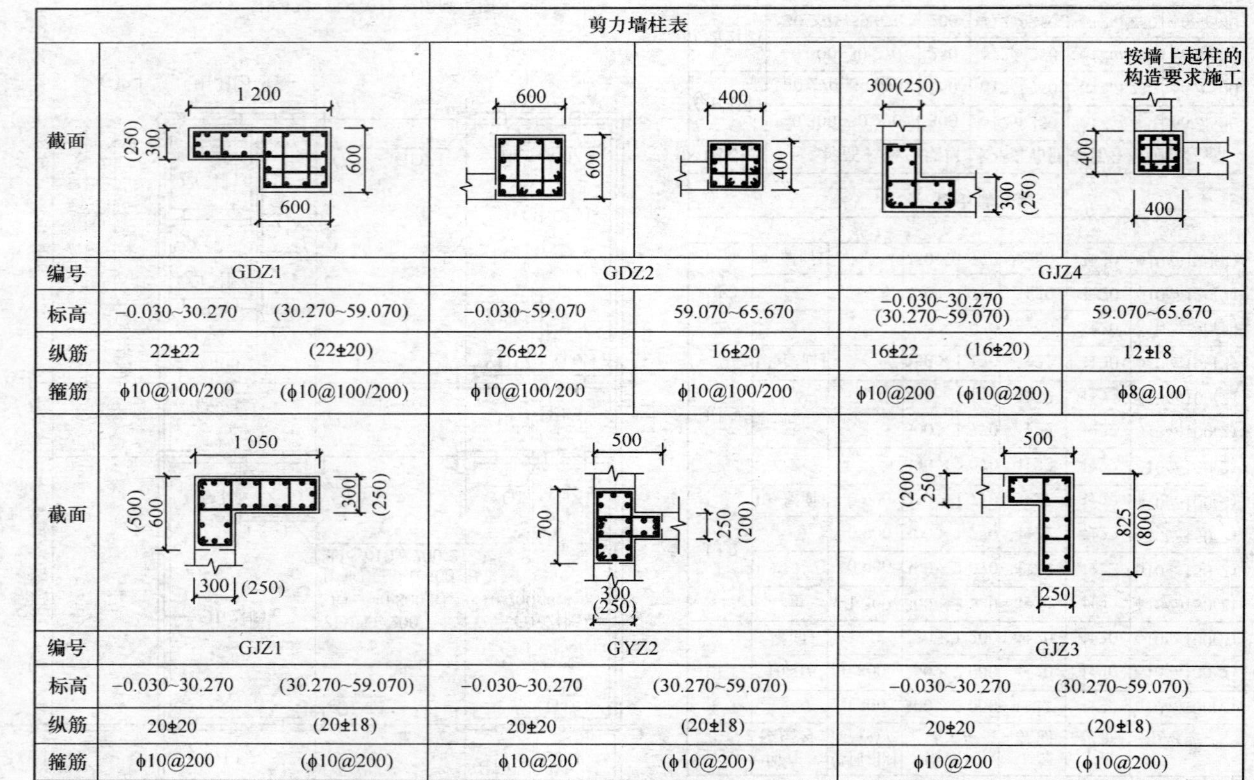

编号	GDZ1		GDZ2		GJZ4	
标高	-0.030~30.270	(30.270~59.070)	-0.030~59.070	59.070~65.670	-0.030~30.270 (30.270~59.070)	59.070~65.670
纵筋	22±22	(22±20)	26±22	16±20	16±22　(16±20)	12±18
箍筋	ϕ10@100/200	(ϕ10@100/200)	ϕ10@100/200	ϕ10@100/200	ϕ10@200　(ϕ10@200)	ϕ8@100

编号	GJZ1		GYZ2		GJZ3	
标高	-0.030~30.270	(30.270~59.070)	-0.030~30.270	(30.270~59.070)	-0.030~30.270	(30.270~59.070)
纵筋	20±20	(20±18)	20±20	(20±18)	20±20	(20±18)
箍筋	ϕ10@200	(ϕ10@200)	ϕ10@200	(ϕ10@200)	ϕ10@200	(ϕ10@200)

图2-16　剪力墙平法施工的列表注写方式(单位：mm)

剪力墙柱表中注写的内容有：注写编号、加注几何尺寸（几何尺寸按标准构造详图取值时，可不注写）、绘制截面配筋图并注明墙柱的起止标高、全部纵筋和箍筋的具体数值。

剪力墙身表中注写的内容有：注写墙身编号、墙身起止标高、水平分布筋、竖向分布筋和拉筋的具体数值。

剪力墙梁表中注写的内容有：

（1）墙梁编号、墙梁所在楼层号；

（2）墙梁顶面标高高差，即指墙梁所在结构层楼面标高的高差值，高于者为正值，低于者为负值，当无高差时不注；

（3）墙梁截面尺寸 $b\times h$、上部纵筋、下部纵筋和箍筋的具体数值。当连梁设有斜向交叉暗撑[代号为 LL(JC)××且连梁截面宽度不小于 400mm]或斜向交叉钢筋[代号为 LL(JG)××且连梁截面宽度小于 400mm，但不小于 200mm]，应标注其配筋数值。

4. 剪力墙平法施工图识读步骤

剪力墙平法施工图识读可按如下步骤进行：

（1）查看图名、比例；

（2）校核轴线编号及间距尺寸，必须与建筑平面图、基础平面图保持一致；

（3）与建筑图配合，明确各剪力墙边缘构件的编号、数量及位置，墙身的编号、尺寸、洞口位置；

（4）阅读结构设计总说明或有关分页专项说明，明确各标高范围剪力墙混凝土的强度等级；

（5）根据各剪力墙身的编号，查对图中截面或墙身表，明确剪力墙的标高、截面尺寸和配筋。再根据抗震等级、标准构造要求确定水平分布钢筋、竖向分布钢筋和拉筋的构造要求（包括水平分布钢筋、竖向分布钢筋连接的方式、位置、锚固搭接长度、弯折要求）；

（6）根据各剪力墙柱的编号，查对图中截面或墙柱表，明确剪力墙柱的标高、截面尺寸和配筋。再根据抗震等级、标准构造要求确定纵向钢筋和箍筋的构造要求（包括纵向钢筋连接的方式、位置、锚固搭接长度、弯折要求、柱头节点要求；箍筋加密区长度范围等）；

（7）根据各剪力墙梁的编号，查对图中截面或墙梁表，明确剪力墙梁的标高、截面尺寸和配筋。再根据抗震等级、标准构造要求确定纵向钢筋和箍筋的构造要求（包括纵向钢筋锚固搭接长度、箍筋的摆放位置等）。

这里需要特别指出的是，剪力墙（尤其是高层建筑中的剪力墙）一般情况是沿着高度方向混凝土强度等级不断变化的；每层楼面的梁、板混凝土强度等级也可能有所不同，因此，施工人员在看图时应格外加以注意，避免出现错误。

(六)梁平法施工图

梁平法施工图是将梁按照一定规律编号,将各种编号的梁配筋直径、数量、位置和代号一起注写在梁平面布置图上,直接在平面图中表达,不再单独绘制梁的剖面图。梁平法施工图的表达方式有两种:平面注写方式和截面注写方式。

1. 梁平法施工图主要内容

梁平法施工图主要内容包括:

(1)图名和比例;

(2)定位轴线及其编号、间距和尺寸;

(3)梁的编号、平面布置;

(4)每一种编号梁的标高、截面尺寸、钢筋配置情况;

(5)必要的设计说明和详图。

2. 平面注写方式

梁施工图平面注写方式,是在梁平面布置图上,分别在不同编号的梁中各选一根梁,在其上注写截面尺寸和配筋具体数值的方法表达梁平法配筋图,如图2-17(a)所示。按照《混凝土结构施工图平面整体表示方法制图规则和构造详图》(11 G101－1),梁平面注写方式包括集中标注和原位标注。集中标注表达梁的通用数值,如截面尺寸、箍筋配置、梁上部贯通钢筋等;当集中标注的数值不适用于梁的某个部位时,采用原位标注,原位标注表达梁的特殊数值,如梁在某一跨改变的梁截面尺寸、该处的梁底配筋或增设的钢筋等。在施工时,原位标注取值优先于集中标注。

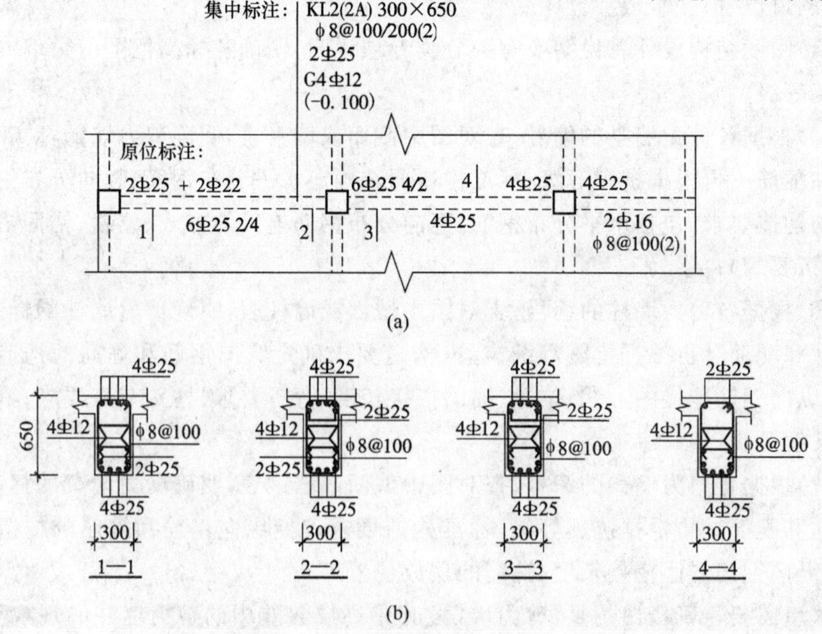

图 2-17　梁面注写方式(单位:mm)

(a)平面注写方式(标高单位为 m);(b)传统的梁筋截面表达方式

图 2-17(b)是与梁平法施工图对应的传统表达方法，要在梁上不同的位置剖断并绘制断面图来表达梁的截面尺寸和配筋情况。而采用“平法”就不需要了。

首先，在梁的集中标注内容中，有五项必注值和一项选注值。

(1)梁的编号，该项为必注值。梁编号有梁类型代号、序号、跨数及有无悬挑代号组成，应符合表 2-6 的规定。

表 2-6　梁编号

梁类型	代号	序号	跨数及是否带有悬挑	备注
楼层框架梁	KL	××	(××)、(××A)或(××B)	(××A)表示一端悬挑；(××B)表示两端悬挑；悬挑梁计跨数
屋面框架梁	WKL	××	(××)、(××A)或(××B)	
框支梁	KZL	××	(××)、(××A)或(××B)	
非框架梁	L	××	(××)、(××A)或(××B)	
悬挑梁	XL	××	(××)、(××A)或(××B)	

例如，KL7(5A)表示第 7 号框架梁，5 跨，一端有悬挑；L9(7B)表示第 9 号非框架梁，7 跨，两端有悬挑。

(2)梁截面尺寸，该项为必注值。当为等截面梁时，用 $b \times h$ 表示；当为加腋梁时，用 $b \times h$，$YC_1 \times C_2$ 表示，Y 是加腋的标志，C_1 是腋长，C_2 是腋高。图 2-18(a)中，梁跨中截面为 300mm × 700mm($b \times h$)，梁两端加腋，腋长 500mm，腋高 250mm，因此该梁表示为：300mm × 700mmY500mm × 250mm。当有悬挑梁且根部和端部截面高度不同时，用斜线“/”分隔根部与端部的高度值，即为 $b \times h_1/h_2$，b 为梁宽，h_1 指梁根部的高度，h_2 指梁端部的高度。图 2-18(b)中的悬挑梁，梁宽 300mm，梁高从根部 700mm 减小到端部的 500mm。

(3)梁箍筋，包括钢筋级别、直径、加密区与非加密区间距与肢数，该项为必注值。箍筋加密区与非加密区的不同间距与肢数用斜线“/”分隔；当梁箍筋为同一种间距及肢数时，则不需用斜线；当加密区与非加密区的箍筋肢数相同时，则将肢数注写一次；箍筋肢数注写在括号内。加密区的长度范围则根据梁的抗震等级见相应的标准构造详图。例如φ10@100/200(4)，表示箍筋为 HPB235 级钢，直径 φ10，加密区间距为 100mm，非加密区间距为 200mm，均为四肢箍；又如φ8@100(4)/150(2)，表示箍筋为 HPB235 级钢，直径 8mm，加密区间距为 100mm，四肢箍；非加密区间距为 150mm，两肢箍。

(4)梁上部通长钢筋或架立筋配置，该项为必注值。这里所标注的规格与根数应根据结构受力的要求及箍筋肢数等构造要求而定。当同排纵筋中既有通长筋又有架立筋时，应用加号“+”将通长筋和架立筋相连。注写时需将角部纵筋写在加号的前面，架立筋写在加号后面的括号内，以示不同直径及与通长钢筋的区别。当全部是架立筋时，则将其写在括号内。例如 2⌀22 用于双肢箍；2⌀22＋(4⌀12) 用于六肢箍，其中 2⌀22 为通长筋，4⌀12 为架立筋。

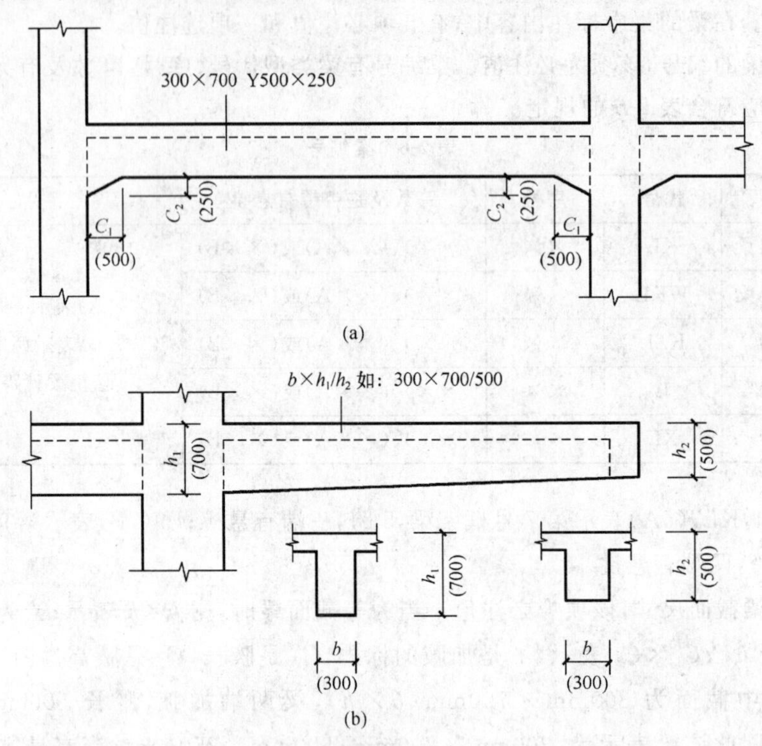

图 2-18　悬挑梁不等高截面尺寸注写(单位：mm)

(a)加腋梁；(b)悬挑梁

如果梁的上部纵筋和下部纵筋均为贯通筋，且多数跨相同时，也可将梁上部和下部贯通筋同时注写，中间用“；”分隔，如“3⌀22；3⌀20”，表示梁上部配置 3⌀22 通长钢筋，梁的下部配置 3⌀20 通长钢筋。

(5)梁侧面纵向构造钢筋或受扭钢筋的配置，该项为必注值。当梁腹板高度大于 450mm 时，需配置梁侧纵向构造钢筋，其数量及规格应符合规范要求。注写此项时以大写字母 G 打头，接续注写设置在梁两个侧面的总配筋值，且对称配置，如 G4⌀12 表示梁的两个侧面共配置 4⌀12 的纵向构造钢筋，每侧配置 2⌀12。当梁侧面需要配置受扭纵向钢筋时，此项注写值时以大写字母 N 打头，接续注写设置在梁两个侧面的总配筋值，且对称配置。受扭纵向钢筋应满足侧面纵向构造钢筋的间距要求，且不再重复配置纵向构造钢筋，如 N6⌀22，表示梁的两个侧面共配置 6⌀22 的受扭纵向钢筋，每侧配置 3⌀22。

(6)梁顶面标高差，该项为选注项。指梁顶面相对于结构层楼面标高的差值，用括号括起。当梁顶面高于楼面结构标高时，其标高高差为正值，反之为负值。如果二者没有高差，则没有此项。图 2-17(a)中“(－0.100)”表示该梁顶面比楼面标高低 0.1m，如果是(0.100)则表示该梁顶面比楼面标高高 0.1m。

以上所述是梁集中标注的内容，梁原位标注的内容主要有以下几方面：

(1)梁支座上部纵筋的数量、级别和规格，其中包括上部贯通钢筋，写在梁的上方，并靠近支座。

当上部纵筋多于一排时，用“/”将各排纵筋分开，如 6Φ25 4/2 表示上排纵筋为 4Φ25，下排纵筋为 2Φ25；如果是 4Φ25/2Φ22 则表示上排纵筋为 4Φ25，下排纵筋为 2Φ22。

当同排纵筋有两种直径时，用“＋”将两种直径的纵筋连在一起，注写时将角部纵筋写在前面。如梁支座上部有四根纵筋，2Φ25 放在角部，2Φ22 放在中部，则应注写为 2Φ25＋2Φ22；又如 4Φ25＋2Φ22/4Φ22 表示梁支座上部共有十根纵筋，上排纵筋为 4Φ25 和 2Φ22，4Φ25 中有两根放在角部，另 2Φ25 和 2Φ22 放在中部，下排还有 4Φ22。

当梁中间支座两边的上部钢筋不同时，需在支座两边分别注写；当梁中间支座两边的上部钢筋相同时，可仅在支座的一边标注配筋值，另一边省去不注。

(2)梁的下部纵筋的数量、级别和规格，写在梁的下方，并靠近跨中处。

当下部纵筋多于一排时，用“/”将各排纵筋分开，如 6Φ25 2/4 表示上排纵筋为 2Φ25，下排纵筋为 4Φ25；如果是 2Φ20/3Φ25 则表示上排纵筋为 2Φ20，下排纵筋为 3Φ25。

当同排纵筋有两种直径时，用“＋”将两种直径的纵筋连在一起，注写时将角部纵筋写在前面。如梁下部有四根纵筋，2Φ25 放在角部，2Φ22 放在中部，则应注写为 2Φ25＋2Φ22；又如 3Φ22/3Φ25＋2Φ22 表示梁下部共有八根纵筋，上排纵筋为 3Φ22，下排纵筋为 3Φ25 和 2Φ22，3Φ25 中有两根放在角部。

如果梁的集中标注中已经注写了梁上部和下部均为通长钢筋的数值时，则不在梁下部重复注写原位标注。

(3)附加箍筋或吊筋。在主次梁交接处，有时要设置附加箍筋或吊筋，可直接画在平面图中的主梁上，并引注总配筋值，如图 2-19 所示。当多数附加箍筋或吊筋相同时，可在梁平法施工图上统一注明，少数与统一注明值不同时，再原位引注。

(4)当在梁上集中标注的内容(即梁截面尺寸、箍筋、上部通长筋或架立筋、梁侧面纵向构造钢筋或受扭纵向钢筋，以及梁顶面标高高差中的某一项或几项数值)不适用于某跨或某悬挑部位时，则将其不同的数值原位标注在该跨或该悬挑部位，施工的时候应按原位标注的数值优先取用，这一点是值得注意的。

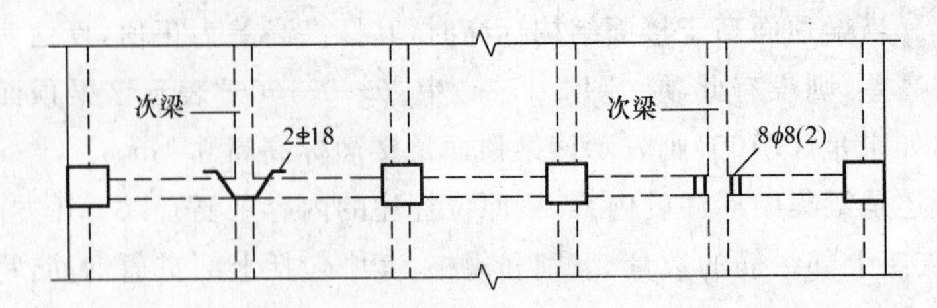

图 2-19　附加箍筋或吊筋画法(单位:mm)

3. 截面注写方式

截面注写方式,是在分标准层绘制的梁平面布置图上,分别在不同编号的梁中各选择一根梁用剖面号引出配筋图,并在其上注写截面尺寸和配筋(上部筋、下部筋、箍筋和侧面构造筋)具体数值的方式来表达梁平法施工图。

截面注写方式可以单独使用,也可与平面注写方式结合使用。

4. 梁平法施工图识读步骤

梁平法施工图识读可按如下步骤进行:

(1)查看图名、比例;

(2)校核轴线编号及间距尺寸,必须与建筑图、基础平面图、柱平面图保持一致;

(3)与建筑图配合,明确各梁的编号、数量及位置;

(4)阅读结构设计总说明或有关分页专项说明,明确各标高范围剪力墙混凝土的强度等级;

(5)根据各梁的编号,查对图中标注或截面标注,明确梁的标高、截面尺寸和配筋。再根据抗震等级、标准构造要求确定纵向钢筋、箍筋和吊筋的构造要求(包括纵向钢筋锚固搭接长度、切断位置、连接方式、弯折要求;箍筋加密区范围等)。

这里需强调的是,应格外注意主、次梁交汇处钢筋摆放的高低位置要求。

图 2-20 为用平法表示的梁配筋平面图,这是一个 16 层框架-剪力墙结构,本图表示第 5 层梁的配筋情况,从图 2-14、图 2-15 中左边的列表可以看出,该结构有两层地下室,以及每层的层高和楼面标高以及屋面的高度。

梁采用“平法”制图方法绘制施工图,直接把梁的配筋情况注明在梁的平面布置图上,简单明了。但在传统的梁立面配筋图中,可以看到的纵向钢筋锚固长度及搭接长度,在梁的“平法”施工图中无法体现。同柱“平法”施工图一样,只要我们知道钢筋的种类和直径,就可以按规范或图集中的要求确定其锚固长度和最小搭接长度。

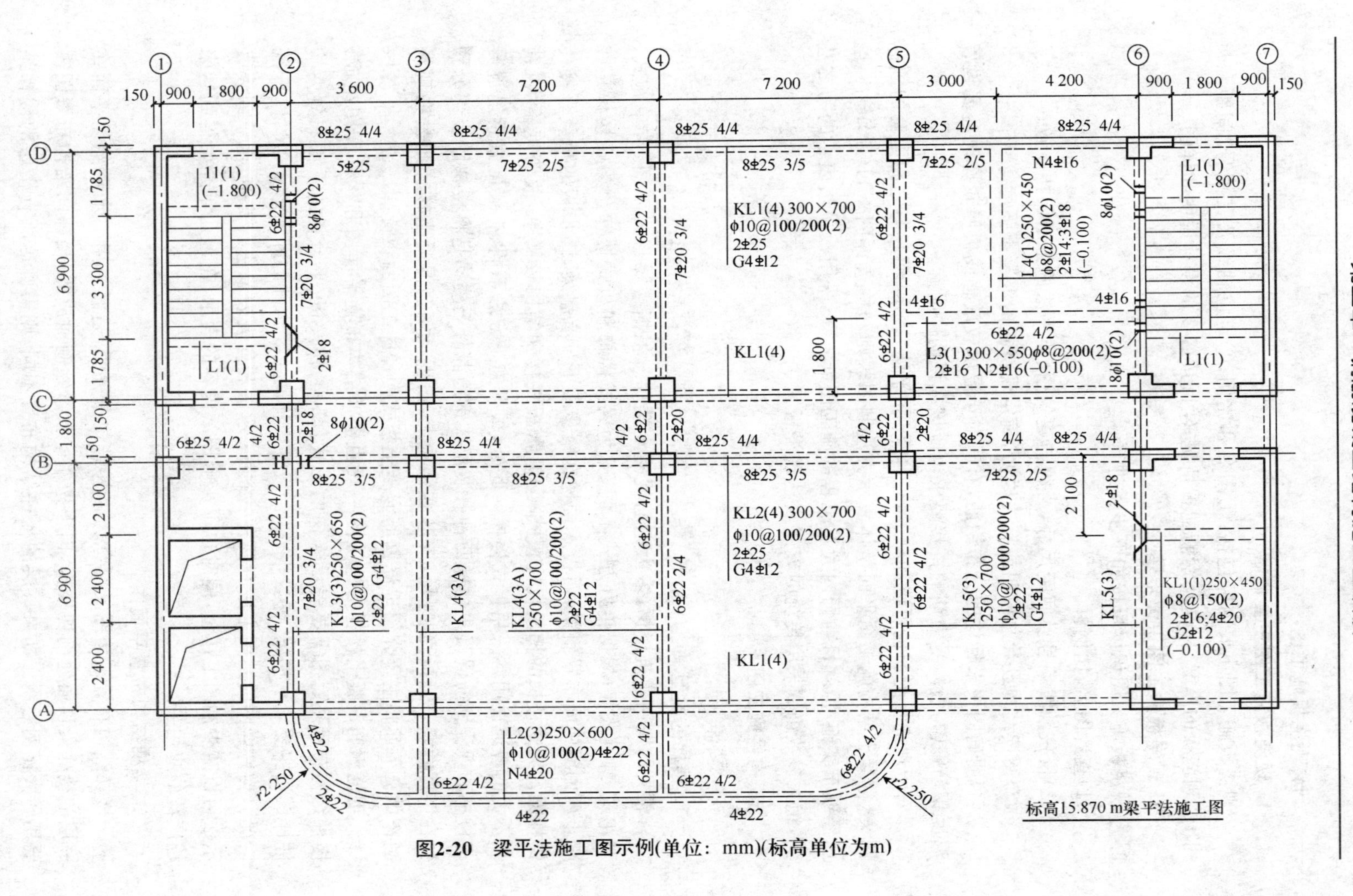

图2-20　梁平法施工图示例(单位：mm)(标高单位为m)

(七)现浇板施工图

1. 现浇板施工图主要内容

现浇板施工图主要内容包括:①图名和比例;②定位轴线及其编号、间距和尺寸;③现浇板的厚度、标高及钢筋配置情况;④阅读必要的设计说明和详图。

2. 现浇板施工图识读步骤

现浇板施工图识读可按如下步骤进行:

(1)查看图名、比例;

(2)校核轴线编号及间距尺寸,必须与建筑图、梁平法施工图保持一致;

(3)阅读结构设计总说明或有关说明,确定现浇板的混凝土强度等级;

(4)明确图中未标注的分布钢筋,有时对于温度较敏感或板厚较厚时还要设置温度钢筋,其与板内受力筋的搭接要求也应该在说明中明确。

对于现浇板配筋也可以和柱、梁一样采用“平法”表示,而且与之相配套的国标图集《混凝土结构施工图平面整体表示方法制图规则和构造详图》(11G101－1)也已经颁布实施,但就目前国内大量工程的施工图纸来看,采用板平法表示的为之甚少,绝大多数仍然采用传统的方式表达现浇板。

五、构件施工图

(一)楼梯

1. 楼梯的类型

常见的民用建筑楼梯,多为钢筋混凝土楼梯。根据楼梯形式不同,有单跑式、双跑式、螺旋式等;根据传力方式不同,分为梁式楼梯和板式楼梯。梁式楼梯是在踏步两侧或中间布置斜梁,而板式楼梯在踏步板下没有斜梁,踏步板的荷载直接传给梯梁。梁式楼梯的梯段板比板式楼梯薄,板式楼梯结构较简单,故跨度不大、荷载不大的普通民用常采用板式楼梯。此外,根据施工方法不同,有装配式钢筋混凝土楼梯和现浇钢筋混凝土楼梯两种。装配式钢筋混凝土楼梯是将楼梯踏步部分预先在工厂做好,然后运到现场,安装在结构上,而现浇钢筋混凝土楼梯则是在现场制作的。下面将主要介绍现浇钢筋混凝土板式楼梯施工图的识读。

现浇钢筋混凝土楼梯的施工图一般由楼梯结构布置平面图和构件详图组成。楼梯结构布置平面图需要表示楼梯的形式、梯梁、梯段板、平台板的平面布置。构件详图则主要表示梯梁、梯段板、平台板等楼梯间主要构件的断面形式、尺寸、配筋情况。构件详图的制图方法有两种:断面表示法和列表表示法。其中,由于列表表示法可以减少制图工作量,同时也不影响图纸内容的表示,在近几年开始得到越来越广泛的应用。

2. 楼梯结构布置平面图

楼梯结构布置平面图又可称为楼梯结构布置图,是假想用一水平剖切平面在一层的楼梯梁顶面处剖切楼梯,向下做水平投影绘制而成的,楼梯间结构布置图需要用较大比例绘制。如果每层的楼梯结构布置不同,则需画出所有楼层的楼梯结构布置图,反之,楼梯结构布置相同的楼层用一个结构布置图表示即可。但是,底层和顶层楼梯必须要画结构布置图。

楼梯结构布置图主要表示梯段板、梯梁的布置、代号、编号、标高及与其他构件的位置关系。

楼梯结构布置图中也画出了定位轴线及其编号,定位轴线及其编号和建筑施工图是完全一致的。由于楼梯结构平面图是设想上一层楼层梯梁顶剖切后所做的水平投影,剖切到的墙体轮廓线用粗实线表示;楼梯的梁、板的可见轮廓线用中实线表示,不可见的用虚线表示;墙上的门窗洞不在楼梯结构布置图中画出。

3. 楼梯构件详图——断面表示法

断面表示法是楼梯构件详图的一种类型,它将楼梯结构中构件的断面配筋详图一一画出。

梯段板按板进行配筋,但梯段板是两端支承在梯梁上,是比较典型的单向板。因此,在板底沿梯段长度方向配置纵向受力钢筋,与其垂直的方向只需按构造配置板底分布筋,在支座附近配置板顶支座受力筋,一般只需在四分之一板跨的长度范围内配置,同时在与其垂直的方向配置板顶分布筋,只是梯段板钢筋弯钩形式与普通楼面板配筋有所不同。

(二)烟囱

1. 烟囱施工图的类别

烟囱是在生产或生活中燃料燃烧时用来排除烟气的高耸构筑物。它是由基础、囱身(包括内衬)和囱顶装置三部分组成的。外形有方形和圆形两种,以圆形居多。材料可以用砖、钢筋混凝土、钢板等。砖烟囱由于大量用砖,耗费土地资源,已不再建造。而钢筋混凝土材料建成的烟囱,刚度好,且稳定,高度已达到 200m 以上。钢板卷成筒形的烟囱,仅用于一般小型加热设施,构造简单,这里也不作专门介绍。

2. 烟囱的构造

(1)烟囱基础。在地面以下的部分均称为基础,烟囱基础设有基础底板(很高的烟囱底板下还要做桩基础),底板上有圆筒形囱身下的基座。基础底板和外壁用钢筋混凝土材料做成;用耐火材料做内衬囱身。

烟囱在地面以上部分称为囱身。它也分为外壁和内衬两部分,外壁在竖向有1.5%～3%的坡度,是一个上口直径小,下部直径大的细长、高耸的截头圆锥体。外壁由钢筋混凝土浇筑而成,施工中采用滑模施工方法建造;内衬是放在外壁筒身内,离外壁混凝土有 50～100mm 的空隙,空隙中可放隔热材料,也可以是空气层。内衬可用耐热混凝土浇筑做成,也可以用耐火砖进行砌筑,烟气温度低的,还可用黏土砖砌。

(2)囱顶。囱顶是囱身顶部的一段构造。它在外壁部分模板要使囱口形成一些线条和凹凸面,以示囱身结束,烟囱高度到位,同时由于烟囱很高,顶部需要安装避雷针、信号灯、爬梯到顶的休息平台和护栏等，所以该部位较其下部囱身施工要复杂些，因此构造上单独划为一个部分。

(三)水塔

1. 水塔施工图图纸的分类

(1)水塔外形立面图，说明外形构造、有关附件、竖向标高等。

(2)水塔基础构造图，说明基础尺寸和配筋构造。

(3)水塔框架构造图，表明框架平面外形拉梁配筋等。

(4)水箱结构构造图，表明水箱直径、高度、形状和配筋构造。

(5)水塔施工详图，有关的局部构造的施工详图。

2. 水塔的构造

(1)基础。

由圆形钢筋混凝土较厚大的板块做成，使水塔具有足够的承重力和稳定性。

(2)支架部分。

支架部分有用钢筋混凝土空间框架做成的，也有近十年采用的钢筋混凝土圆筒支架倒锥形的水塔，造型较美观，但不适用在寒冷地区(保温较差)。

(3)水箱部分。

这是储存水的构造部分，有圆筒形结构，也有倒锥形结构。其容水量一般为60～100t，大的可达300t。

水塔也属于较高耸的构筑物，所以也有相应的一些附件，如爬梯、休息平台、塔顶栏杆、避雷针、信号灯等。

(四)蓄水池的类别

蓄水池是工业生产或自来水厂用来储存大量用水的构筑物。一般多半埋在地下，便于保温，外形分为矩形和圆形两种。可以储存几千至一万多立方米的水。

水池由池底、池壁、池顶三部分组成。蓄水池都用钢筋混凝土浇筑建成。

蓄水池的施工图根据池的大小、类型不同，图纸的数量也不同，一般分为水池平面图及外形图、池底板配筋构造图、池壁配筋构造图、池顶板配筋构造图以及有关的各种详图。

第二节　钢筋混凝土结构施工图识读举例

一、基础施工图识读举例

1. 柔性基础图实例

【例 1】柔性基础图实例，如图 2-21 所示。

柔性基础图的实例识读如下：

(1)当基础荷载较大，按地基承载力确定的基础底面尺寸也将扩大，若采用刚性基础，按刚性角的要求确定的基础埋深很大，使得基础材料用量增加，造价提高，且过大的埋深也给施工带来不便。

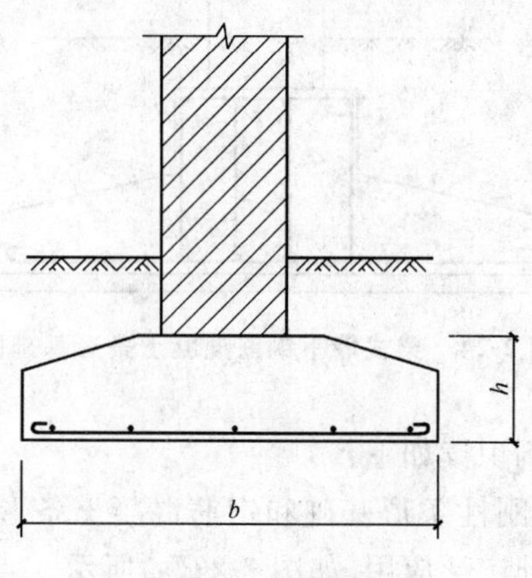

图 2-21　柔性基础

(2)刚性基础自身质量也增大了地基的附加应力,因此,这时应采用钢筋混凝土基础,由于基础配置了钢筋,使得这种基础的抗弯和抗剪能力得到了很大的提高,这种基础不受刚性角的限制,基础剖面可做成扁平形状,用较小的基础高度把上部荷载传到较大的基础底面上去,以适应地基承载力的要求。

2. 条形基础施工图实例

【例 2】墙下条形基础图实例,如图 2-22、图 2-23、图 2-24 所示。

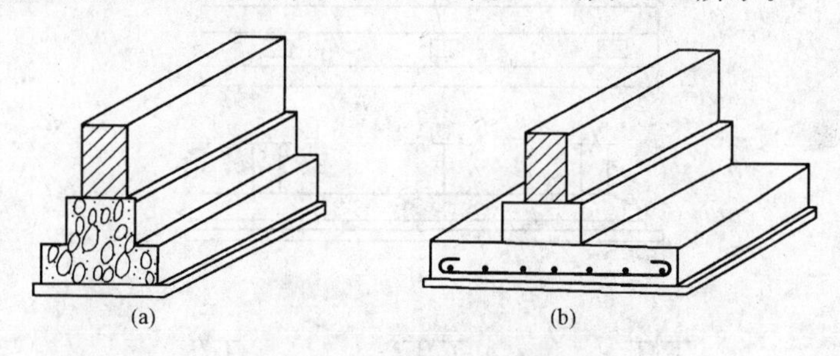

图 2-22　墙下刚性条形基础图

(a)素混凝土基础;(b)钢筋混凝土基础

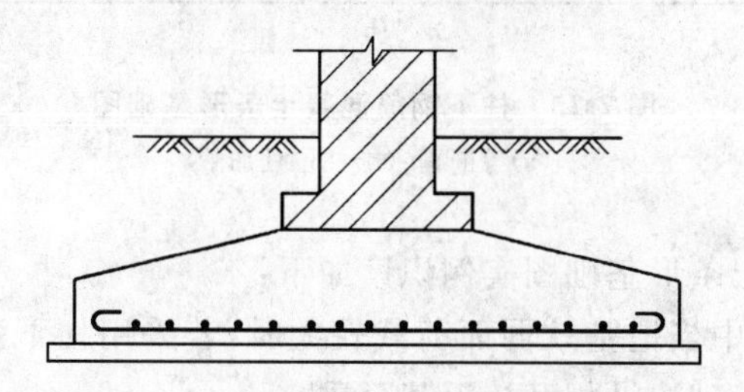

图 2-23　板式墙下钢筋混凝土条形基础图

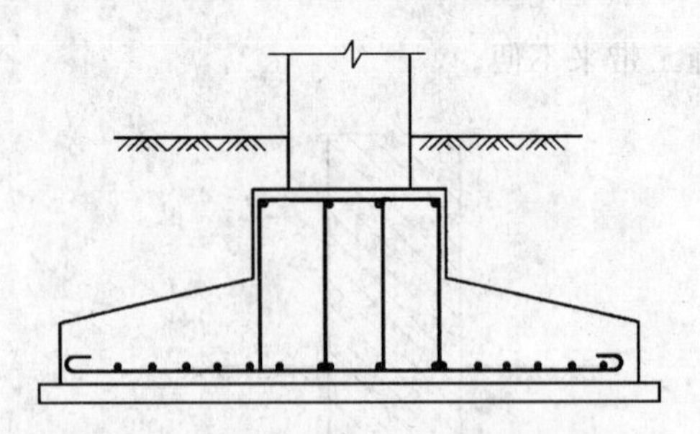

图 2-24　梁式墙下钢筋混凝土条形基础图

墙下条形基础图实例识读如下：

(1)墙下条形基础有刚性条形基础和钢筋混凝土条形基础两种。墙下刚性条形基础在砌体结构中得到广泛应用，如图 2-22(a)所示。当上部墙体荷重较大而土质较差时，可考虑采用“宽基浅埋”的墙下钢筋混凝土条形基础，如图 2-22(b)所示。

(2)墙下钢筋混凝土条形基础一般做成板式(或称“无肋式”)，如图 2-23 所示。但当基础延伸方向的墙上荷载及地基土的压缩性不均匀时，为了增强基础的整体性和纵向抗弯能力，减小不均匀沉降，常采用带肋的墙下钢筋混凝土条形基础，如图 2-24 所示。

【例 3】柱下钢筋混凝土条形基础图实例，如图 2-25 所示。

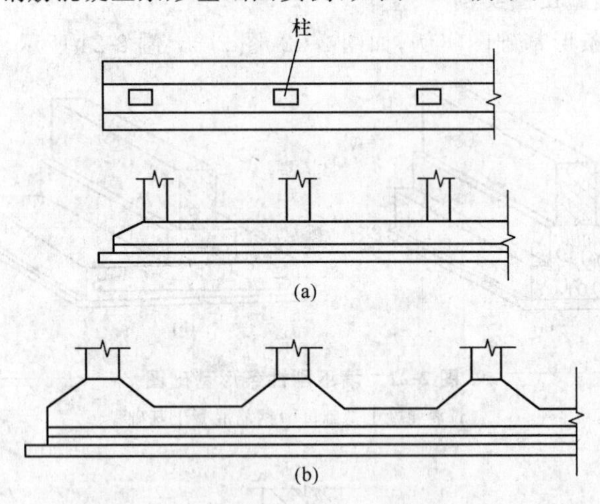

图 2-25　柱下钢筋混凝土条形基础图

(a)等断面；(b)柱位处加腋

柱下钢筋混凝土条形基础图实例识读如下：

(1)在框架结构中当地基软弱而荷载较大时，若采用柱下独立基础，可能因基础底面积很大而使基础边沿相互接近甚至重叠。

(2)为增强基础的整体性，并方便施工，可将同一排的柱基础连通成为柱下钢筋混凝土条形基础，如图 2-25 所示。

3. 十字交叉基础图实例

【例 4】十字交叉基础图实例，如图 2-26 所示。

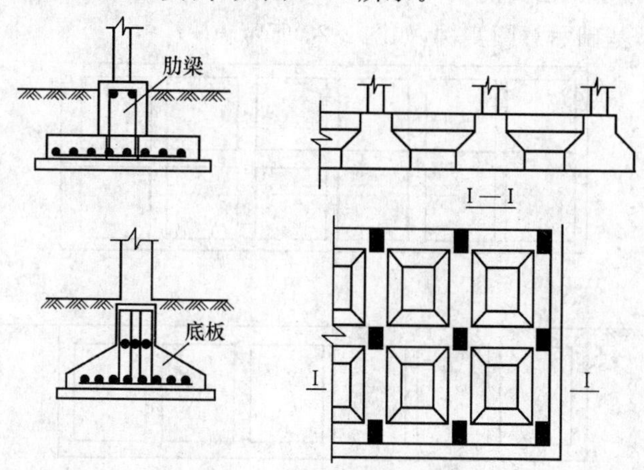

图 2-26 十字交叉基础图

十字交叉基础图实例识读如下：

(1)适用范围：当荷载很大，采用柱下条形基础不能满足地基基础设计要求时，可采用双向的柱下钢筋混凝土条形基础形成的十字交叉条形基础，又称交叉梁基础，如图 2-26 所示。

(2)特点：这种基础纵横向均具有一定的刚度，当地基软弱且在两个方向的荷载和土质不均匀时，十字交叉条形基础对不均匀沉降具有良好的调整能力。

4. 筏板基础图实例

【例 5】筏板基础图实例，如图 2-27 所示。

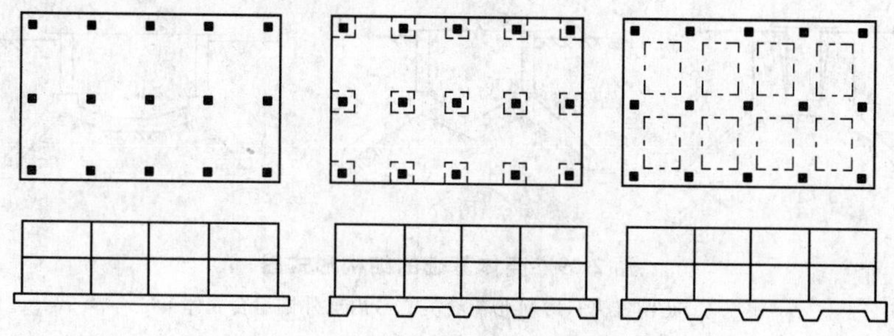

图 2-27 筏板基础图

筏板基础图实例识读如下：

(1)适用范围：当地基软弱而荷载很大，采用十字交叉基础也不能满足地基基础设计要求时，可采用筏板基础，即用钢筋混凝土做成连续整片基础，俗称“满堂红”，如图 2-27 所示。

(2)特点：筏板基础由于基底面积大，故可减小基底压力至最小值，同时增大了基础的整体刚性。

5. 箱形基础示意图实例

【例 6】箱形基础示意图实例，如图 2-28 所示。

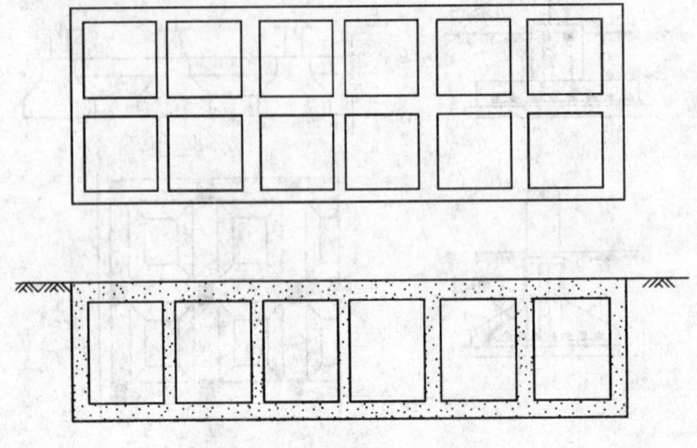

图 2-28 箱形基础示意图

箱形基础示意图实例识读如下：

(1)高层建筑由于建筑功能与结构受力等要求，可以采用箱形基础。

(2)这种基础是由钢筋混凝土底板、顶板和足够数量的纵横交错的内外墙组成的空间结构(如图 2-28 所示)，如一块巨大的空心厚板，使箱形基础具有比筏板基础大得多的空间刚度，用于抵抗地基或荷载分布不均匀引起的差异沉降，以及避免上部结构产生过大的次应力。

6. 壳体基础图实例

【例 7】壳体基础图的实例，如图 2-29 所示。

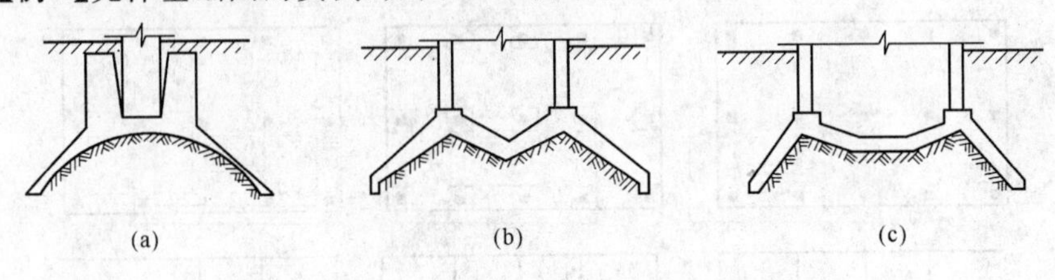

图 2-29 壳体基础的结构形式图

(a)正圆锥壳；(b)M 形组合壳；(c)内球外锥组合壳体

壳体基础图实例识读如下：

(1)优点：这种基础使径向内力转变为压应力为主，可比一般梁、板式的钢筋混凝土基础减少混凝土用量 50%左右，节约钢筋 30%以上，具有良好的经济效果。

(2)适用范围：如图 2-29 所示，由正圆锥形及其组合形式的壳体基础，用于一般工业与民用建筑柱基和筒形的构筑物(如烟囱、水塔、料仓、中小型高炉等)基础。

(3)注意事项：壳体基础施工时，修筑土台的技术难度大，易受气候因素的影响，布置钢筋及浇捣混凝土施工困难，较难实行机械化施工。

7. 墙下单独基础示意图实例

【例 8】刚性基础示意图实例，如图 2-30 所示。

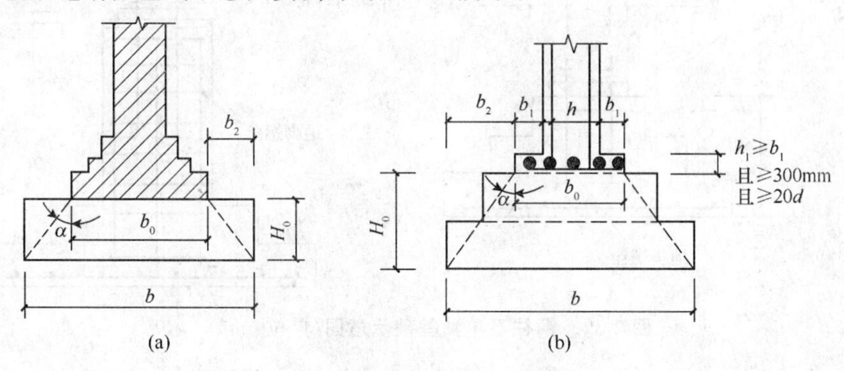

图 2-30　刚性基础示意图

(a)墙下刚性基础；(b)柱下刚性基础

刚性基础示意图实例识读如下：

(1)分类：刚性基础可分为墙下刚性基础和柱下刚性基础，如图 2-30 所示。

(2)特点：抗压性好，抗弯、抗拉、抗剪性及整体性差，适用于一般民用建筑和墙承重的轻型厂房。

【例 9】钢筋混凝土基础示意图实例，如图 2-31 所示。

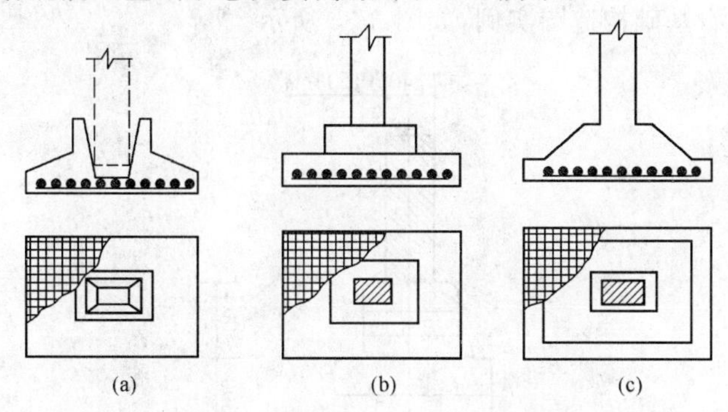

图 2-31　钢筋混凝土基础示意图

(a)杯口形基础；(b)阶梯形基础；(c)锥形基础

钢筋混凝土基础示意图实例识读如下：

(1)按上部结构形成分类及适用范围：钢筋混凝土基础按上部结构形式可分为柱下钢筋混凝土基础和墙下钢筋混凝土条形基础，它们适用于 6 层和 6 层以下的一般民用建筑和整体式结构厂房承重的柱基和墙基。

(2)按断面形式不同分类：钢筋混凝土基础则主要是指柱下钢筋混凝土基础，按其断面的不同形式有：杯口形、阶梯形和锥形基础，如图 2-31 所示。

【例 10】钢柱下单独基础示意图实例,如图 2-32 所示。

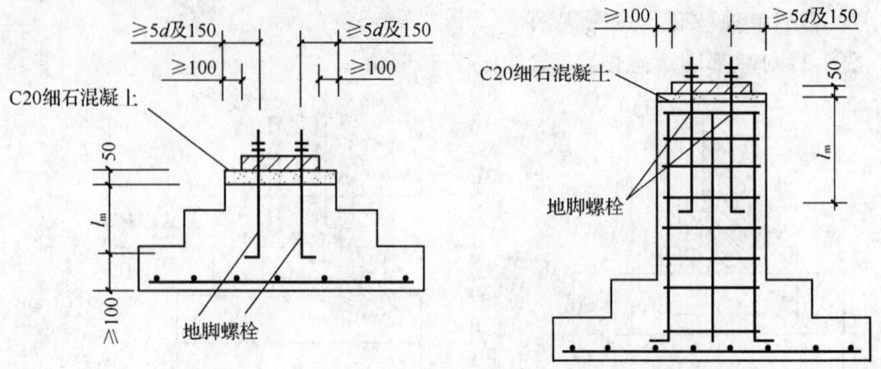

图 2-32 钢柱下单独基础示意图(单位:mm)

钢柱下单独基础示意图实例识读如下:

(1)钢柱基础的连结构造:钢柱基础的柱与基础的连接构造如图 2-32 所示。基础顶部的平面尺寸应:地脚螺栓中心至基础顶面边沿的距离不小于 5d(d 为地脚螺栓直径)及 150mm;钢柱底板边线至基础顶面边沿的距离不小于 100mm。

(2)基础顶面与基础高度:基础顶面施 C20 细石混凝土二次浇灌层,厚度一般可采用 50mm。基础高度 $h \geqslant l_m + 100$ mm(l_m 为地脚螺栓的埋置深度)。

8. 砌石基础构造图实例

【例 11】砌石基础构造图实例,如图 2-33 所示。

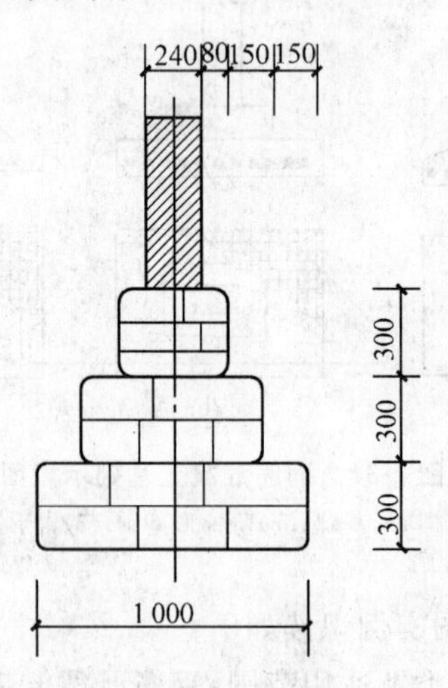

图 2-33 砌石基础图(单位:mm)

砌石基础构造图实例识读如下:

(1)台阶形的砌石基础每个台阶至少有两层砌石,所以每个台阶的高度要求不小于300mm。

(2)为了保证上一层砌石的边能压紧下一层砌石的边块，每个台阶伸出的长度不应大于150mm，如图2-33所示。按照这项要求，做成台阶形断面的砌石基础，实际的刚性角小于允许的刚性角，因此往往要求基础要有比较大的高度。有时为了减少基础的高度，可以把断面做成梯形。

9. 素混凝土基础构造图实例

【例12】砌石基础构造图实例，如图2-34所示。

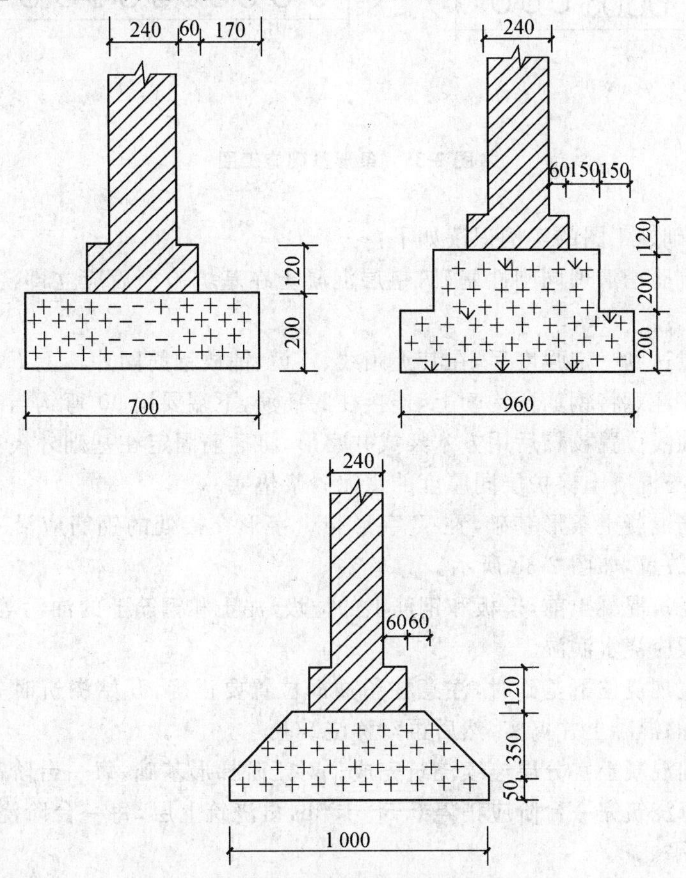

图2-34　素混凝土基础构造图(单位:mm)

素混凝土基础构造图实例识读如下：

(1)素混凝土基础可以做成台阶形或梯形断面。

(2)做成台阶形时，总高度在350mm以内做成1层台阶；总高度H在350mm至900mm之间时，做成2层台阶；总高度大于900mm时，做成3层台阶，每个台阶的高度不宜大于500mm，如图2-34所示。

10. 条形基础施工图实例

【例13】条形基础施工图实例，如图2-35所示。

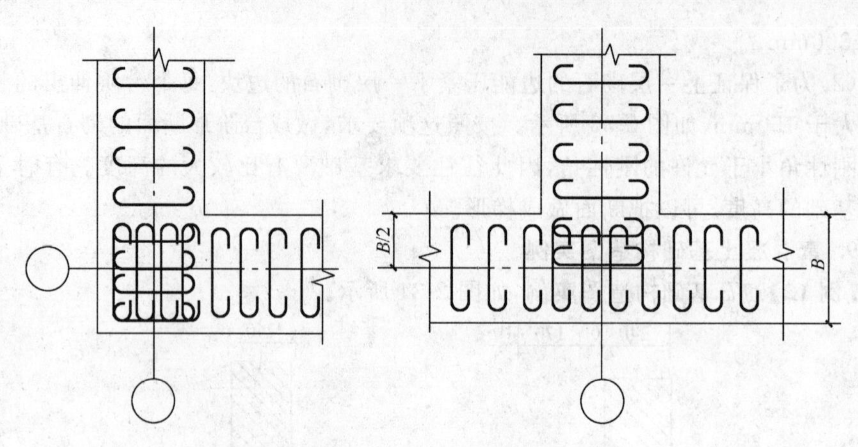

图 2-35 条形基础施工图

条形基础施工图的实例识读如下：

(1)基坑验槽清理同刚性基础，垫层混凝土在基坑验槽后应立即浇筑，以免地基土被扰动。

(2)垫层达到一定强度后，在其上画线、支模、铺放钢筋网片。上下部垂直钢筋应绑扎牢，并注意将钢筋弯钩朝上，连接柱的插筋，下端要用90°弯钩与基础钢筋绑扎牢固，按轴线位置校核后用方木架成井字形，将插筋固定在基础外模板上。底部钢筋网片用与混凝土保护层同厚度的水泥砂浆垫塞。

(3)钢筋混凝土条形基础，在T字形与十字形交接处的钢筋应沿一个主要受力方向通长放置，如图2-35所示。

(4)在浇筑混凝土前，模板和钢筋上的垃圾、泥土和钢筋上的油污等杂物，应清除干净，模板应浇水润湿。

(5)浇筑现浇柱下基础时，注意柱子插筋位置要正确，开始浇筑时先满铺一层5～10cm厚的混凝土并捣实，然后再对称浇筑。

(6)基础混凝土宜分层连续浇筑完成。对于阶梯形基础，每一台阶高度内应整分浇捣层，每浇筑完一台阶应稍停0.5～1.0h，再浇筑上层，每一台阶浇完，表面随即用原浆抹平。

(7)对于锥形基础，斜面部分的模板应随混凝土浇捣分段支设并顶压紧，边角处的混凝土必须注意捣实。基础上部柱子后施工时，可在上部水平面留设施工缝。施工缝的处理参照规定。

(8)根据高度分段分层连续浇筑，各段各层间相互衔接，每段长2～3m左右，浇筑时先使混凝土充满模板内边角，然后浇筑中间部分。

(9)基础上有插筋时，要加以固定，混凝土浇筑完毕，外露表面应覆盖浇水养护。

11. 桩基础示意图实例

【例14】桩基础示意图实例，如图2-36所示。

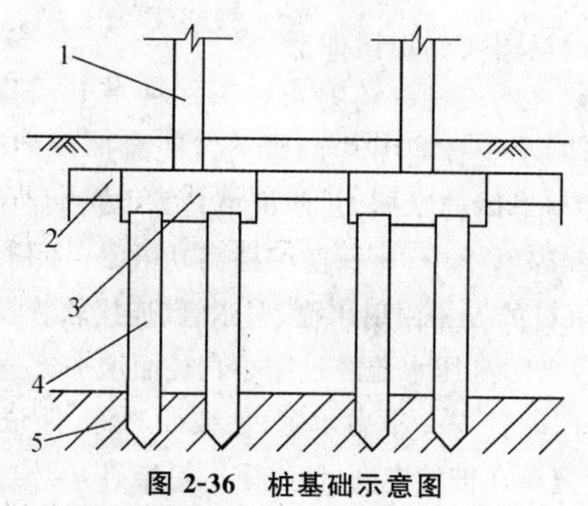

图 2-36　桩基础示意图

1—柱；2—承台梁；3—承台；4—基桩；5—桩基持力层

桩基础示意图的实例识读如下：

(1)当建筑场地浅基础不能满足建筑物对地基基础设计的承载力和变形要求，且又不便于采取地基处理措施时，可以考虑采用深基础将荷载传至深部坚实土层，其中以桩基础的应用最为广泛。

(2)桩基础简称桩基，它由基桩和连接于基桩桩顶的承台共同组成，承台之间一般用承台梁相互连接，如图 2-36 所示。

12. 射水法沉桩装置示意图实例

【例 15】射水法沉桩装置示意图实例，如图 2-37 所示。

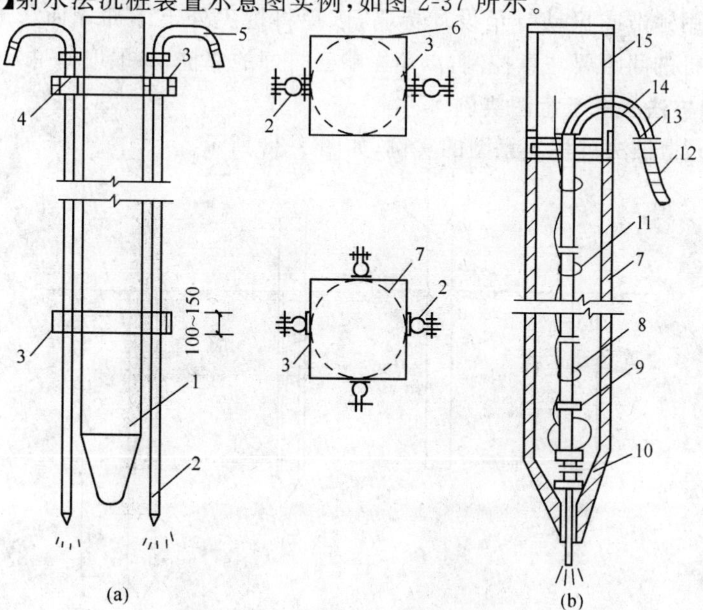

图 2-37　射水法沉桩装置示意图

(a)外射水管；(b)内射水管

1—预制实心桩；2—外射水管；3—夹箍；4—木楔打紧；5、13—胶管；6—两外侧射水管夹箍；7—管桩；8—射水管；9—导向环；10—挡砂板；11—保险钢丝绳；12—弯管；14—电焊圆钢加强；15—钢送桩

射水法沉桩装置示意图实例识读如下：

(1)原理及适用：射水法沉桩是将射水管附在桩身上，利用高压水流束将桩尖周围的土体冲松液化，减小土体对桩尖的阻力。同时形成的泥浆沿桩身表面涌出地面，减小桩身下沉时与土体的摩擦力，使桩借自重(或稍加外力)沉入土中。这种沉桩方法适用于砂土和碎石土中，比锤击法提高功效 2～4 倍。

(2)设备：射水法沉桩的设备由射水嘴、射水管、连接软管及高压水泵构成。其中射水嘴主要是将水泵送来的高压水流经过缩小直径而增加流速和压力。当采用桩外射水时，应在桩两侧或四侧各安一根射水管，使彼此对称，保证沉桩的垂直度。当下沉空心管桩时，射水管应设在桩的中间，使桩下沉更准确，其构造如图 2-37 所示。

(3)与锤击或振动相辅使用的情形：射水法沉桩大多与锤击或振动相辅使用，视土质情况可采取先用射水管冲桩孔，再将桩身随之插入，并将桩锤置于桩顶增加质量；或一面射水，一面锤击或振动；或射水、锤击交替进行。

(4)注意事项：沉桩时，装好射水管，使喷射嘴离地约 0.5m，待桩插正立稳后，压上桩帽、桩锤，射水沉桩，并不断上下抽动，使土松动、水流畅通。最初可使用较小水压，以后逐步加大，使下沉不过猛，下沉缓慢时，可开锤轻击。下沉时应使射水管末端常处于桩尖下约 0.3～0.4m 处。放水阀不可突然开大，以免水压降低而堵塞射水嘴。

(5)沉桩至设计标高时的做法：当桩沉至距设计标高 1～2m 时应停止射水，拔出射水管，用锤击或振动打至设计标高，以免将桩尖处土体冲坏而影响桩的承载力。另外，桩的间距要注意控制，以免影响已打好的邻桩，一般取 0.9m 以上。

13. 植桩法沉桩示意图实例

【例 16】植桩法沉桩示意图的实例，如图 2-38 所示。

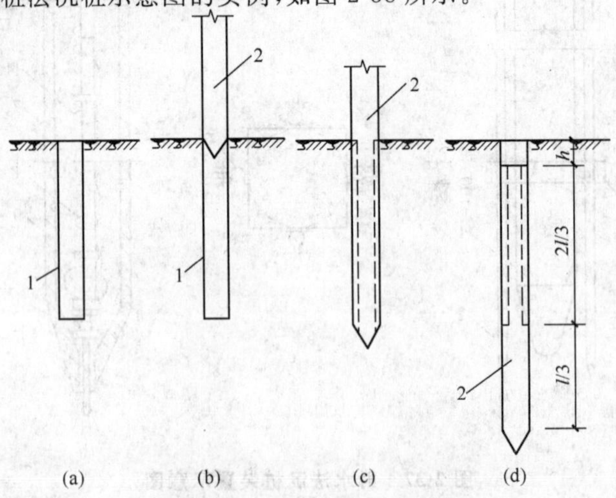

图 2-38　植桩法沉桩示意图

(a)钻孔；(b)插桩；(c)沉桩；(d)成桩

1—钻孔；2—混凝土预制桩；l—桩长；h—基础深度

植桩法沉桩示意图实例识读如下：

(1)预钻孔要求：预钻孔的孔径约比桩径(或方桩对角线)小 50～100mm，深度视桩距和土的密集程度、渗透性而定，宜为桩长的 1/3～1/2，施工时要随钻随打。

(2)打桩顺序：打桩顺序应先长后短；先打外围桩，后打中间桩；对超软土应间隔钻孔施打。

(3)钻孔要求：钻孔时要保证钻杆不停地旋转，以防卡钻。钻至设计深度后，可清孔提钻，清理地面附近积存余土，即可开始钻下一孔。钻孔后应在 1h 内植桩施打，以防塌孔。

(4)桩架性能：所选用桩架宜具备钻孔锤击双重性能。桩机应保持垂直平稳。

(5)施打要求：对植入的预制桩，应从两个侧面校正垂直度后再锤击施打。打最后一段桩时，要在桩顶加垫衬，以防击坏桩头。

(6)注意事项：沉桩时应随时检查钻孔质量，桩身垂直度、深度及贯入度，还要注意土体隆起状况及超孔隙水压力上升对周围的影响，发现问题应及时采取相应解决处理技术措施。有些柱除受垂直荷载外，还承受水平荷载，需要将桩沉入并倾斜一个角度，通常为 12°～15°(斜角指桩身纵向中心线与铅垂线的夹角)。

14. 锤击沉管灌注桩施工示意图实例

【例 17】锤击沉管灌注桩施工示意图的实例，如图 2-39 所示。

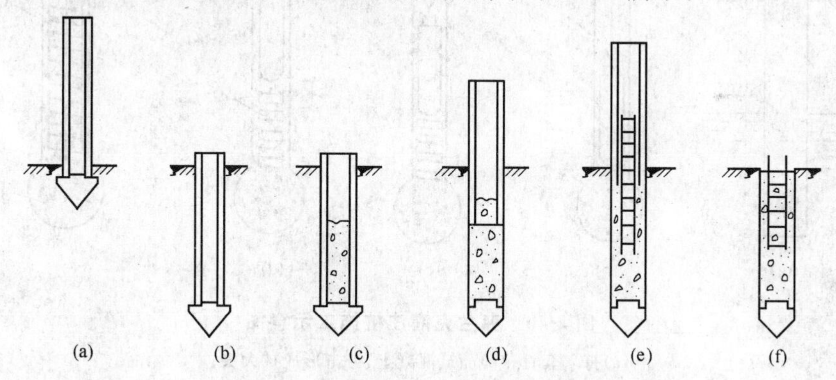

图 2-39　锤击沉管灌注桩施工示意图

(a)就位；(b)沉入套管；(c)开始浇筑混凝土；

(d)边锤击边拔管，并继续浇筑混凝土；

(e)下钢筋笼，并继续浇筑混凝土；(f)成形

锤击沉管灌注桩施工示意图的实例识读如下：

(1)施工方法：锤击沉管灌注桩的施工应根据土质情况和荷载要求，分别选用单打法、复打法或反插法。当采用单打法工艺时，预制桩尖直径、桩管外径和成桩直径的配套选用见表 2-7。

表 2-7 单打法工艺预制桩尖直径、桩管外径和成桩直径关系表

要素	预制桩尖直径	桩管外径	成桩直径
尺寸/mm	340	273	300
	370	325	350
	420	377	400
	480	426	450
	520	480	500

(2)施工过程:锤击沉管灌注桩的施工过程可综合为:安放桩靴→桩机就位→校正垂直度→锤击沉管至要求的贯入度或标高→测量孔深并检查桩靴是否卡住桩管→下钢筋笼→灌注混凝土→边锤击边拔出钢管,如图 2-39 所示。

15. 弗兰克灌注桩施工示意图实例

【例 18】弗兰克灌注桩施工示意图实例,如图 2-40 所示。

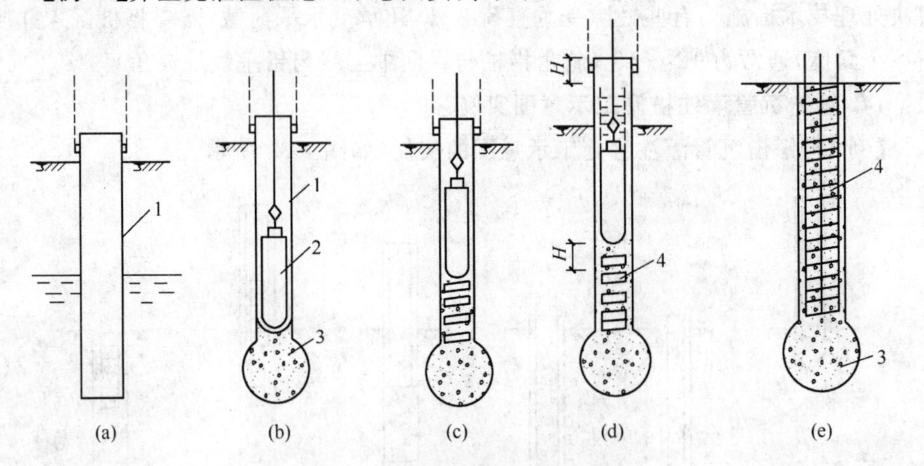

图 2-40 弗兰克灌注桩施工示意图

(a)打入套管;(b)浇筑混凝土,夯击形成扩大头;

(c)旋入螺旋筋骨架,分段浇筑混凝土;

(d)拔套管,再夯混凝土挤入四壁;(e)成桩

1—套管;2—桩锤;3—混凝土;4—螺旋钢筋骨架

弗兰克灌注桩施工示意图实例识读如下:

(1)先打入套管,浇灌混凝土,用夯锤在套管内锤击混凝土,将混凝土挤出套管形成扩大头。

(2)然后沉入钢筋骨架,分段灌注混凝土。

(3)最后拔出套管,再锤击骨架内的混凝土,使混凝土挤入四壁土壤中,形成桩身,增加桩身与土体的摩擦力。

16. 钢桩桩帽施工图实例

【例 19】钢桩桩帽施工图的实例，如图 2-41 所示。

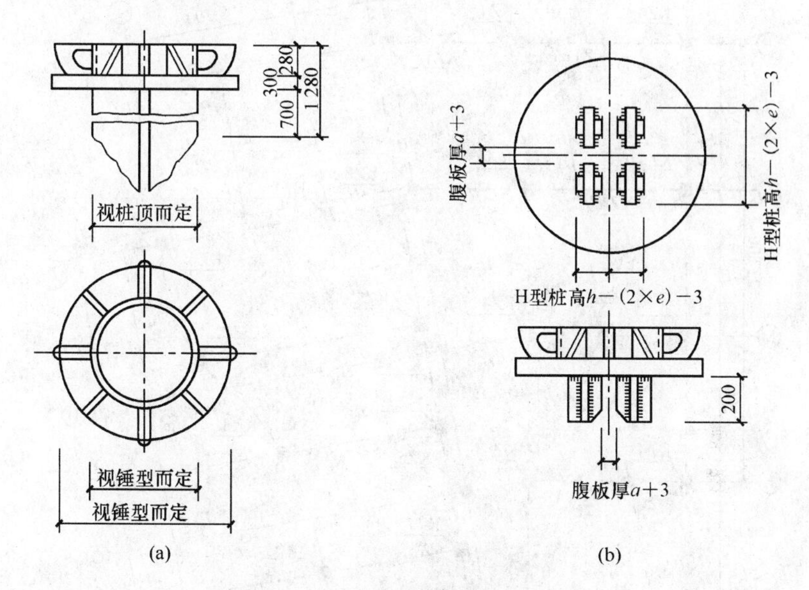

图 2-41　钢桩桩帽施工图(单位：mm)

(a)钢管桩桩帽；(b)H 型钢桩桩帽

钢桩桩帽施工图的实例识读如下：

(1)桩帽置于钢管桩顶部的主要作用：桩帽置于钢管桩的顶部，由铸钢或普通钢板制成，如图 2-41 所示。其主要作用是控制钢管沉入的方向，使锤击力能均匀分布于桩顶，不致在沉桩过程中将桩顶击坏。

(2)桩帽顶部置入减振硬木的作用：桩帽顶部也可放入减振硬木以缓冲锤击力直接作用于桩帽，有利于延长桩锤和桩帽的使用寿命。

二、主体结构施工图识读举例

1. 柱平法施工图实例

【例 20】图 2-42 是用列表注写方式绘制的××办公室楼的柱平法施工图(图号为结施－03)。

柱平法施工图的实例识读如下：

如图 2-42 所示，为某办公楼柱平法施工图，图号为某办公楼结施－03，绘制比例 1∶100。轴线号及其尺寸间距与建筑平面图、基础平面布置图一致。

图中标注的均为框架柱，共有七种编号，柱的混凝土强度等级为 C40，柱的标高、断面尺寸和配筋情况见表 2-8。

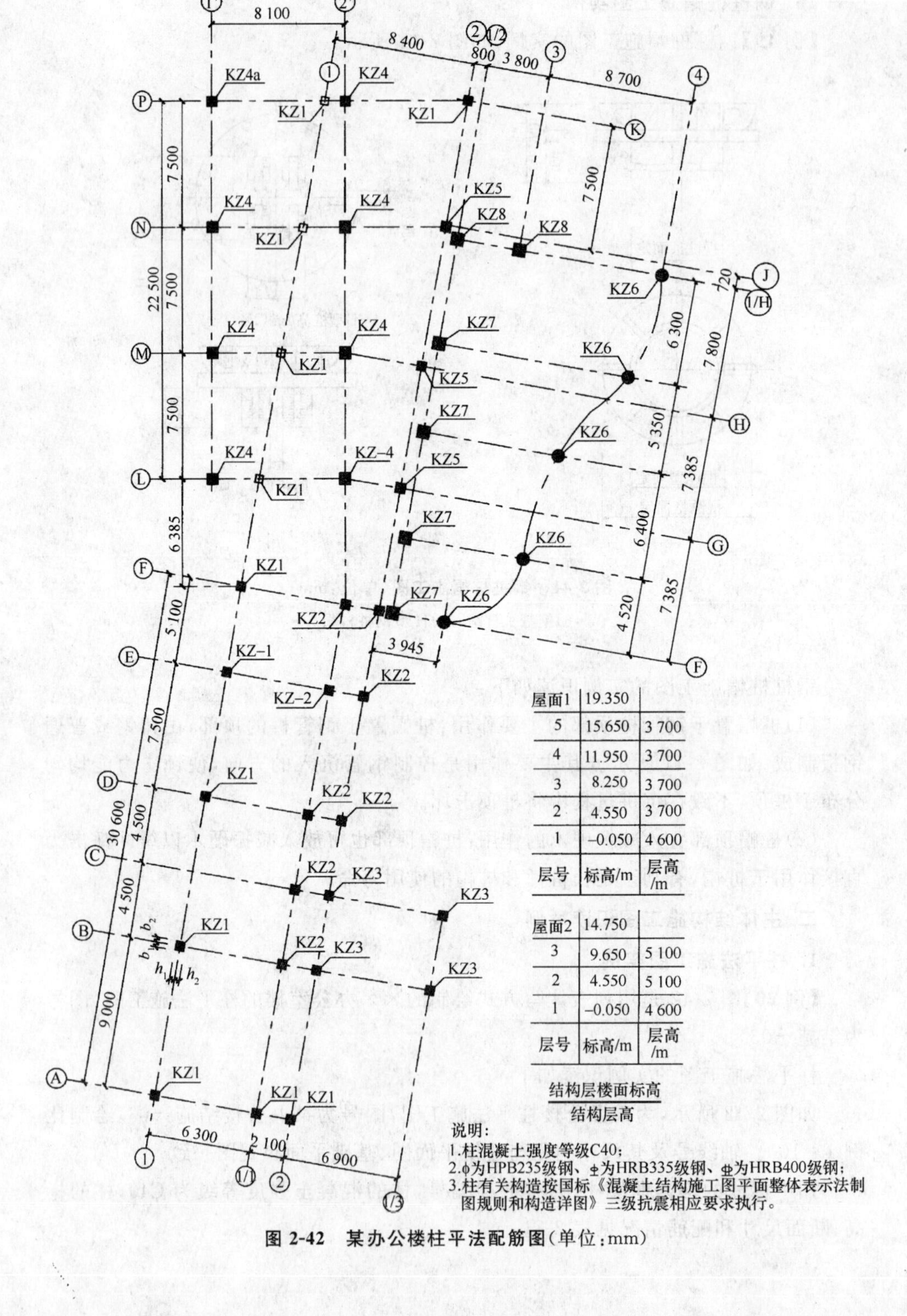

屋面1	19.350	
5	15.650	3 700
4	11.950	3 700
3	8.250	3 700
2	4.550	3 700
1	–0.050	4 600
层号	标高/m	层高/m

屋面2	14.750	
3	9.650	5 100
2	4.550	5 100
1	–0.050	4 600
层号	标高/m	层高/m

结构层楼面标高
结构层高

说明：
1.柱混凝土强度等级C40；
2.ϕ为HPB235级钢、$\pm$为HRB335级钢、$\pm$为HRB400级钢；
3.柱有关构造按国标《混凝土结构施工图平面整体表示法制图规则和构造详图》三级抗震相应要求执行。

图 2-42　某办公楼柱平法配筋图(单位：mm)

表 2-8 柱表

（单位：mm）

柱号	标高	$b \times h$(圆柱直径 D)	b_1	b_2	h_1	h_2	角筋	b边一侧中部筋	h边一侧中部筋	箍筋类型号	箍筋
KZ1	－0.05～19.350	600×600	300	300	300	300	4⌀25	3⌀25	3⌀25	1(4×4)	ϕ12@100/200
KZ2	－0.05～19.350	600×600	300	300	300	300	4⌀22	3⌀22	3⌀22	1(4×4)	ϕ10@100/200
KZ3	－0.05～19.350	600×600	300	300	300	300	4⌀25	2⌀25	2⌀25	1(4×4)	ϕ10@100
KZ4	－0.05～11.950	700×700	350	350	350	350	4⌀25	3⌀25	3⌀25	1(5×5)	ϕ12@100/200
	11.95～15.65	600×600	300	300	300	300	4⌀25	2⌀25	2⌀25	1(4×4)	ϕ10@100
KZ5	－0.05～15.650	650×650	325	325	325	325	4⌀25	2⌀25	2⌀25	1(4×4)	ϕ12@100/200
	15.65～19.35	650×650	325	325	325	325	4⌀25	2⌀25	2⌀25	1(4×4)	ϕ10@100
KZ6	－0.05～14.150	800	400	400	400	400	18⌀25	—	—	8	ϕ12@100/200
KZ7	－0.05～14.150	800×800	400	400	400	400	4⌀25	3⌀25	⌀325	1(5×5)	ϕ12@100/200

根据设计说明该工程的抗震等级为三级，由国标图集《混凝土结构施工图平面整体表示方法制图规则和构造详图》(11G101－1)可知以下情况：

柱箍筋加密区范围：柱端至基础顶面上，底层柱根加密区高度为底层层高的1/3；其他各楼层从梁上下分别取柱断面长边尺寸、柱所在层净高的1/6和500mm的较大值；刚性地面上下各500mm。

该图中柱的标高－0.050～8.250m，即一、二两层(其中一层为底层)，层高分别是4.6m、3.7m，框架柱KZ1在一、二两层的净高分别是3.7m、2.8m，所以箍筋加密区范围分别是1 250mm、650mm；KZ6在一、二两层的净高分别是3.0m、3.5m，所以箍筋加密区范围分别是1 000mm、600mm(为了便于施工，常常将零数人为地化零为整)。

根据结构设计总说明，要求柱的钢筋连接采用焊接接头(一般为电渣压力焊)。焊接接头位置应设在柱箍筋加密区之外，由于柱的纵筋多于4根，焊接接头应相互错开35*d*(*d*为纵向钢筋的较大直径)且不小于500mm，同一断面的接头数不宜多于总根数的50%。

【例21】柱平法施工图实例，如图2-43、图2-44所示。

柱平法施工图的实例识读如下：

如图2-43所示为采用列表方式表示的物业楼框架柱平法施工图。从图中可以看出该物业楼框架柱共有两种：KZ1和KZ2，而且KZ1和KZ2的纵筋相同，仅箍筋不同。它们的纵筋均分为三段，第一段从基础顶到标高－0.050m，纵筋直径均为12⏀20；第二段为标高－0.050m到3.550m，即第一层的框架柱，纵筋为角筋4⏀20，每边中部2⏀18；第三段为标高3.550m到10.800m，即二、三层框架柱，纵筋为12⏀18。它们的箍筋不同，KZ1箍筋为：标高3.550m以下为ϕ10@100，标高3.550m以上为ϕ8@100。KZ2箍筋为：标高3.550m以下为ϕ10@100/200，标高3.550m以上为ϕ8@100/200。它们的箍筋形式均为类型1，箍筋肢数为4×4。

如图2-44所示，为采用断面注写方式柱配筋图。该图表示的是从标高－0.050m到3.550m的框架柱配筋图，即一层的柱配筋图。从图中可以看出该层框架结构共有两种框架柱，即KZ1和KZ2，它们的断面尺寸相同，均为400mm×400mm，它们与定位轴线的关系均为轴线居中。它们的纵筋相同，角筋均为4⏀20，每边中部钢筋均为2⏀18，KZ1箍筋为ϕ8@100，KZ2箍筋为ϕ8@100/200。

2. 梁平法施工图实例

【例22】梁平法施工图实例，如图2-45所示。

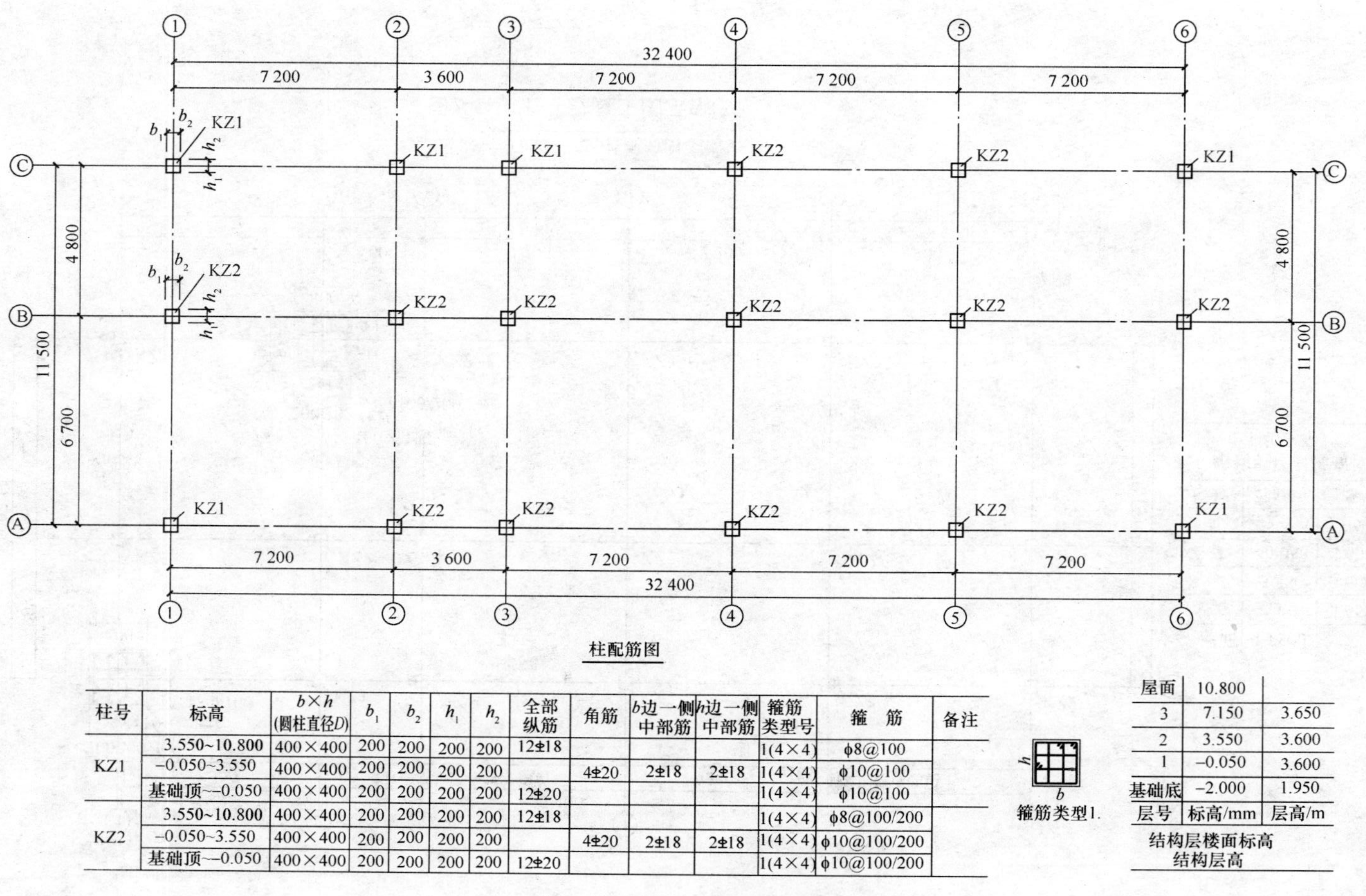

柱号	标高	$b\times h$（圆柱直径D）	b_1	b_2	h_1	h_2	全部纵筋	角筋	b边一侧中部筋	h边一侧中部筋	箍筋类型号	箍筋	备注
KZ1	3.550~10.800	400×400	200	200	200	200	12⌀18				1(4×4)	ϕ8@100	
	−0.050~3.550	400×400	200	200	200	200		4⌀20	2⌀18	2⌀18	1(4×4)	ϕ10@100	
	基础顶~−0.050	400×400	200	200	200	200	12⌀20				1(4×4)	ϕ10@100	
KZ2	3.550~10.800	400×400	200	200	200	200	12⌀18				1(4×4)	ϕ8@100/200	
	−0.050~3.550	400×400	200	200	200	200		4⌀20	2⌀18	2⌀18	1(4×4)	ϕ10@100/200	
	基础顶~−0.050	400×400	200	200	200	200	12⌀20				1(4×4)	ϕ10@100/200	

箍筋类型1.

层号	标高/mm	层高/m
屋面	10.800	
3	7.150	3.650
2	3.550	3.600
1	−0.050	3.600
基础底	−2.000	1.950

结构层楼面标高
结构层高

图2-43　柱平法施工图示例(一)

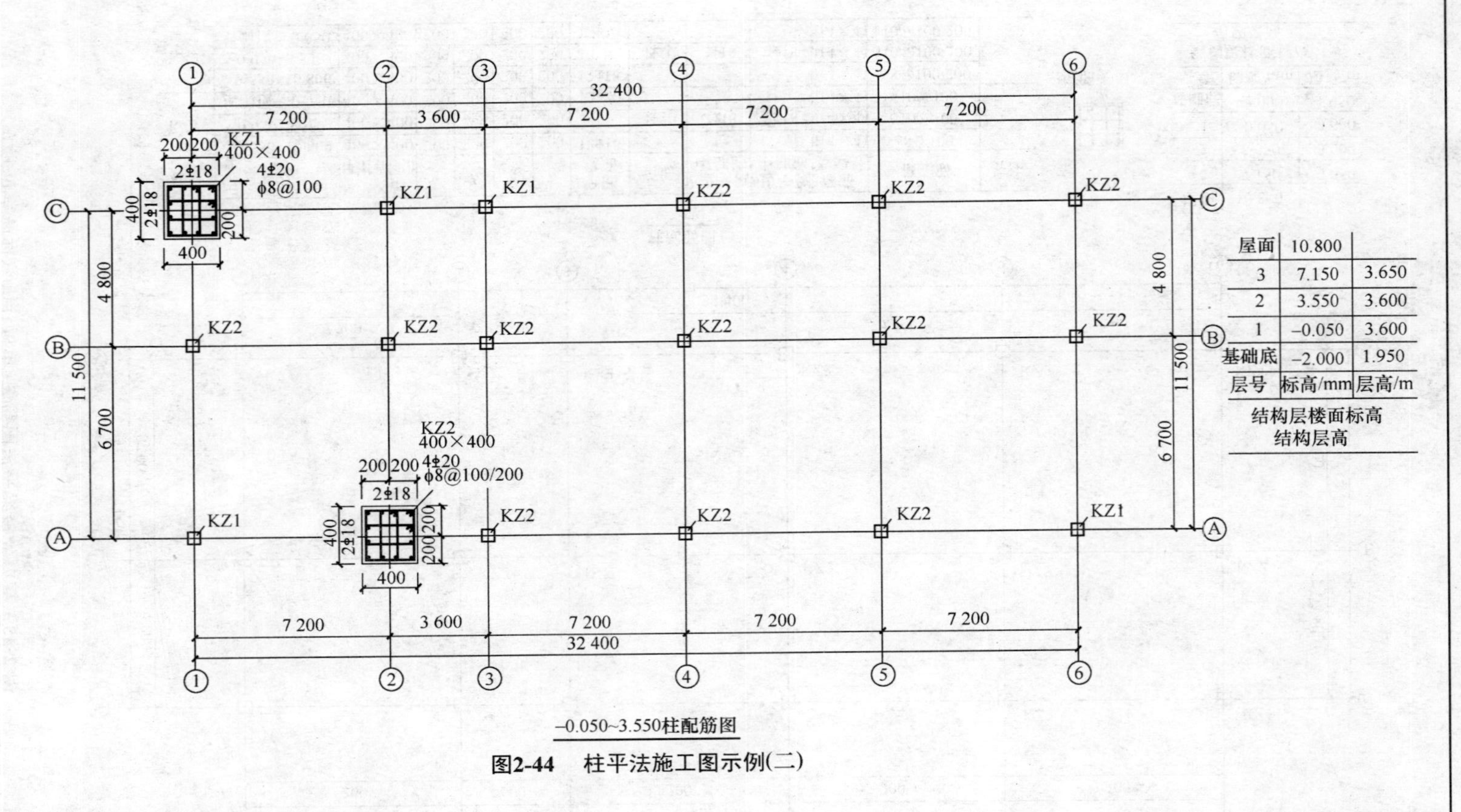

屋面	10.800	
3	7.150	3.650
2	3.550	3.600
1	−0.050	3.600
基础底	−2.000	1.950
层号	标高/mm	层高/m

结构层楼面标高
结构层高

−0.050~3.550柱配筋图

图2-44　柱平法施工图示例(二)

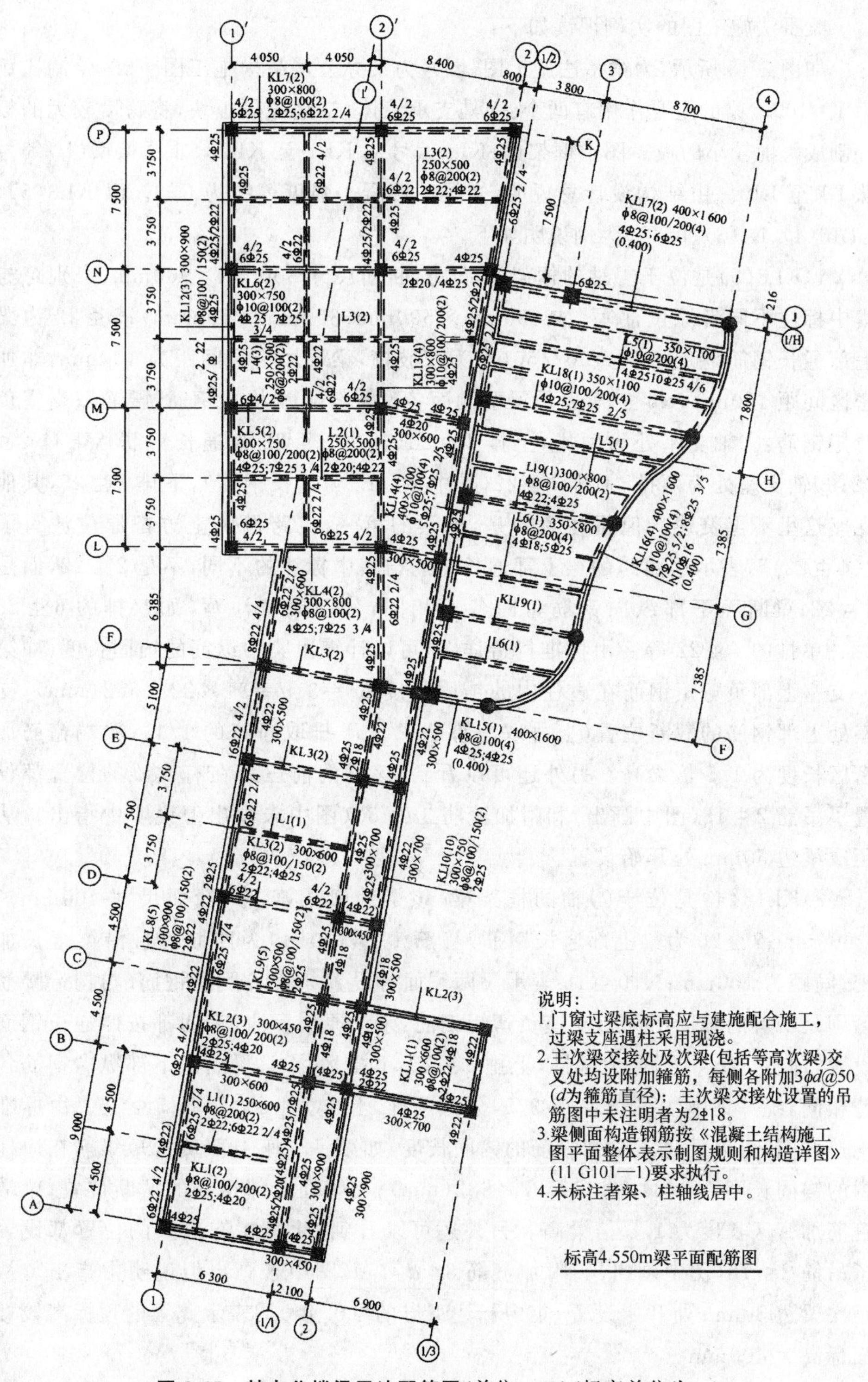

图 2-45　某办公楼梁平法配筋图(单位：mm)(标高单位为 m)

梁平法施工图的实例识读如下：

如图 2-45 所示，为梁平法施工图，图号为某办公楼结构施工图－06，绘制比例为 1∶100。梁的主要作用有两个：一是支承墙体，二是分隔板块，将跨度较大的板分割成跨度较小的板。图中框架梁(KL)编号从 KL1 至 KL20，非框架梁(L)编号从 L1 至 L10。由结构设计总说明，知梁的混凝土强度等级为 C30。以 KL8(5)、KL16(4)、L4(3)、L5(1)为例说明如下。

1)KL8(5)是位于①轴的框架梁，5 跨，断面尺寸 300mm×900mm(个别跨与集中标注不同者原位注写，如 300mm×500mm、300mm×600mm)；2Φ22 为梁上部通长钢筋，箍筋φ8@100/150(2)为双肢箍，梁端加密区间距为 100mm，非加密区间距 150mm；G6Φ14 表示梁两侧面各设置 3Φ14 构造钢筋(腰筋)；支座负弯矩钢筋：Ⓐ轴支座处为两排，上排 4Φ22(其中 2Φ22 为通长钢筋)，下排 2Φ22；Ⓑ轴支座处为两排，上排 4Φ22(其中 2Φ22 为通长钢筋)，下排 2Φ25，其他支座这里不再赘述。值得注意的是，该梁的第一、二跨两跨上方都原位注写了"(4Φ22)"，表示这两跨的梁上部通长钢筋与集中标注的不同，不是 2Φ22，而是 4Φ22；梁断面下部纵向钢筋每跨各不相同，分别原位注写，如双排的 6Φ25 2/4、单排的 4Φ22 等。由标准构造详图，可以计算出梁中纵筋的锚固长度，如第一支座上部负弯矩钢筋在边柱内的锚固长度 $l_{aE}=31d=31\times22=682$(mm)；支座处上部钢筋的截断位置(上排取净跨的 1/3、下排取净跨的 1/4)；梁端箍筋加密区长度为 1.5 倍梁高。另外还可以看到，该梁的前三跨在有次梁的位置都设置了吊筋 2Φ18(图中画出)和附加箍筋 3d@50(图中未画出但说明中指出)，从距次梁边 50mm 处开始设置。

2)KL16(4)是位于④轴的框架梁，该梁为弧梁，4 跨，断面尺寸 400mm×1 600mm；7Φ25 为梁上部通长钢筋，箍筋 10@100(4)为四肢箍且沿梁全长加密，间距为 100mm；N10Φ16 表示梁两侧面各设置 5Φ16 受扭钢筋(与构造腰筋区别是二者的锚固不同)；支座负弯矩钢筋：未见原位标注，表明都按照通长钢筋设置，即 7Φ25 5/2，分为两排，上排 5Φ25，下排 2Φ25；梁断面下部纵向钢筋各跨相同，统一集中注写，8Φ25 3/5，分为两排，上排 3Φ25，下排 5Φ25。由标准构造详图，可以计算出梁中纵筋的锚固长度，如第一支座上部负弯矩钢筋在边柱内的锚固长度 $l_{aE}=31d=31\times22=682$(mm)；支座处上部钢筋的截断位置；梁端箍筋加密区长度为 1.5 倍梁高。另外还可以看到，此梁在有次梁的位置都设置了吊筋 2Φ18(图中画出)和附加箍筋 3φd@50(图中未画出但说明中指出)，从距次梁边 50mm 处开始设置；集中标注下方的"(0.400)"表示此梁的顶标高较楼面标高为 400mm。

3)L4(3)是位于①′～②′轴间的非框架梁，3 跨，断面尺寸 250mm×500mm；2

⌀22为梁上部通长钢筋，箍筋ϕ8@200(2)为双肢箍且沿梁全长间距为200mm；支座负弯矩钢筋：6⌀22 4/2，分为两排，上排4⌀22，下排2⌀22；梁断面下部纵向钢筋各跨不相同，分别原位注写6⌀22 2/4和4⌀22。由标准构造详图，可以计算出梁中纵筋的锚固长度（次梁不考虑抗震，因此按非抗震锚固长度取用），如梁底筋在主梁中的锚固长度 $l_a=15d=15\times22=330$(mm)；支座处上部钢筋的截断位置在距支座三分之一净跨处。

4)L5(1)是位于Ⓗ～1/H轴间的非框架梁，1跨，断面尺寸350mm×1 100mm；4⌀25为梁上部通长钢筋，箍筋ϕ10@200(4)为四肢箍且沿梁全长间距为200mm；支座负弯矩钢筋：同梁上部通长筋，一排4⌀25；梁断面下部纵向钢筋为10⌀25 4/6，分为两排，上排4⌀25，下排6⌀25。由标准构造详图，可以计算出梁中纵筋的锚固长度（次梁不考虑抗震，因此按非抗震锚固长度取用），如梁底筋在主梁中的锚固长度 $l_a=15d=15\times22=330$(mm)；支座处上部钢筋的截断位置在距支座三分之一净跨处。

3. 现浇板平法施工图实例

【例23】现浇板平法施工图实例，如图2-46所示。

现浇板平法施工图的实例识读如下：

如图2-46所示为某办公楼标高4.550m处现浇板的施工图，图号结施－07，绘制比例为1∶100。

由结构设计总说明，知板的混凝土强度等级为C30；板厚有120mm、130mm、150mm、160mm四种；图中阴影部分的板是建筑卫生间的位置，为防水的处理，将楼板降标高50mm，故此处板顶标高为4.500m。

下面以左下角房间板块为例说明配筋：

下部钢筋：横向受力钢筋为ϕ10@150，是HPB235级钢，故末端做成180°弯钩；纵向受力钢筋为12@150，是HRB335级钢，故末端为平直不做弯钩，图中所示端部斜钩仅表示该钢筋的断点，而实际施工摆放的是直钢筋。

上部钢筋：与梁交接处设置负筋（俗称扣筋或上铁）①②③④号筋，其中①②号筋为12@200，伸出梁外1 200mm、③④号筋为⌀12@150，伸出梁轴线外1 200mm，它们都是向下做90°直钩顶在板底。

按规范要求，板下部钢筋伸入墙、梁的锚固长度不小于 $5d$，尚应满足伸至支座中心线，且不小于100mm；上部钢筋伸入墙、梁内的长度按受拉钢筋锚固，其锚固长度不小于 l_a，末端做直钩。

【例24】现浇板平法施工图实例，如图2-47所示。

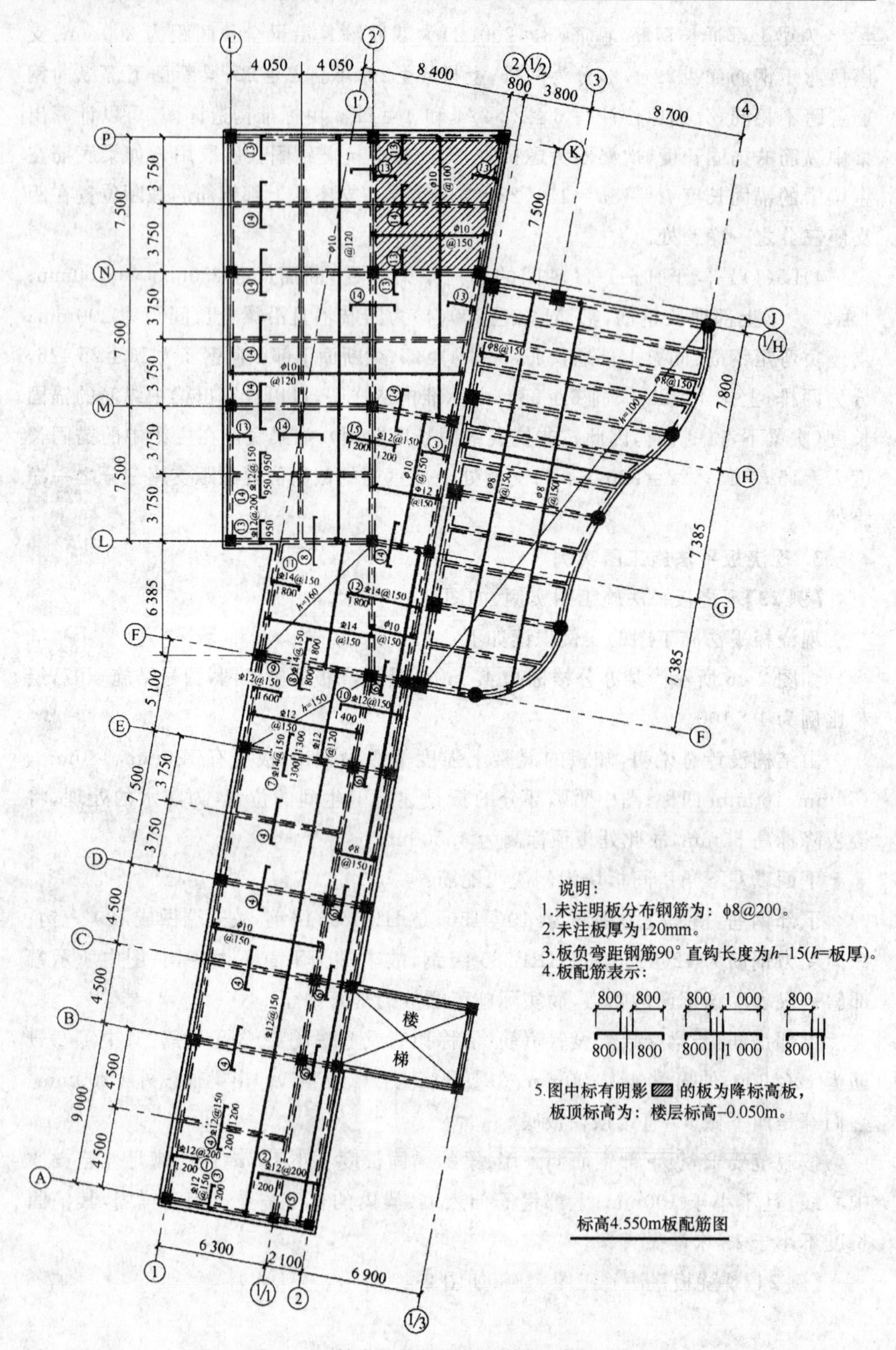

说明：
1.未注明板分布钢筋为：ϕ8@200。
2.未注板厚为120mm。
3.板负弯距钢筋90°直钩长度为h-15(h=板厚)。
4.板配筋表示：
5.图中标有阴影的板为降标高板，板顶标高为：楼层标高-0.050m。
标高4.550m板配筋图
楼
梯

图 2-46　某办公楼现浇板配筋图(单位：mm)

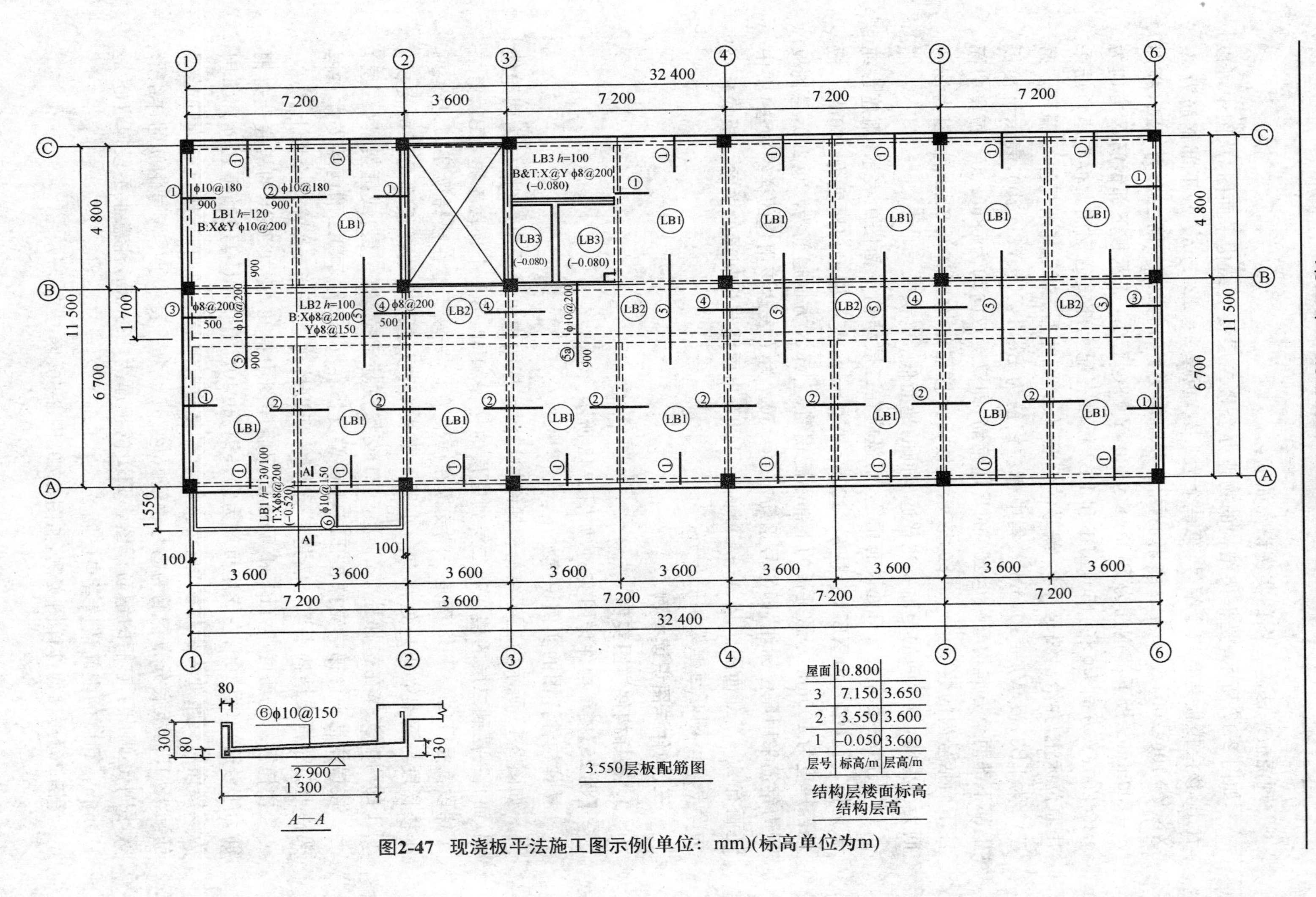

图2-47　现浇板平法施工图示例(单位：mm)(标高单位为m)

现浇板平法施工图的实例识读如下：

如图 2-47 所示，是框架结构的物业办公楼二层楼层结构平面图，从图中可以看出，该层楼板共有三个编号，第一个为 LB1，板厚 h=120mm。板下部钢筋为 B：X&Y ϕ 10@200，表示板下部钢筋两个方向均为ϕ 10@200。第二个为 LB2，板厚 h=100mm。板下部钢筋为 B：X ϕ 8@200，Y ϕ 8@150。表示板下部钢筋 X 方向为ϕ 8@200，Y 方向为ϕ 8@150，LB1 和 LB2 板没有配上部贯通钢筋。板支座负筋采用原位标注，并给出编号，同一编号的钢筋，仅详细注写一个，其余只注写编号。第三个为 LB3，板厚 h=100mm。集中标注钢筋为 B&T：X&Y8@200，表示该楼板上部下部两个方向均配ϕ 8@200 的贯通钢筋，即双层双向均为ϕ 8@200。板集中标注下面括号内的数字（－0.080）表示该楼板比楼层结构标高低 80mm。因为该房间为卫生间，卫生间的地面要比普通房间的地面低。

另外，在楼房主入口处设有雨篷，雨篷应在二层结构平面图中表示，雨篷为纯悬挑板，所以编号为 XB1，板厚 h=130mm/100mm，表示板根部厚度为 130mm，板端部厚度为 100mm。悬挑板的下部不配钢筋，上部 X 方向通筋为ϕ 8@200，悬挑板受力钢筋采用原位标注，即⑥号钢筋ϕ 10@150。为了表达该雨篷的详细做法，图中还画有 A—A 断面图。从 A—A 断面图可以看出雨篷与框架梁的关系。板底标高为 2.900m，刚好与框架梁底平齐。

三、构件详图识读举例

1. 楼梯构件详图实例

【例 25】楼梯构件详图实例，如图 2-48 所示。

楼梯构件详图的实例识读如下：

如图 2-48 所示为框架结构楼梯结构详图。从图中可以看出，该楼梯为两跑楼梯，而且一层到二层的楼梯和二层到三层的楼梯相同，第一个梯段都是 TB1，第二个梯段都是 TB2。TB2 都是一端支撑在框架梁上，一端支撑在楼梯梁 TL1 上。两个楼梯段与框架梁相连处都有一小段水平板，所以这两个楼梯板都是折板楼梯。TL1 的两端支撑在楼梯柱 TZ1 上，TZ1 支撑在基础拉梁（一层）或框架梁（二层）上。楼梯休息平台梯端支撑在 TL1 上一端支撑在 TL2 上。TL2 的两端支撑在框架柱上。在框架结构中填充墙是不受力的，所以楼梯梁不能支撑在填充墙上。

楼梯板的配筋可从 TB1 和 TB2 的配筋详图中得知，比如 TB1 的板底受力钢筋为①号筋ϕ 10@100；左支座负筋为③号钢筋ϕ 10@150 和④号钢筋ϕ 10@150，因为该楼梯左支座处为折板楼梯，支座负筋需要两根钢筋搭接；右支座负筋为⑤号钢筋ϕ 10@150：板底分布钢筋为②号钢筋ϕ 6@200。为了表示①③④号钢筋的详细形状，图中还画出了它们的钢筋详图。TB1 的板厚为 120mm，注意水平段厚度也是 120mm。TB2 的配筋请读者自己阅读。

【例 26】楼梯构件详图实例，如图 2-49、图 2-50、图 2-51 所示。

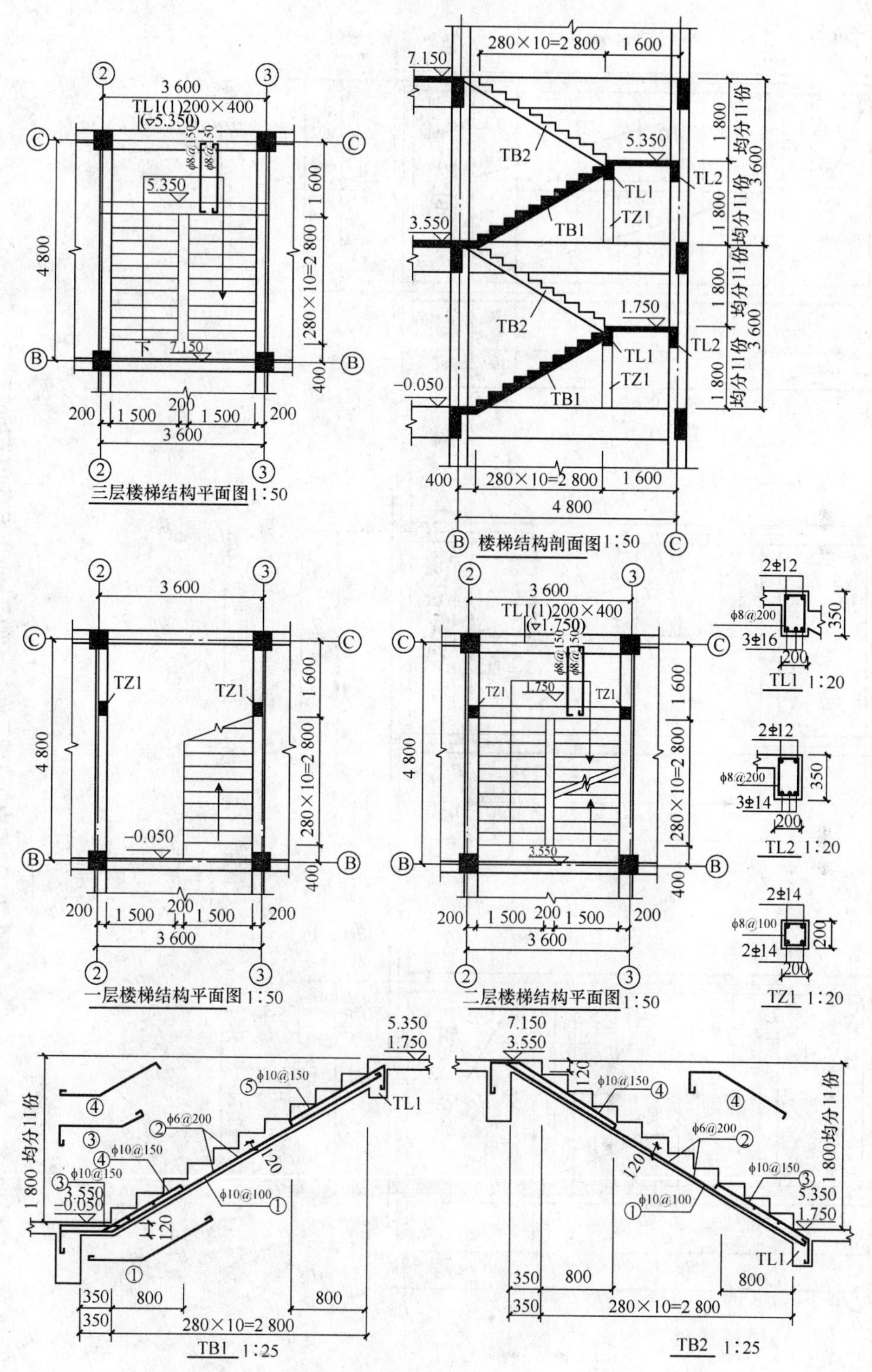

图 2-48　某框架结构楼梯结构详图(单位:mm)(标高单位为 m)

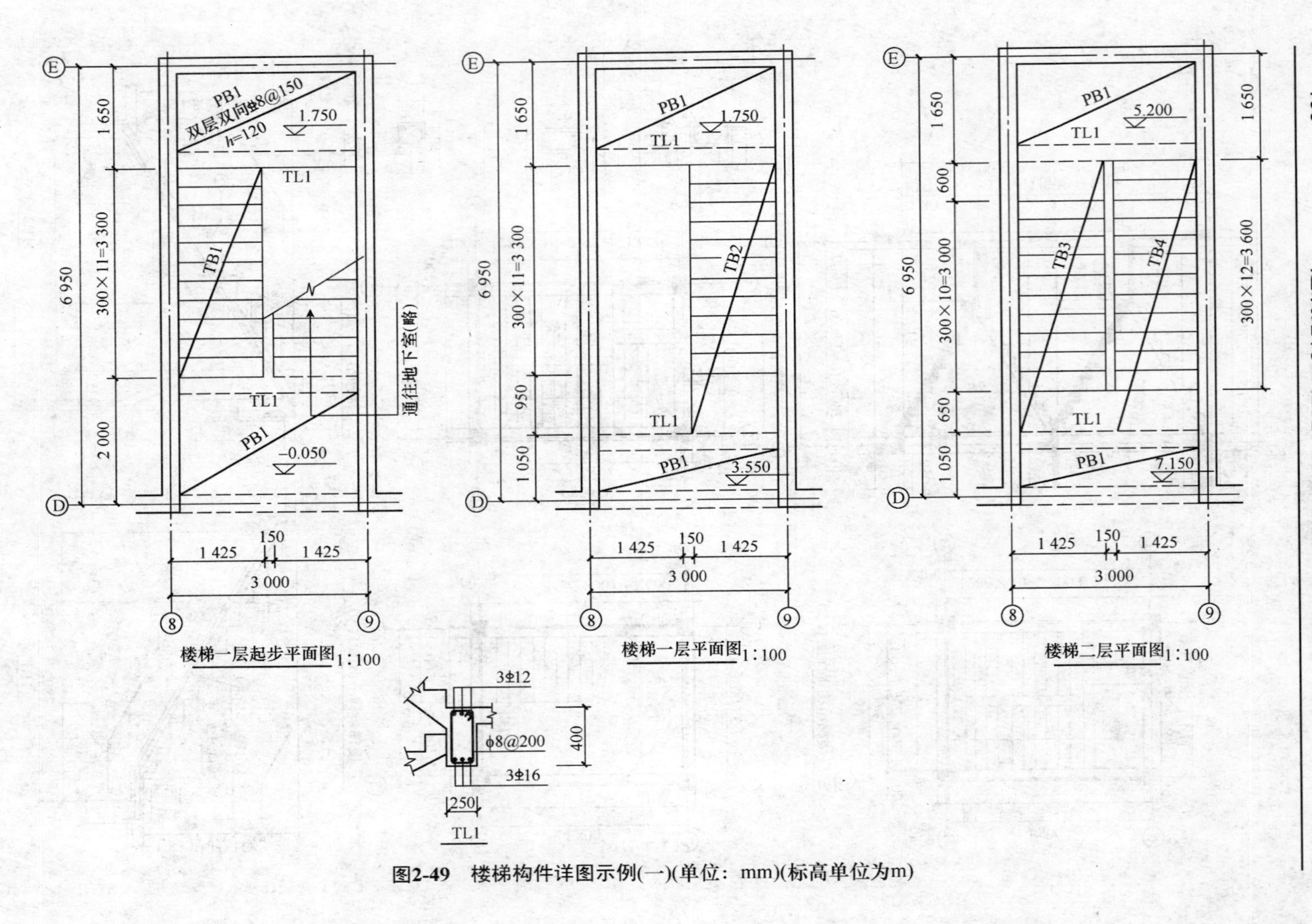

图2-49　楼梯构件详图示例(一)(单位：mm)(标高单位为m)

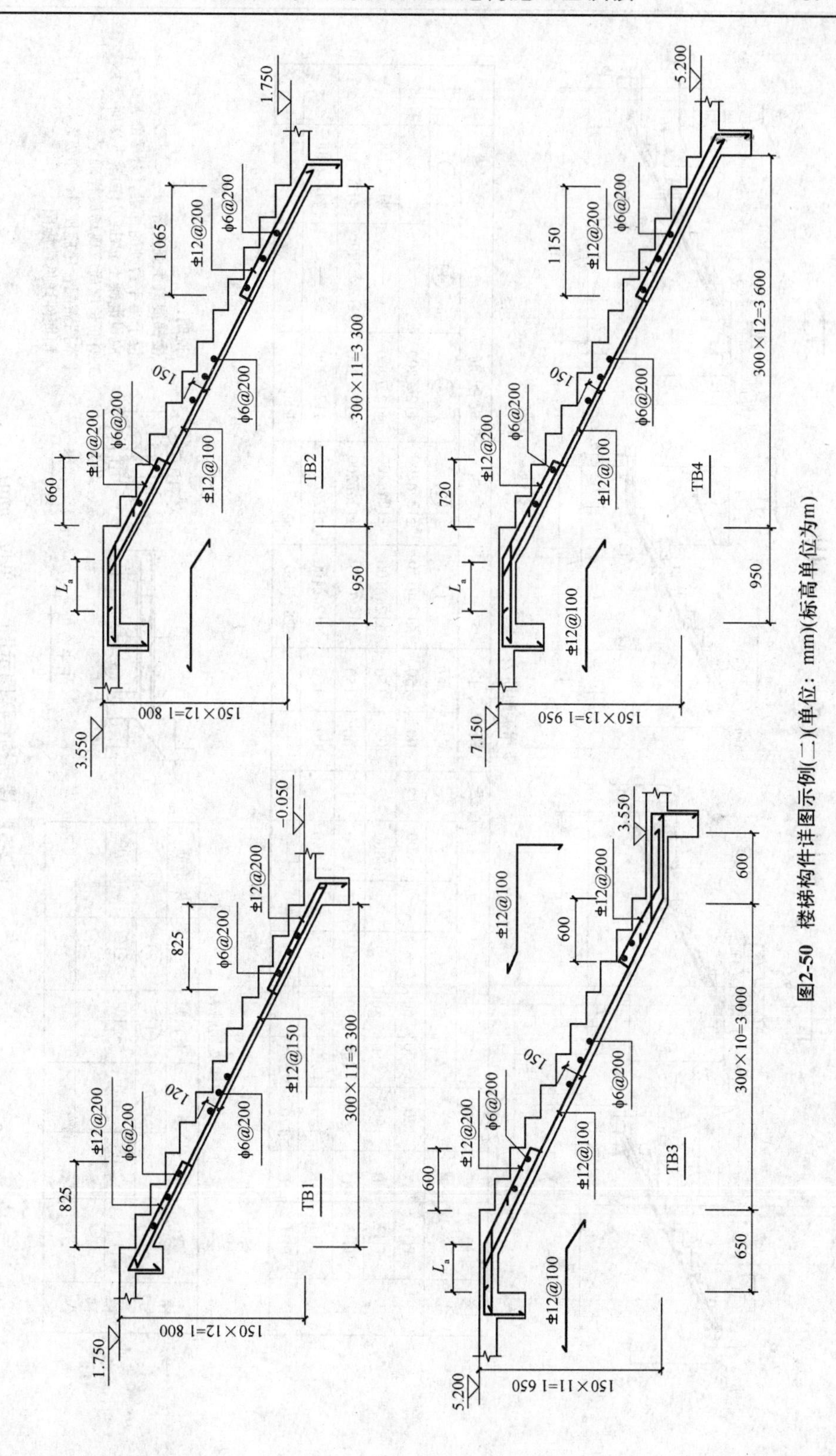

图2-50　楼梯构件详图示例(二)(单位：mm)(标高单位为m)

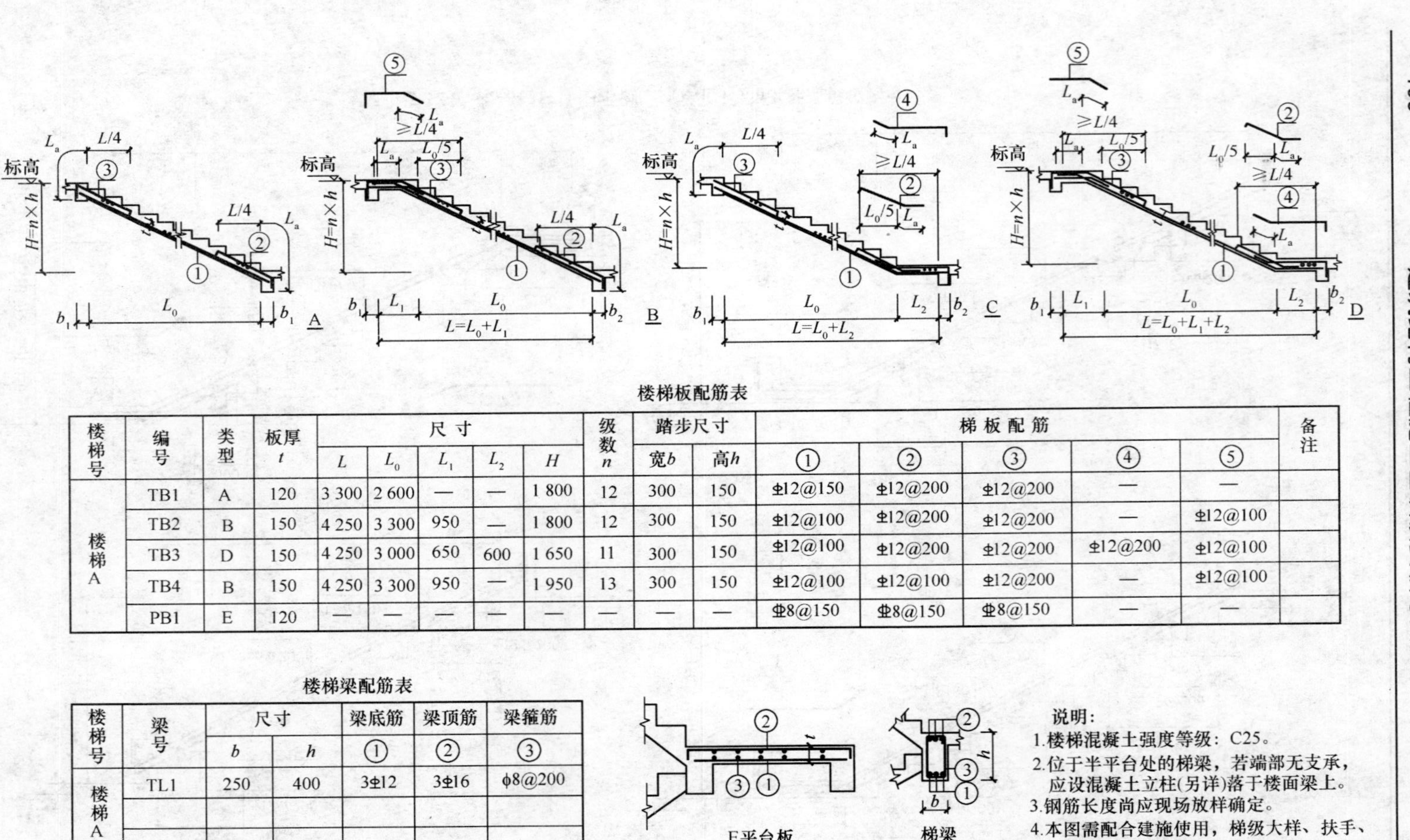

楼梯板配筋表

楼梯号	编号	类型	板厚 t	尺寸					级数 n	踏步尺寸		梯板配筋					备注
				L	L_0	L_1	L_2	H		宽b	高h	①	②	③	④	⑤	
楼梯A	TB1	A	120	3 300	2 600	—	—	1 800	12	300	150	Φ12@150	Φ12@200	Φ12@200	—	—	
	TB2	B	150	4 250	3 300	950	—	1 800	12	300	150	Φ12@100	Φ12@200	Φ12@200	—	Φ12@100	
	TB3	D	150	4 250	3 000	650	600	1 650	11	300	150	Φ12@100	Φ12@200	Φ12@200	Φ12@200	Φ12@100	
	TB4	B	150	4 250	3 300	950	—	1 950	13	300	150	Φ12@100	Φ12@100	Φ12@200	—	Φ12@100	
	PB1	E	120	—	—	—	—	—	—	—	—	Φ8@150	Φ8@150	Φ8@150	—	—	

楼梯梁配筋表

楼梯号	梁号	尺寸		梁底筋	梁顶筋	梁箍筋
		b	h	①	②	③
楼梯A	TL1	250	400	3Φ12	3Φ16	φ8@200

说明：

1.楼梯混凝土强度等级：C25。

2.位于半平台处的梯梁，若端部无支承，应设混凝土立柱(另详)落于楼面梁上。

3.钢筋长度尚应现场放样确定。

4.本图需配合建施使用，梯级大样、扶手、预埋件详见建施图。

图2-51 楼梯构件详图示例(三)(单位：mm)

楼梯构件详图的实例识读如下：

如图 2-49、图 2-50、图 2-51 所示是某高层住宅楼梯分别采用断面表示和列表表示两种方法绘制的施工图，其有四种梯段板和一种平台板。从图中我们可以了解以下内容：

(1)该工程为板式楼梯，由梯段板、梯梁和平台板组成，混凝土强度等级为 C25。

(2)梯梁：从楼梯剖面图、楼梯平面图和楼梯说明得知梯梁的上表面为建筑标高减去 50mm，断面形式均为矩形断面。如 TL1，矩形断面 250mm×400mm(b×h)，下部纵向受力钢筋为 3⌀16，伸入墙内长度不小于 15d；上部纵向受力钢筋为 3⌀12，伸入墙内应满足锚固长度 l_a 要求；箍筋φ8@200。

(3)平台板：从楼梯剖面图、楼梯平面图和楼梯说明得知平台板上表面为建筑标高减去 50mm，与梯梁同标高，两端支承在剪力墙和梯梁上。由图知，该工程平台板厚度 120mm，配筋双层双向⌀8@150，下部钢筋伸入墙内长度不小于 5d；上部钢筋伸入墙内应满足锚固长度 l_a 要求。

(4)楼梯板：楼梯板两端支承在梯梁上，从剖面图和平面图得知，根据型式、跨度和高差的不同，梯板分成 5 种，即 TB1～TB5。

1)类型 A：下部受力筋①通长，伸入梯梁内的长度不小于 5d；下部分布筋为φ6@200；上部筋②、③伸出梯梁的水平投影长度为 0.25 倍净跨，末端做 90°直钩顶在模板上，另一端进入梯梁内不小于锚固长度 l_a，并沿梁侧边弯下。

2)类型 B：板倾斜段下部受力筋①通长，至板水平段板顶弯成水平，从板底弯折处起算，钢筋水平投影长度为锚固长度 l_a；下部分布筋为φ6@200；上部筋②伸出梯梁的水平投影长度为 0.25 倍净跨，末端做 90°直钩顶在模板上，另一端进入梯梁内不小于锚固长度 l_a，并沿梁侧边弯下；上部筋③中部弯曲，既是倾斜段也是水平段的上部钢筋，其倾斜部分长度为斜梯板净跨(L_0)的 0.2 倍，且总长的水平投影长度不小于 0.25 倍总净跨(L)，末端做 90°直钩顶在模板上，另一端进入梯梁内不小于锚固长度 l_a，并沿梁侧边弯下。

3)类型 D：下部受力筋①通长，在两水平段转折处弯折，分别伸入梯梁内，长度不小于 5d；板上水平段上部受力筋③至倾斜段上部板顶弯折，既是倾斜段也是上水平段的上部钢筋，其倾斜部分长度为斜梯板净跨(L_0)的 0.2 倍，且总长的水平投影长度不小于 0.25 倍总净跨(L)，末端做 90°直钩顶在模板上，另一端进入梯梁内不小于锚固长度 l_a，并沿梁侧边弯下；板上水平段下部筋⑤在靠近斜板处弯折成斜板上部筋，延伸至满足锚固长度后截断；下部分布筋为φ6@200；板下水平段下部筋②至倾斜段上部板顶弯折，既是倾斜段也是下水平段的上部钢筋，其倾斜部分长度为斜梯板净跨(L_0)的 0.2 倍，且总长水平投影长度不小于 0.25 倍总净跨(L)，末端做 90°直钩顶在模板上，另一端进入下水平段板底弯折，延伸至满足锚固长度后截断；板下水平段上部筋④至斜板底面处弯折，另一端进入梯梁内不小于锚固长度

l_a，并沿梁侧边弯下。需要强调的是，所有弯曲钢筋的弯折位置必须计算，以保证正确。

2. 烟囱施工图实例

【例 27】某烟囱外形图，如图 2-52 所示。

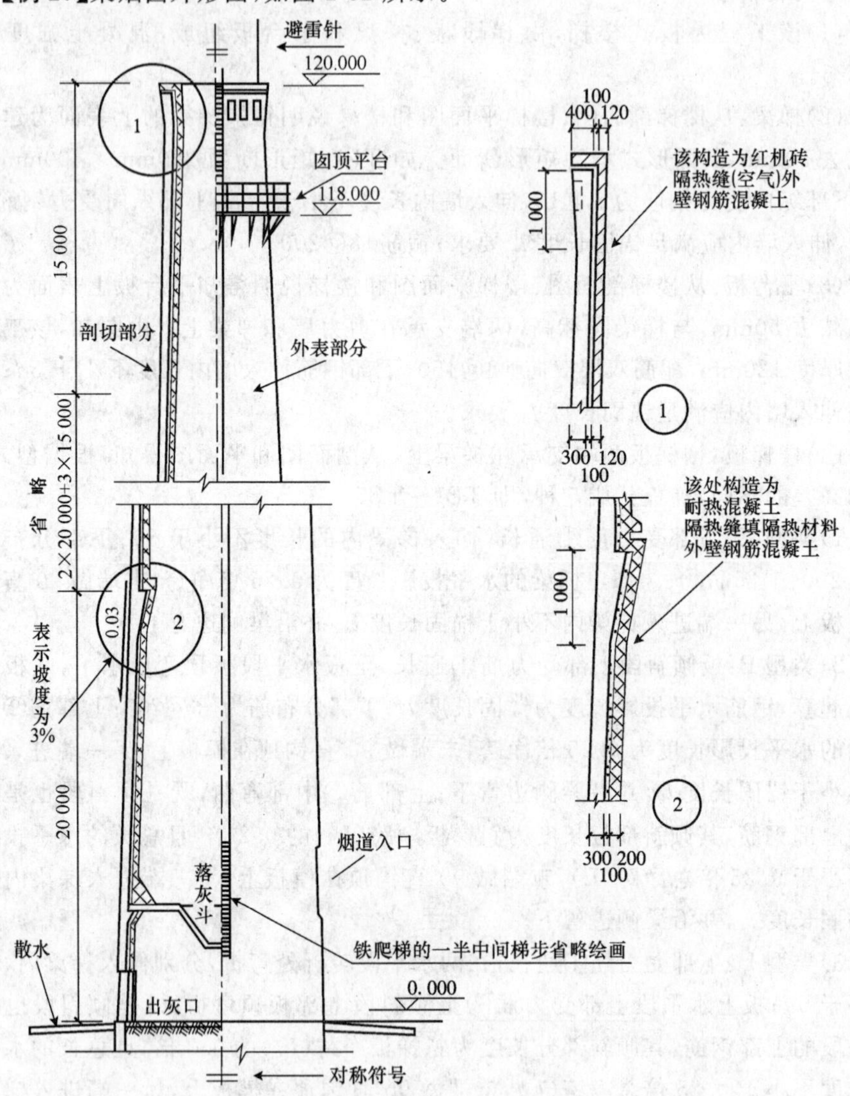

图 2-52 某烟囱外形图(单位：mm)(标高单位为 m)

某烟囱外形图实例识读如下：

(1)烟囱高度及囱身应采用的材料：从图 2-52 所示可以看出，烟囱高度从地面作为±0.000 点算起有 120m 高。±0.000 以下为基础部分，另有基础图纸，囱身外壁为 3%的坡度，外壁为钢筋混凝土筒体，内衬为耐热混凝土，上部内衬由于烟气温度降低采用机制黏土砖。

(2)囱身尺寸:囱身分为若干段,如图上标出的尺寸,有 15m 段及 20m 段两种尺寸。并在分段处的节点构造用圆圈画出,另绘详图说明。

(3)烟囱底部构造:壁与内衬之间填放隔热材料,而不是空气隔热层。在囱身底部有烟道入口、落灰斗和下部的出灰口等,可以结合识图箭注解把外形图看明白。

【例 28】某烟囱基础图,如图 2-53 所示。

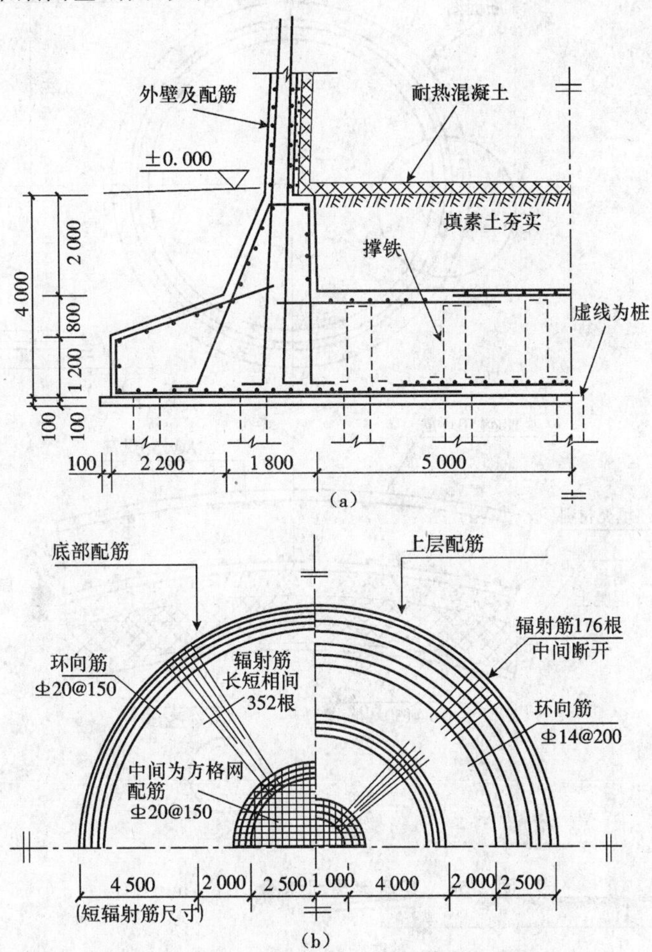

图 2-53　某烟囱基础图(单位:mm)(标高单位为 m)

(a)竖向剖面图;(b)底板配筋图

某烟囱基础图的实例识读如下:

(1)底板与基础:如图 2-53 所示,底板的埋深为 4m;基础底的直径为 18m;底板下有 10cm 素混凝土垫层;桩基头伸入底板 10cm;底板厚度为 2m。

(2)配筋:可以看出底板和基筒以及筒外伸肢底板等处的配筋构造。

(3)底板配筋:底板配筋如图 2-53(b)所示可以看出分为上下两层的配筋。且分为环向配筋和辐射向配筋两种。具体配筋的规格及间距:可见图上的注明。

(4)竖向剖面图:竖向剖面图如图 2-53(a)所示,可以看出,烟壁处的配筋构造和向上伸入上部筒体的插筋。同时可以看出伸出肢的外挑处的配筋。其使用钢筋的等级和规格及间距图上也作了注明。

【例 29】某烟囱局部详图,如图 2-54 所示。

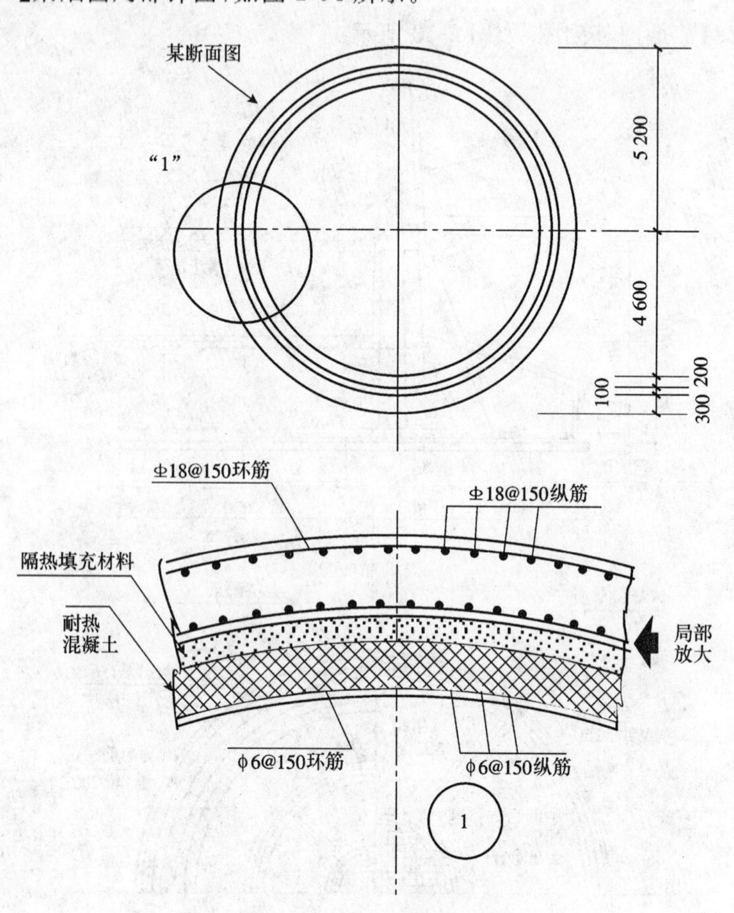

图 2-54　某烟囱局部详图(单位:mm)

某烟囱局部详图实例识读如下:

(1)横断面:该横断面外直径为 10.4m,壁厚为 30cm,内为 10cm 的隔热层和 20cm 的耐热混凝土。

(2)外壁:外壁为双层双向配筋,环向内外两层钢筋;纵向也是内外两层配筋。配筋的规格和间距图上均有注明,读者可以结合识图篇查看。应注意的是在内衬耐热混凝土中,也配置了一层竖向和环向的构造钢筋,以防止耐热混凝土产生裂缝。

(3)识读注意事项:在这里要说明的是该图仅截取其中某一高度的水平剖切面的情形,实际施工图往往是在每一高度段都有一个水平剖面图,来说明该处的囱身直径、壁厚、内衬的尺寸和配筋情况。

【**例 30**】某烟囱顶部平台构造图,如图 2-55 所示。

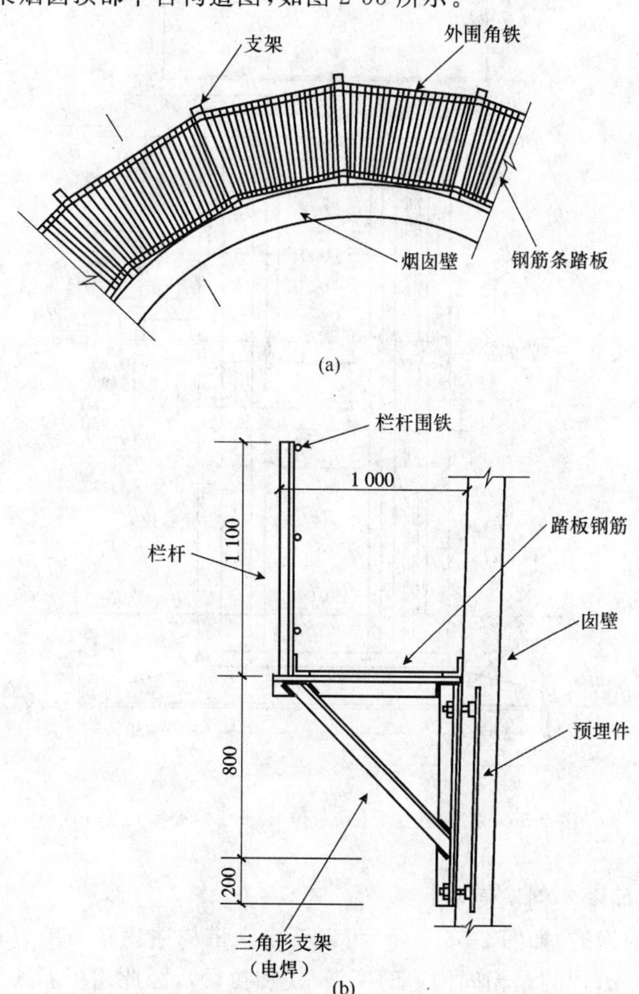

图 2-55　某烟囱顶部平台构造图(单位:mm)

(a)平面图;(b)构造图

某烟囱顶部平台构造图实例识读如下:

(1)图的分类:该图分为两部分,(a)平面图及(b)构造图。

(2)平面图的组成:平面图由支架、烟囱壁、外围角铁和钢筋条踏板组成。

(3)构造图:构造图中标明了各部分的详细尺寸,施工时照此施工即可。

3. 水塔施工图实例

【**例 31**】某水塔立面图,如图 2-56 所示。

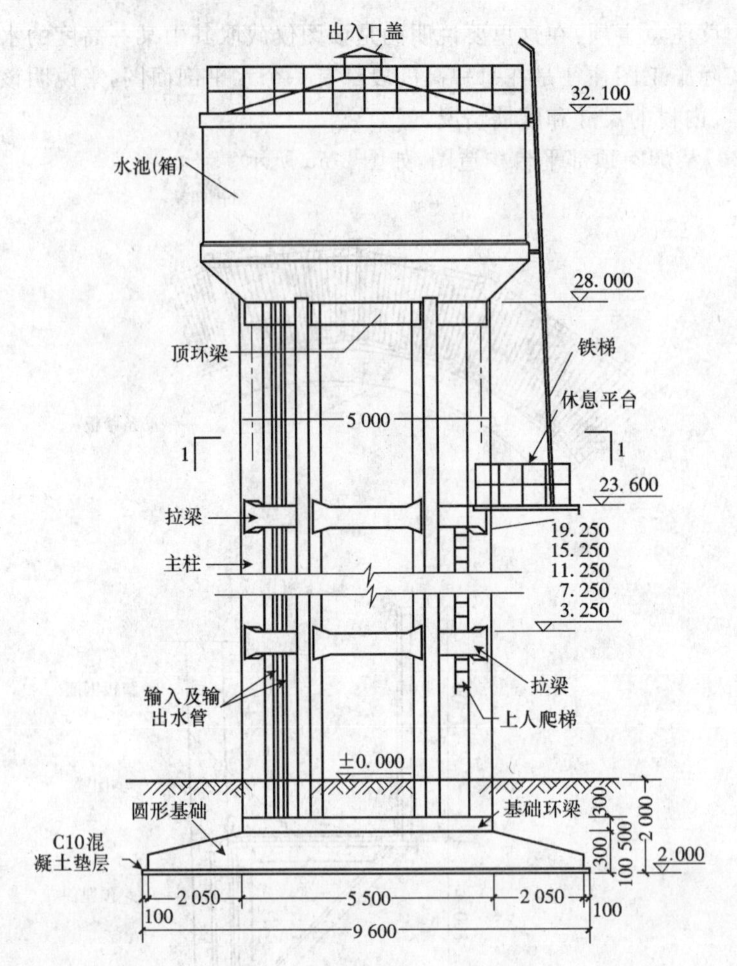

图 2-56　某水塔立面图(单位:mm)(标高单位为 m)

某水塔立面图实例识读如下:

(1)水塔的构造:如图 2-56 所示,可以看出水塔构造比较简单,顶部为水箱,底标高为 28.000m,中间是相同构造的框架(柱和拉梁),因此用折断线省略绘制相同部分。

(2)拉梁:在相同部位的拉梁处用 3.250m、7.250m、11.250m、15.250m、19.250m、23.600m 标高标志,说明这些高度处的拉梁构造相同。下部基础埋深为 2m,基底直径为 9.60m。

(3)其他标志的意义:此外还标志出爬梯位置、休息平台、水箱顶上有检查口(出入口)、周围栏杆等。

(4)标志线:在图上用标志线作了各种注解,说明各部位的名称和构造。

【例 32】某水塔基础图,如图 2-57 所示。

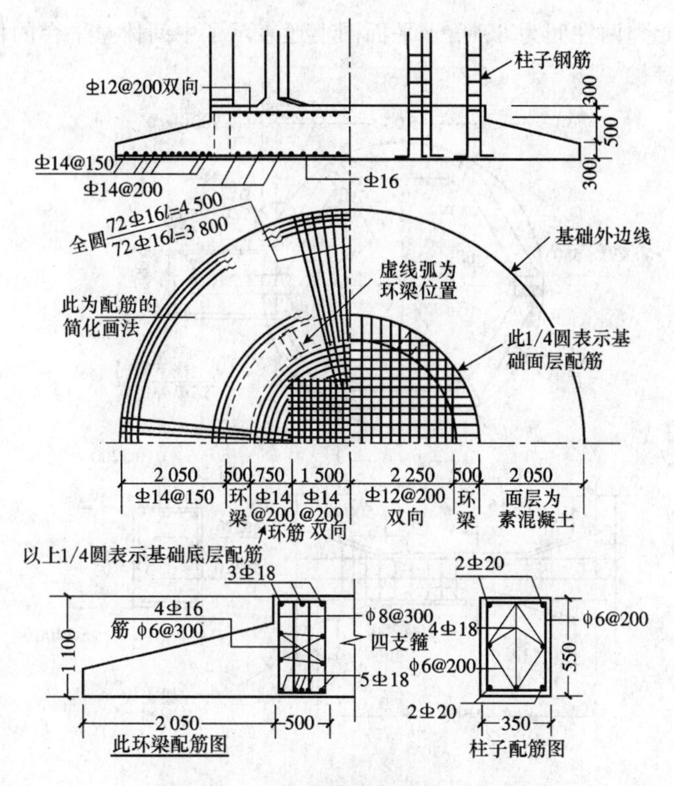

图 2-57　某水塔基础图(单位:mm)

某水塔基础图实例识读如下:

(1)底板直径、厚度、环梁位置和配筋构造:如图 2-57 所示,表明底板直径、厚度、环梁位置和配筋构造。可以读出直径为 9.6m,厚度为 1.10m,四周有坡台,坡台从环梁边外伸 2.05m,坡台下厚 30cm,坡高 50cm。上部还有 30cm 台高才到底板上平面。这些都是木工支模时应记住的尺寸。

(2)底板和环梁的配筋:由于配筋及圆形的对称性,用 1/4 圆表示基础底板的上层配筋构造,是Φ 12 间距 20cm 的双向方格网配筋,范围在环梁以内,钢筋伸入环梁锚固。钢筋长度随环梁外周直径变化。另外 1/4 圆表示下层配筋,这是由中心方格网Φ 14@200 和外部环向筋Φ 14(在环梁内间距 20cm,外部间距 15cm)、辐射筋Φ 16(长的 72 根和短的 72 根相间)组成了底部配筋布置。

(3)环梁的构造:图上还绘有环梁构造的横断面配筋图和柱子配筋断面图,根据它们的尺寸可以支模和配置钢筋施工。

【例 33】某水塔支架构造图,如图 2-58 所示。

某水塔支架构造图实例识读如下:

(1)框架的形状:从图 2-58 所示可以看出框架的平面形状,它是图 2-56 立面图上 1—1 剖面的投影图。这个框架是六边形的;有 6 根柱子、6 根拉梁,柱与对称中心的连线在相邻两柱间为60°角。平面图上还表示了中间休息平台的位置、尺寸和铁爬梯位置等。

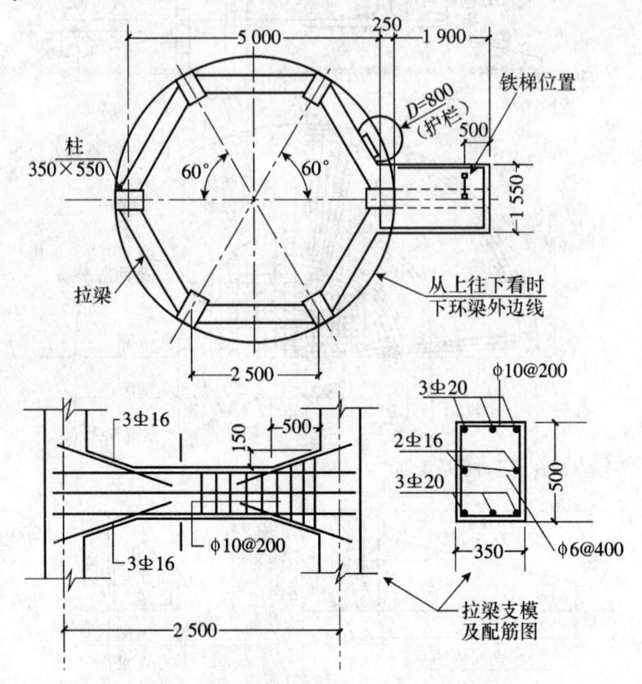

图 2-58 某水塔支架构造图(单位:mm)

(2)拉梁的配筋构造图:拉梁的配筋构造图表明拉梁的长度、断面尺寸、所用钢筋规格。图上还可看出拉梁两端与柱联结处的断面有变化,在纵向是成八字形,因此在支模时应考虑模板的变化。

【例 34】某水塔水箱配筋图,如图 2-59 所示。

某水塔水箱配筋图实例识读如下:

(1)选取水箱的竖向剖面图,用来说明水箱构造情形。从图 2-59 所示可以看到水箱内部铁梯的位置、周围栏杆的高度以及水箱外壳的厚度、配筋等结构情况。

(2)从图上看出水箱是圆形的,因为图中标志的内部净尺寸用 $R=3\ 500$mm 表示;它的顶板为斜的、底板是圆拱形的、外壁是折线形的,由于圆形的对称性,所以结构图只绘了一半水箱大小。

(3)从图上可以看出顶板厚 10cm,底下配有 φ8 钢筋。水箱立壁是内外两层钢筋,均为 φ8 规格,图上根据它们不同形状绘在立壁内外,环向钢筋内外层均为 φ8 间距 15cm。在立壁上下各有一个环梁加强筒身,内配 4 根 φ16 钢筋。底板配筋为两层双向 φ8 间距 15cm 的配筋,对于底板的曲率,应根据图上给出的 $R=5\ 000$mm 放出大样,才能算出模板尺寸配置形式和钢筋的确切长度。

(4)水塔图纸中,水箱部分是最复杂的地方,钢筋和模板不是从简单的看图中就可以配料和安装的,必须对图纸全部看明白后,再经过计算或放实体大样,才能准确备料进行施工。

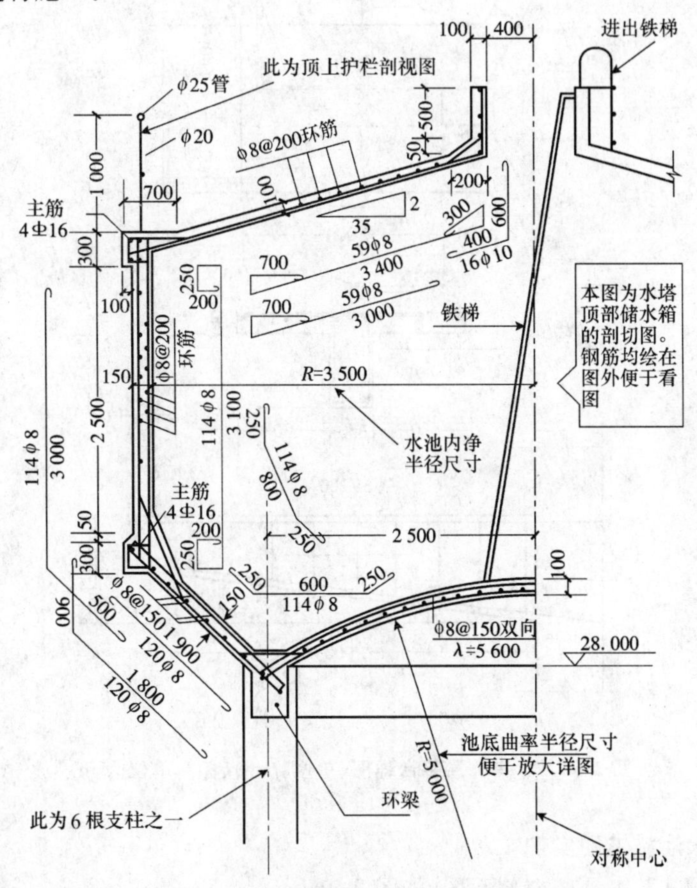

图 2-59　某水塔水箱配筋图(单位:mm)(标高单位为 m)

【例 35】某水塔休息平台详图,如图 2-60 所示。

某水塔休息平台详图实例识读如下:

(1)平台大样图:如图 2-60 所示的平台大样图主要告诉我们平台的大小、挑梁的尺寸以及它们的配筋。

(2)平台板与拉梁的关系:图上可以看出平台板与拉梁上标高一样平,因此连接部分拉梁外侧线图上就没有了。平台板厚 10cm,悬挑在挑梁的两侧。

(3)配筋:配筋是 ϕ8 间距 150mm;挑梁是柱子上伸出的,长 1.9m,断面由 50cm 高变为 25cm 高,上部是主筋用 3 Φ 16,下部是架立钢筋用 2ϕ12;箍筋为 ϕ6 间距 200mm,随断面变化尺寸。

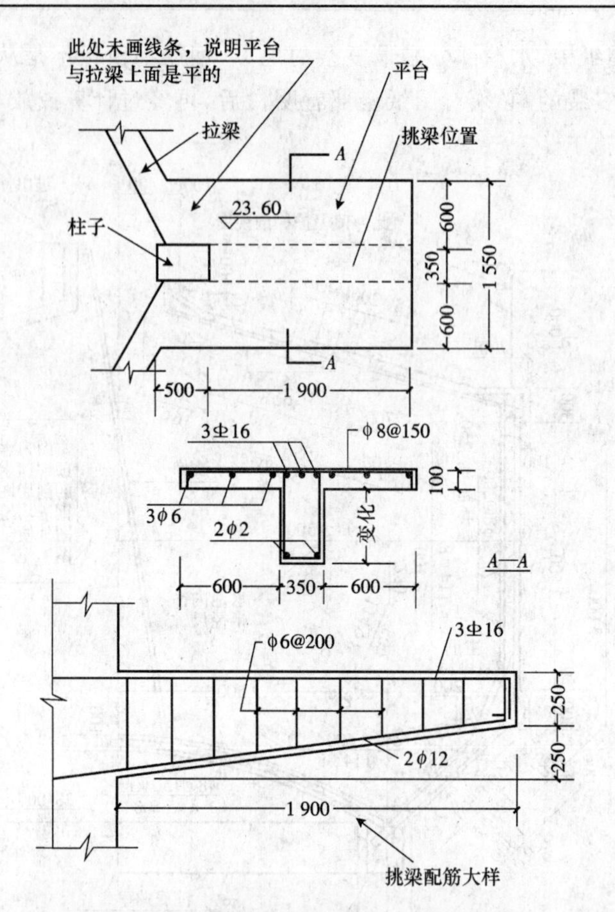

图 2-60　水塔休息平台详图(单位:mm)(标高单位为 m)

4. 蓄水池施工图实例

【例 36】某蓄水池竖向剖面图,如图 2-61 所示。

某蓄水池竖向剖面图实例识读如下:

(1)水池的尺寸:如图 2-61 所示,可以看出水池内径是 13.00m,埋深是 5.350m,中间最大净高度是 6.60m,四周外高度是 4.85m。底板厚度为 20cm,池壁厚也是 20cm,圆形拱顶板厚为 10cm。立壁上部有环梁,下部有趾形基础。顶板的拱度半径是 9.40m(图上 $R=9\ 400$mm)。以上这些尺寸都是支模、放线应该了解的。

(2)配筋构造:该图左侧标志了立壁、底板、顶板的配筋构造。主要具体标出立壁、立壁基础、底板坡角的配筋规格和数量。

(3)立壁的钢筋构造:立壁的竖向钢筋为 ϕ10 间距 15cm,水平环向钢筋为 ϕ12 间距 15cm。由于环向钢筋长度在 40m 以上,因此配料时必须考虑错开搭接,这是看图时应想到的。其他图上均有注写,读者可以自行理解。

(4)浇筑方法：图纸右下角还注明采用C25防水混凝土进行浇筑，这样我们施工时就能知道浇筑的混凝土不是普通的混凝土，而是具有防水性能的C25混凝土。

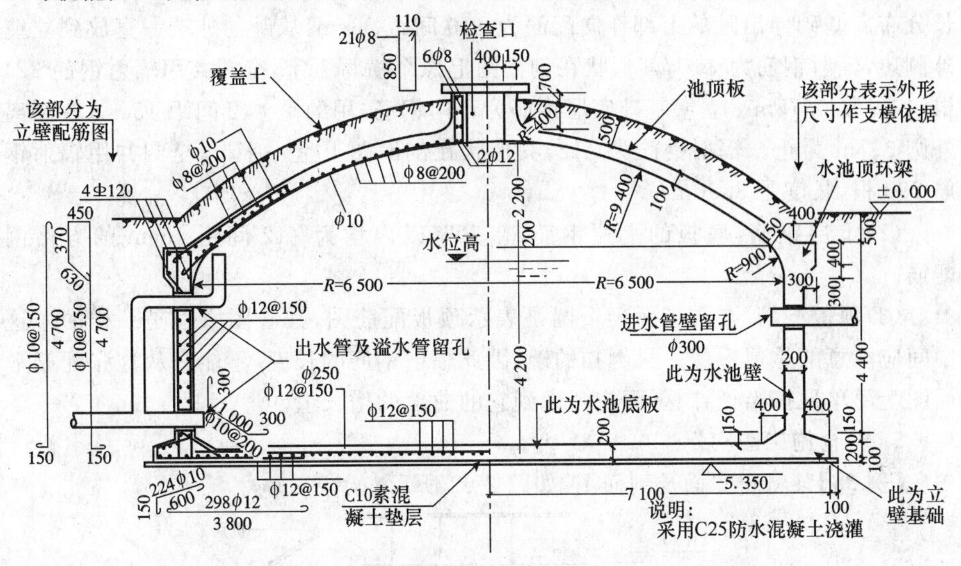

图 2-61　某蓄水池竖向剖面图(单位：mm)(标高单位为 m)

【例 37】某水池顶、顶板配筋图，如图 2-62 所示。

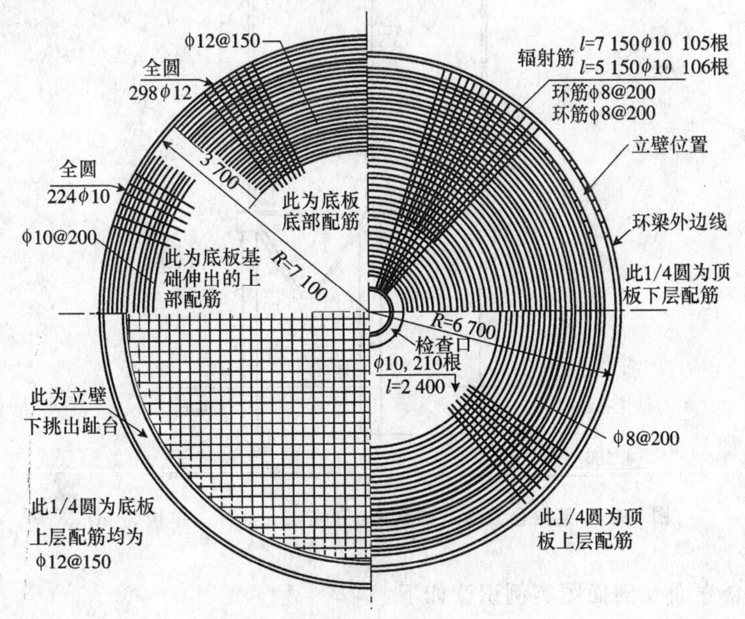

图 2-62　某水池顶、顶板配筋图(单位：mm)

某水池顶、顶板配筋图实例识读如下：

(1)底板配筋:如图 2-62 所示,可以看到左半圆是底板的配筋,分为上下两层,可以结合图 2-61 看出。底板下层中部没有配筋,仅在立壁下基础处有钢筋,沿周长分布。基础伸出趾的上部环向配筋为 ϕ10 间距 20cm,从趾的外端一直放到立壁外侧边,辐射钢筋为 ϕ10,其形状在剖面图上像个横写丁字,全圆共用辐射钢筋 224 根,长度是 0.75m。立壁基础底层钢筋为环向钢筋,用的是 ϕ12 间距 15cm,放到离外圆 3.7m 为止。辐射钢筋为 ϕ12,其形状在剖面图上呈一字形,全圆共用辐射钢筋 298 根,长度是 3.80m。

(2)上层钢筋:底板的上层钢筋,在立壁以内均为 ϕ12 间距 15cm 的方格网配筋。

(3)顶板配筋:在右半面半个圆是表示顶板配筋图,其看图原理是一样的。这中间应注意的是顶板像一只倒扣的碗,因此辐射钢筋的长度,不能只从这张配筋平面图上简单地按半径计算,而应考虑到它的曲度的增长值。

5. 料仓施工图实例

【例 38】某料仓立面及剖面图,如图 2-63 所示。

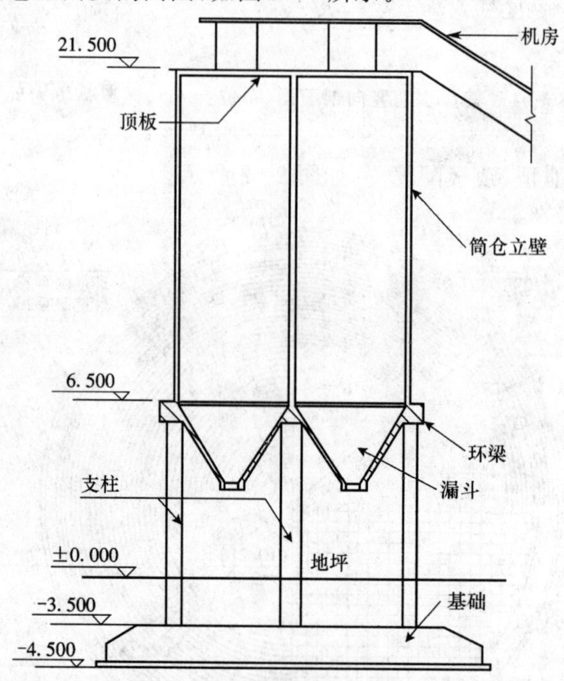

图 2-63 某料仓立面及剖面图(单位:mm)(标高单位为 m)

某料仓立面及剖面图实例识读如下:

(1)料仓的外形高度及大致构造:如图 2-63 所示,可以看出仓的外形高度——顶板上标高是 21.50m,环梁处标高是 6.50m,基础埋深是 4.50m,基础底板厚为 1m。还可以看出筒仓的大致构造,顶上为机房,15m 高的筒体是料库,下部是出料的漏斗，这些部件的荷重通过环梁传给柱子，再传到基础。

(2)筒仓和环梁：看出筒仓和环梁仅在相邻处有联结，其他处均为各自独立的筒体。因此看了图就应考虑放线和支模时有关的应特别注意的地方。

【例 39】某筒仓壁部分配筋图，如图 2-64 所示。

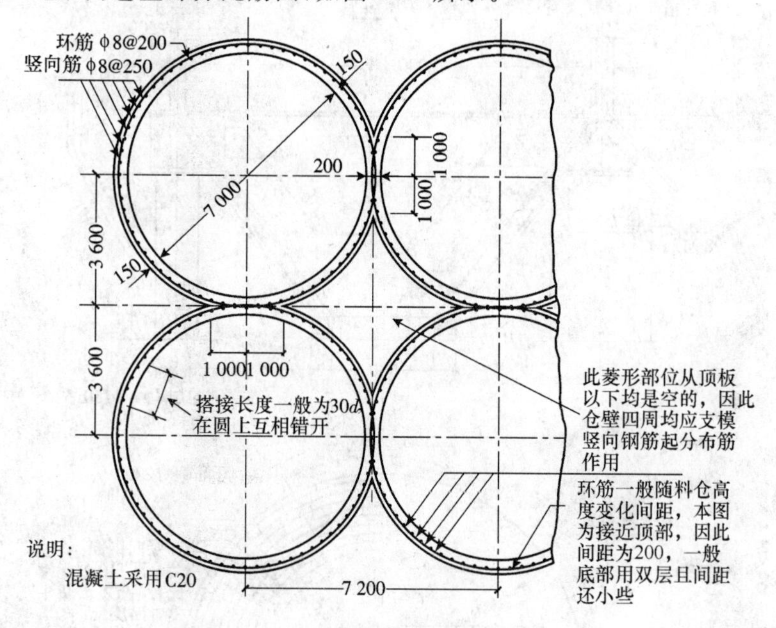

图 2-64　某筒仓壁部分配筋图(单位:mm)

某筒仓壁部分配筋图实例识读如下：

(1)筒仓的尺寸：如图 2-64 所示，可以看出筒仓的尺寸大小，如内径为 7.0m、壁厚为 15cm、两个仓相连部分的水平距离是 0.2m、筒仓中心相互尺寸是 7.20m，这些尺寸给放线和制作安装模板提供了依据。

(2)配筋构造：看配筋构造，它分为竖直方向和水平环向的钢筋，图上可以看到的是：环筋是圆形黑线有部分搭接，竖向钢筋是被剖切成一个个圆点。图上都标有间距尺寸和规格大小。由于选取的是仓壁上部的剖面图，钢筋仅在外围单层配筋；如选取下部配筋，一般在壁内有双层配筋，钢筋比较多，也稍复杂些，看图原理是一样的。

(3)竖向钢筋：应考虑竖向钢筋在长度上的搭接、互相错开的位置和数量，同时也可以想像得出整个钢筋绑完后，就像一个巨大的圆形笼子。

【例 40】某筒仓底部出料漏斗构造图，如图 2-65 所示。

某筒仓底部出料漏斗构造图实例识读如下：

(1)漏斗的尺寸：如图 2-65 所示，漏斗深度为 3.55m，结合图 2-63 可以算出漏斗出口底标高为 2.75m。这个高度可以使一般翻斗汽车开进去装料，否则就应作为看图的疑问提出对环梁标高，或漏斗深度尺寸是否确切的怀疑。再可看出漏斗上口直径为 7.00m，出口直径是 90cm，漏斗壁厚为 20cm，漏斗上部吊挂在环梁上，环梁高度为 60cm。根据这些尺寸，可以算出漏斗的坡度，各有关处圆周直径尺寸可作为计算模板的依据，或作为木工放大样的依据。

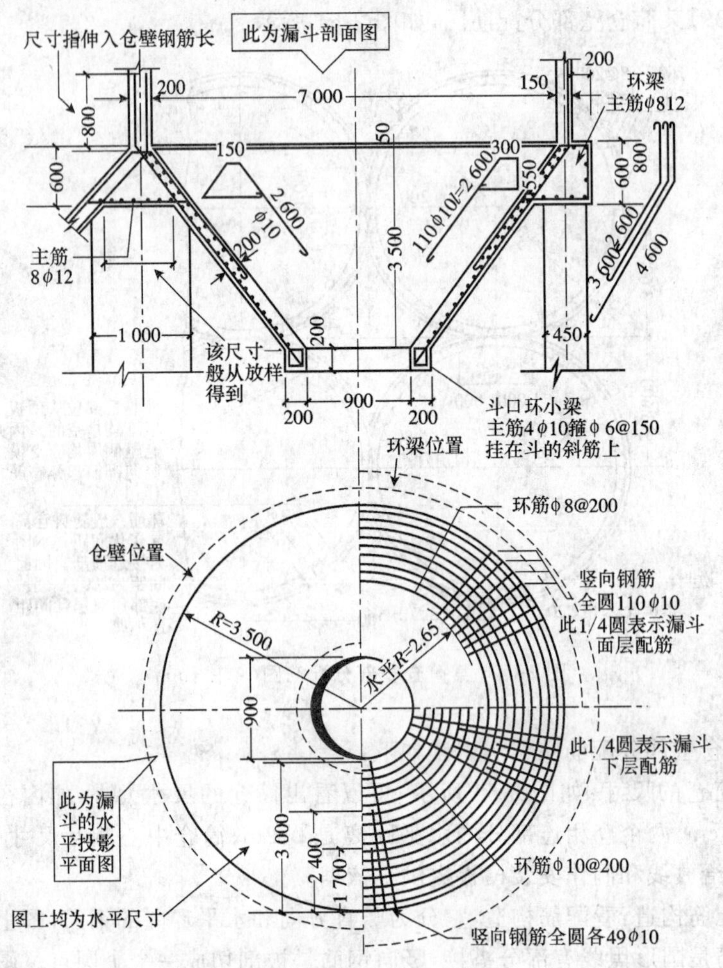

图 2-65　某筒仓底部出料漏斗构造图(单位：mm)

(2)钢筋的配置：从配筋构造中可以看出各部位钢筋的配置。漏斗钢筋分为两层，图纸采用竖向剖面和水平投影平面图将钢筋配置做了标志。上层仅上部半段有竖向钢筋 φ10 共 110 根，环向钢筋 φ8 间距 20cm。下层钢筋在整个斗壁上分布，竖向钢筋是 φ10，分为 3 种长度，每种全圆上共 49 根，环向钢筋是 φ10 间距 20cm。漏斗口为一个小的环梁加强斗口。环向主筋是 4 根 φ10，小钢箍 15cm 见方，间距是 15cm。斗上下层的斜筋钩住下面的一根主筋，使小环梁与斗壁形成一个整体。

【例 41】某筒仓顶板配筋及构造图实例，如图 2-66 所示。

某筒仓顶板配筋及构造图实例识读见如下：

(1)筒仓顶板的构造：如图 2-66 所示，每仓顶板由 4 根梁组成井字形状，支架在筒壁上。梁的上面是一块周边圆形并带 30cm 出沿的钢筋混凝土板。

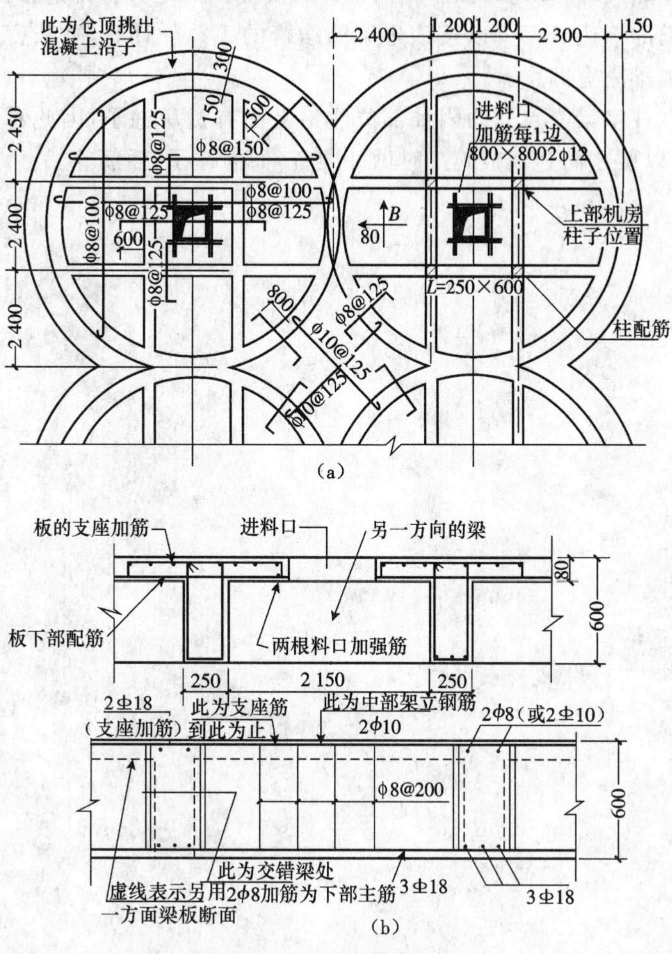

图 2-66　某筒仓顶板配筋及构造图(单位：mm)

(a)筒仓顶板配筋平面图；(b)筒仓顶板配筋立面图

(2)梁的相关尺寸，梁的横断面尺寸是宽 25cm、高 60cm。梁的井字中心距离是 2.40m，梁中心到仓壁内侧的尺寸是 2.30m。板的厚度是 8cm，钢筋是双向配置。图上用十字符号表示双向，B 表示板，80 表示厚度。

(3)梁板配筋。

1)板中间有一进料孔 80cm 见方，施工时必须留出，洞边还有各边加 2ϕ10 钢筋也需放置。

2)板的配筋在外围几块，由于圆周的变化，钢筋长度也是变化的，配料时必须计算。

3)梁的配筋在两梁交叉处要加双箍，这在配料绑扎时应注意。

4)梁上有钢筋切断处的标志点，以便计算梁上支座钢筋的长度，但本图上未注写支座到切断点尺寸，作为看图后应向设计人员提出的地方。不过根据一般经验，它的支座钢筋的一边长度可以按该边梁的净跨的 1/3 长计算，总长度为两边梁长之和的 1/3 加梁座宽即得。

5)图上在井字梁交点处的阴线部位注出上面有机房柱子，因此看图时就应去查机房的图，以便在筒仓顶板施工时做好准备，如插柱子、插筋等。

第三章　钢结构施工图识读

第一节　钢结构施工图识读要领

一、钢结构施工图识图基础

1. 识读钢结构施工图的目的

(1)进行工程量的统计与计算。

尽管现在进行工程量统计的软件有很多,但这些软件对施工图的精准性要求很高,而我们的施工图可能会出现一些变更,此时需要我们照图人工计算;另外,这些软件在许多施工单位还没有普及,因此在很长一段时间内,照图人工计算工程量仍然是施工人员应具备的一项能力。

(2)进行结构构件的材料选择和加工。

钢结构与其他常见结构(如:砖混结构、钢筋混凝土结构)相比,需要现场加工的构件很少,大多数构件都是在加工厂预先加工好,再运到现场直接安装的。因此,需要根据施工图纸明确构件选择的材料以及构件的构造组成。在加工厂,往往还要把施工图进一步分解,形成分解图纸,再据此进行加工。

(3)进行构件的安装与施工。

要进行构件的安装和结构的拼装,必须要能够识读图纸上的信息,才能够真正地做到照图施工。

2. 识图的步骤与方法

虽然钢结构体系的种类较多,施工图所包括的内容也不尽相同,但是识图过程中的一些方法和步骤却有很多相同的地方。接下来,我们将针对一些具有共性的步骤和方法进行总结。

对于一套图纸来讲,首先应该阅读它的建筑施工图,了解建筑设计师的意图,清楚整个建筑物的功能作用以及空间的划分和不同空间的关系,另外还须掌握建筑物的一些主要关键尺寸;其次应该仔细研究其结构施工图,掌握其结构体系组成,明确其主要构件的类型和特征,清楚各构件之间的连接做法,以及主要的结构尺寸;最后阅读设备施工图,明确设备安装的位置和方法,注意结构施工时为后续设备安装要做的准备工作。在整套图的识读过程中,往往还需要将两个专业或多个专业的同一部位的施工图放在一起对照识读。

对于结构施工图来说,在识读时应该按照如下步骤进行:

首先应该仔细阅读结构设计说明,弄清结构的基本概况,明确各种结构构件的选材,尤其要注意一些特殊的构造做法,这里表达的信息往往都是后面图纸中一些共性的内容。

接下来便是识读基础平面布置图和基础详图。在识读基础平面布置图时，首先应明确该建筑物的基础类型，再从图中找出该基础的主要构件，接下来对主要构件的类型进行归类汇总，最后按照汇总后的构件类型找到其详图，明确构件的尺寸和构造做法。

在了解了建筑物基础的具体做法以后，需要识读结构平面布置图。结构平面布置图一般情况下都是按层划分的，若各层的平面布置相同，可采用同一张图纸表达，只需在图名中进行说明。读结构平面布置图时，首先应该明确该图中结构体系的种类及其布置方案，接着应该从图中找出各主要承重构件的布置位置、构件之间的连接方法、构件的截面选取，然后对每一种类的构件按截面不同进行种类细分，并统计出每类构件的数量。读完一张平面图后，再阅读其他各层结构平面布置图时，为了节省时间，只需找出该层图纸与前张图纸中不同的部位，进行详细阅读和统计。

读完结构平面布置图后，应对建筑物整体结构有一个宏观的认识。接下来再仔细对照构件的编号，来识读各构件的详图。通过构件详图明确各种构件的具体制作方法以及构件与构件的连接节点的详细制作方法，对于复杂的构件往往还需要有一些板件的制作详图。

3. 识读钢结构施工图的注意事项

识读钢结构施工图除了要掌握上述的一些方法和步骤以外，还应该注意以下几个注意事项，这往往是初学者容易忽视的一些问题，总结如下。

(1)注意每张图纸上的说明。

在施工图中除了有一个设计总说明以外，在其他图纸上也会出现一些简单的说明。在读该图时应首先阅读该说明，这里面往往涉及到图中一些共性的问题，在此采用文字说明后，图中往往不再体现。初学者拿到图后总习惯先看图样，结果发现图中缺少一些信息，实际上说明中早有体现。

(2)注意图纸之间的联系和对照。

初学者在读图时，总习惯一张图读完后再读另一张，孤立地读某一张，而不注意与其他图纸进行联系与比较。前面讲到过，一套施工图是根据不同的投影方向，对同一个建筑物进行投影得到的，当读图者只从一个投影方向识图时无法理解图式含义时，应考虑与其他投影方向的图进行对照，从而得到准确的答案。

在读构件详图时更要注意这个问题，往往结构体系的布置图和构件的详图不会出现在同一张图纸上，此时要使详图与构件位置统一，必须要注意图纸之间的联系，一般情况下可以根据索引符号和详图符号(图 3-1)进行联系。

(3)注意构件种类的汇总。

钢结构施工图的图样对一个初学者来讲十分繁杂，一时不知该从何下手，而且看完以后不容易记住。因此这就需要边看图，边记笔记，把图纸上复杂的东西进行归类，尤其是没有用钢量统计表的图纸，这一点显得尤为重要。如果图纸上有用钢量统计表，可以借助用钢量统计表来汇总构件的种类，或者对其再进行进一步的细分。用来进行汇总的表格可以根据读者需要自行设计，建议初学者最初读图时能够养成这样一个习惯，等熟练后则可不必将表格书面写出。表 3-1 为某框架单元中构件的种类汇总表，可供初学者在读图时使用。对于其他结构体系，读者可根据构件类型自行设计。

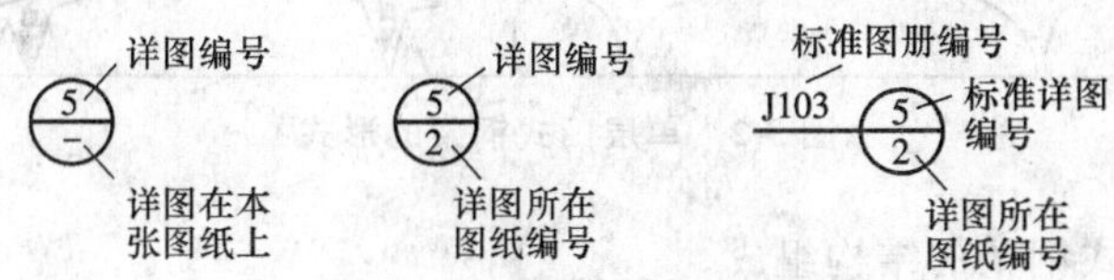

图 3-1 索引符号和详图符号

表 3-1 KJ1 构件汇总表

构件名称	规格	长度	钢材类型	数量	附加板件	备注
KZ1	—	—	—	—	—	—
KZ2	—	—	—	—	—	—
KL1	—	—	—	—	—	—
…	…	…	…	…	…	…

注：附加板件主要指构件上的一些加劲肋、垫板、塞板等，在此可标注出其规格和数量。

(4)注意考虑其施工方法的可行性和难易程度。

在建筑工程施工前，往往都有一个图纸会审的会议，需要设计方、施工方、甲方、监理方共同对图纸进行会审，共同来解决图纸上存在的问题。作为施工方，此时不仅要找出图纸上存在的错误和存在歧义的地方，还要考虑到后续施工过程中的可行性和难易程度。毕竟能够满足建筑需求的结构方案有很多，但并不是每一种结构方案都比较容易施工，这就需要施工方提前把握。对于初学者要做到这一点还比较难，但的确是在识图过程中需要特别注意的问题，这需要不断的经验积累。

二、门式钢架施工图

1. 基础知识

(1)门式钢架的类型。

门式钢架的建筑形式丰富多样，如图 3-2 所示，根据结构受力条件，可分为无铰钢架、两铰钢架、三铰钢架；按结构材料分类，有胶合木结构、钢结构、砌体结构；按构件断面分类，可分成实腹式钢架、空腹式钢架、格构式钢架、等断面与变断面杆钢架；按建筑形体分类，有平顶、坡顶、拱顶、单跨与多跨钢架；从施工技术上分类，有预应力钢架和非预应力钢架等。

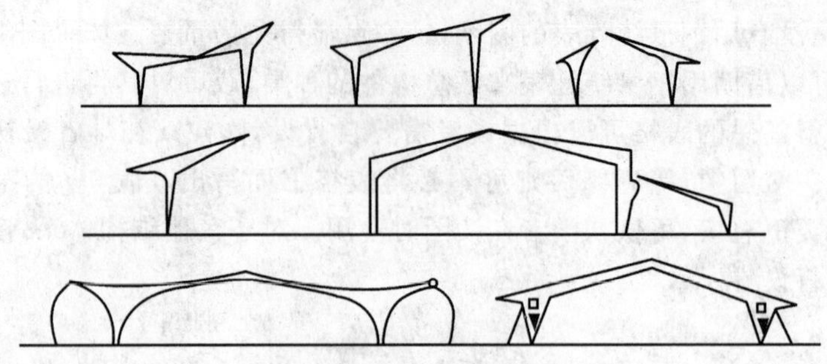

图 3-2　单层门式钢架的形式

(2)轻钢门式钢架的结构组成。

轻型钢结构主要指承重结构和围护结构都是由薄钢板组成的(一般钢板厚度小于 16mm),目前主要有门式钢架(变断面和等断面)、冷弯薄壁型钢结构体系、多层框架结构体系、拱形波纹屋顶(也称为波纹折皱薄壁钢拱壳屋顶)。轻型门式钢架的柱子和横梁采用交断面式等断面工字型钢构件,采用冷弯薄壁型钢的 C 形或 Z 形檩条和墙梁,屋面板采用压型钢板加保温材料或者是夹芯板。

目前这种轻型钢结构被广泛应用于工业厂房、仓库、冷库、保鲜库、温室、旅馆、别墅、商场、超市、娱乐活动场所、体育设施、车站候车室、码头建筑等。

轻型门式钢架结构体系的组成部分见表 3-2。轻型门式钢架组成的图示说明,如图 3-3 所示。

表 3-2　轻型门式钢架的结构体系

项目	内　容
主结构	横向钢架(包括中部和端部钢架)、楼面梁、托梁、支撑体系
次结构	屋面檩条和墙面檩条
围护结构	屋面板和墙板
辅助结构	楼梯、平台、扶栏

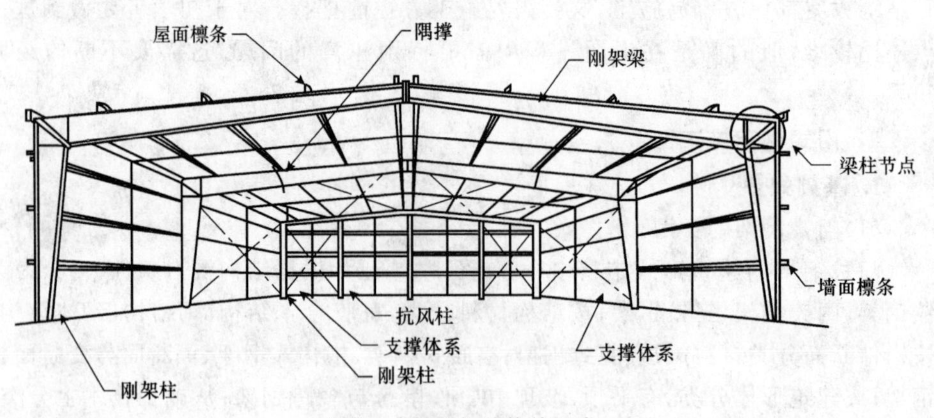

图 3-3　轻型钢结构的组成

平面门式钢架和支撑体系再加上托梁、楼面梁等组成了轻型钢结构的主要受力骨架，即主结构体系。屋面檩条和墙面檩条既是围护材料的支承结构，又为主结构梁柱提供了部分侧向支撑作用，构成了轻型钢建筑的次结构。屋面板和墙面板对整个结构起围护和封闭作用，同时，由于蒙皮效应，事实上也增加了轻型钢建筑的整体刚度。

外部荷载直接作用在围护结构上。其中，竖向和横向荷载通过次结构传递到主结构的横向门式钢架上，依靠门式钢架的自身刚度抵抗外部作用。纵向风荷载通过屋面和墙面支撑传递到基础上。

(3)轻钢门式钢架的主要构造节点。

轻钢门式钢架中连接节点主要包括梁梁节点、屋脊节点、梁柱节点和柱脚节点。其中梁梁节点、屋脊节点和梁柱节点采用高强螺栓连接，通常形成刚性节点。柱脚节点主要表达钢架柱和基础的连接，一般采用锚栓连接，根据锚栓的布置方案不同，可形成铰接柱脚和刚接柱脚。

(4)门式钢架施工图的构成要件。

一套完整的轻钢门式钢架图纸主要包括结构设计说明、锚栓平面布置图、基础平面布置图、钢架平面布置图、屋面支撑布置图、柱间支撑布置图、屋面檩条布置图、墙面檩条布置图、主钢架图和节点详图等。

以上主要指的是设计制图阶段的图纸内容，对于施工详图就是在设计制图的基础上，把上述图纸进行细化，并增加构件加工详图和板件加工详图。

通常情况下，根据工程的繁简情况，图纸的内容可稍做调整，但必须将设计内容表达准确、完整。

2. 识读方法

(1)结构设计说明识读方法。

结构设计说明的内容包括：工程概况、设计依据。设计荷载资料、材料的选用和制作安装。

工程概况：结构设计说明中的工程概况主要用来介绍本工程的结构特点，如建筑物的柱距、跨度、高度等结构布置方案，以及结构的重要性等级等内容。

设计依据：设计依据包括与工程设计合同书有关的设计文件、岩土工程报告、设计基础资料和有关设计规范及规程等内容。对于施工人员来讲，有必要了解这些资料，甚至有些资料如岩土工程报告等，还是施工时的重要依据。

设计荷载资料：设计荷载资料主要包括：各种荷载的取值、抗震设防烈度和抗震设防类别等。对于施工人员来讲，尤其要注意各结构部位的设计荷载取值，在施工时千万不能超过这些设计荷载，否则可能造成事故。

材料的选用：材料的选用主要是对各部分构件选用的钢材按主次分别提出钢材质量等级和牌号、性能的要求，以及相应钢材等级性能选用配套的焊条和焊丝的牌号与性能要求、选用高强度螺栓和普通螺栓的性能级别等。这是施工人员尤其要注意的,这对于后期材料的统计与采购都起着至关重要的作用。

制作安装:制作安装主要包括制作的技术要求及允许偏差、螺栓连接精度和施拧要求、焊缝质量要求和焊缝检验等级要求、防腐和防火措施、运输和安装要求等。此项内容可整体作为一个条目编写,也可分条目编写。这一部分内容是设计人员提出的施工指导意见和特殊要求,作为施工人员,必须在施工过程中认真贯彻。

对于初学者,在识读“结构设计说明”时,应该做好必要的笔记,主要记录与工程施工有关的重要信息,如结构的重要性等级、抗震设防烈度及类别、主要材料的选用和性能要求、制作安装的注意事项等。这样做一方面便于对这些信息的集中掌握,另一方面,还方便读者对图纸进行前后对比。

(2)基础平面布置图及基础详图识读方法。

基础平面布置图主要通过平面图的形式反映建筑物基础的平面位置关系和平面尺寸。对于轻钢门式钢架结构,在较好的地质情况下,基础形式一般采用柱下独立基础。在平面布置图中,一般标注有基础的类型和平面的相关尺寸,如果需要设置拉梁,也一并在基础平面布置图中标出。

由于门式钢架的结构单一,柱脚类型较少,相应基础的类型也不多,所以往往把基础详图和基础平面布置图放在一张图纸上(如果基础类型较多,可考虑将基础详图单列一张图纸)。基础详图往往采用水平局部剖面图和竖向剖面图来表达,图中主要标明各种类型基础的平面尺寸和基础的竖向尺寸,以及基础的配筋情况等。

识读基础平面布置图及其详图时,还需要特别注意以下两点:

1)图中写出的施工说明,往往涉及图中不方便表达的或没有具体表达的部分,因此读图者一定要特别注意。

2)观察每一个基础与定位轴线的相对位置关系,最好同时看一下柱子与定位轴线的关系,从而确定柱子与基础的位置关系,以保证安装的准确性。

(3)柱脚锚栓布置图及其识读方法。

柱脚锚栓布置图的形成方法是,先按一定比例绘制柱网平面布置图,再在该图上标注出各个钢柱柱脚锚栓的位置,即相对于纵横轴线的位置尺寸,在基础剖面图上标出锚栓空间位置高程,并标明锚栓规格数量及埋设深度。

在识读柱脚锚栓布置图时,需要注意以下几个方面的问题:

1)通过对锚栓平面布置图的识读,根据图纸的标注能够准确地对柱脚锚栓进行水平定位。

2)通过对锚栓详图的识读,掌握与锚栓有关的一些竖向尺寸,主要有锚栓的直径、锚栓的锚固长度、柱脚底板的标高等。

3)通过对锚栓布置图的识读,可以对整个工程的锚栓数量进行统计。

(4)支撑布置图的主要内容。

支撑布置图的主要内容包括明确支撑的所处位置和数量、明确支撑的起始位置、支撑的选材和构造做法。

明确支撑的所处位置和数量:门式钢架结构中,并不是每一个开间都要设置支撑,如果要在某开间内设置,往往将屋面支撑和柱间支撑设置在同一开间,从而形成支撑桁架体系。因此,首先需要从图中明确支撑系统到底设在了哪几个开间,此外还需要知道每个开间内共设置了几道支撑。

明确支撑的起始位置,对于柱间支撑需要明确支撑底部的起始高程和上部的结束高程;对于屋面支撑,则需要明确其起始位置与轴线的关系。

支撑的选材和构造做法:支撑系统主要分为柔性支撑和刚性支撑两类。柔性支撑主要指的是圆钢断面,它只能承受拉力;刚性支撑主要指的是角钢断面,既可以受拉也可以受压。此处可以根据详图来确定支撑断面,以及它与主钢架的连接做法和支撑本身的特殊构造。

(5)檩条布置图识读方法。

檩条布置图主要包括屋面檩条布置图和墙面檩条(墙梁)布置图。屋面檩条布置图主要表明檩条间距和编号以及檩条之间设置的直拉条布置、斜拉条布置和编号,另外还有隅撑的布置和编号;墙面檩条布置图,往往按墙面所在轴线分类绘制,每个墙面的檩条布置图的内容与屋面檩条布置图的内容相似。

(6)主钢架图及节点详图的识读方法。

门式钢架通常采用变断面,故要绘制构件图以便表达构件外形、几何尺寸及构件中杆件的断面尺寸;门式钢架图可利用对称性绘制,主要标注其变断面柱和变断面斜梁的外形和几何尺寸、定位轴线和标高,以及柱断面与定位轴线的相关尺寸等。一般根据设计的实际情况,不同种类的钢架均应含有此图。

在相同构件的拼接处、不同构件的连接处、不同结构材料的连接处以及需要特殊交代清楚的部位,往往需要用节点详图予以详细说明。节点详图在设计阶段应表示清楚各构件间的相互连接关系及其构造特点,节点上应标明在整个结构上的相关位置,即应标出轴线编号、相关尺寸、主要控制标高、构件编号或断面规格、节点板厚度及加劲肋做法。构件与节点板焊接连接时,应标明焊脚尺寸及焊缝符号。构件采用螺栓连接时,应标明螺栓的种类、直径和数量。

对于一个单层单跨的门式钢架结构,它的主要节点详图包括梁柱节点详图、梁梁节点详图、屋脊节点详图以及柱脚详图等。

在识读详图时,应该先明确详图所在结构的位置,往往有两种方法:一是根据详图上所标的轴线和尺寸进行位置的判断;二是利用前面讲过的索引符号和详图符号的对应性来判断详图的位置。明确相关位置后,要弄清图中所画的是什么构件,它的断面尺寸是多少;接下来,要清楚为实现连接需加设哪些连接板件或加劲板件;最后,了解构件之间的连接方法。施工图的识读时还应注意读图的顺序,如图 3-4 所示。

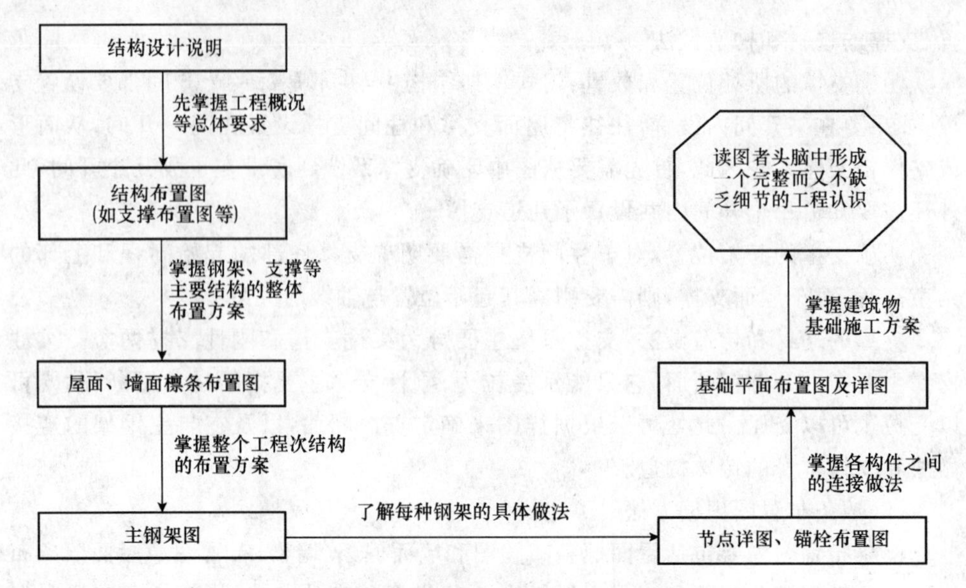

图 3-4　轻钢门式钢架结构施工图读图流程图

三、钢网架结构施工图

1. 基础知识

(1)钢网架的类型。

网架结构是由很多杆件通过节点,按照一定规律组成的网状空间杆系结构。网架结构根据外形可分为平板网架和曲面网架。通常情况下,平板网架简称为网架;曲面网架简称为网壳,如图 3-5 所示。

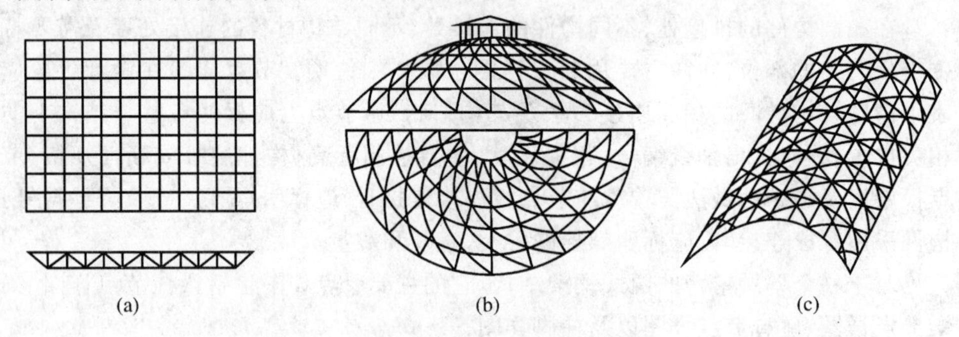

图 3-5　网架、网壳形式

(a)平板型网架(双层);(b)壳型网壳(单层、双曲);(c)壳型网壳(单层、单曲)

通常,网架是由上弦杆、下弦杆两个表层及上下弦面之间的腹杆组成的,一般称为双层网架;有时,网架是由上弦、下弦、中弦三个弦杆面及三层弦杆之间的腹杆组成的,称为三层网架。

1)平板网架的分类。平板网架有两大类,见表 3-3,一类是由不同方向的平行弦桁架相互交叉组成的，称为交叉桁架体系网架；另一类是由三角锥、四角锥或六角锥等锥体单元，如图 3-6 组成的空间网架结构，称为角锥体系网架。

表 3-3　平板钢网架的分类

项目		内　容
交叉桁架体系网架	两向正交正放网架	这种网架是由两组相互交叉成 90°角的平面桁架组成，且两组桁架分别与其相应的建筑平面边线平行
	两向正交斜放网架	这种网架是由两组相互交叉成 90°角的平面桁架组成，且两组桁架分别与建筑平面边线成 45°角
	两向斜交斜放网架	由两组平面桁架斜交而成，桁架与建筑边界成一斜角
	三向交叉网架	这种网架由三组互成 60°夹角的平面桁架相交而成
角锥体系网架	三角锥体网架	三角锥体网架的基本组成单元是三角锥体。由于三角锥体单元布置的不同，上、下弦网格可以分为三角形、六边形，从而形成三角锥网架、抽空三角锥网架、蜂窝形三角锥网架等几种不同的三角锥网架
	四角锥体网架	四角锥体网架的上下弦平面均为正方形网格，且相互错开半格，使下弦网格的角点对准上弦网格的形心，再用斜腹杆将上下弦的网格节点连接起来，即形成一个个互连的四角锥体。目前，常用的四角锥体网架有正放四角锥网架、正放抽空四角锥网架、斜放四角锥网架、星形四角锥网架、棋盘形四角锥网架、单向折线形网架几种
	六角锥体网架	这种网架由六角锥体单元组成

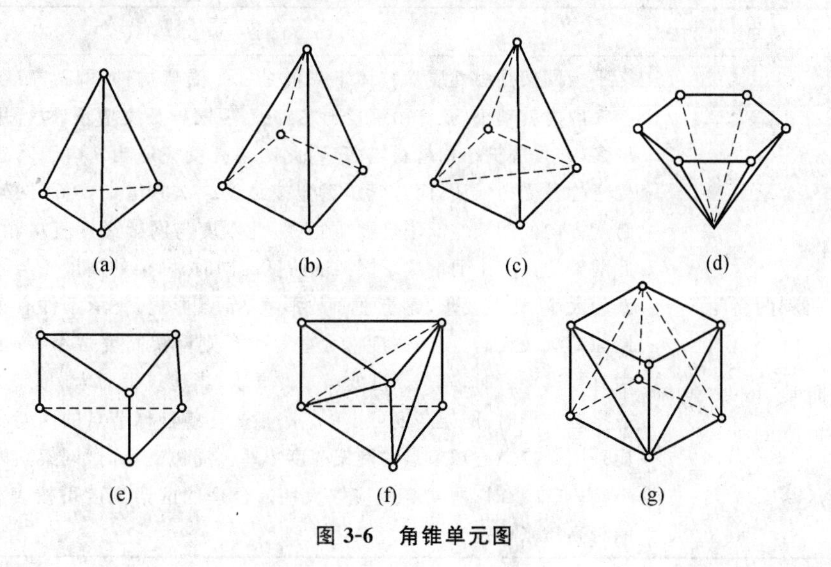

图 3-6　角锥单元图

2)网壳。当网壳结构的曲面形式确定后,根据曲面结构的特性,支承的数目、位置、形式,杆件材料和节点形式等,便可确定网壳的构造形式和几何构成。其中重要的问题是曲面网格划分,进行网格划分时,一是要求杆件和节点的规格尽可能少,以便工业化生产和快速安装;二是要求结构为几何不变体系。不同的网格划分方法,将得到不同形式的网壳结构。网壳结构形式较多,可按不同方法分类。

①按高斯曲率分类。

按高斯曲率划分有零高斯曲率网壳、正高斯曲率网壳、负高斯曲率网壳。负高斯曲率的网壳又有双曲抛物面网壳、单块扭网壳等。

②按层数分类。

按层数可分为单层网壳、双层网壳、变厚度网壳。

其中单层网壳的曲面形式有柱面和球面之分。单层柱面网壳形式有单斜杆柱面网壳、双斜杆柱面网壳和三向网格型柱面网壳。单层球面网壳。球面网壳的网格形状有正方形、梯形、菱形、三角形和六角形等。从受力性能考虑,最好选用三角形网格。

双层网壳是由两个同心或不同心的单层网壳通过斜腹杆连接而成的。按照网壳曲面形成的方法,双层网壳又可分为双层柱面网壳和双层球面网壳,其结构形式可分为交叉桁架和角锥,角锥又包括三角锥、四角锥、六角锥,抽空的、不抽空的两大体系。

变厚度双层球面网壳的形式很多,常见的有从支承周边到顶部,网壳的厚度均匀地减少,大部分为单层,仅在支承区域内为双层。

(2)钢网架、网壳的主要尺寸及构造。

钢网架、网壳的主要尺寸及构造,见表3-4。

表3-4　钢网架、网壳的主要尺寸及构造

项目	内　容
网架的高度	平板网架受力性质从整体上来说是一个受弯构件,网架高度越大,弦杆内力就越小,弦杆用钢量随之减少,但腹杆长度增长,腹杆用钢量增多,并且围护结构材料增多,因此网架高度应适当。由于网架属于受弯构件受力性质,而且弯矩近似按跨度二次方增加,因而网架对沿跨度方向的网架空间刚度要求很大,此刚度与网架高度直接相关,因此网架的高度主要取决于网架的跨度。同时,网架的高度还与屋面荷载的大小、建筑要求、建筑平面的形状、节点形式、支承条件有关。当屋面荷载较大时,网架高度应大些;反之,则网架高度可小些;当网架中有管道穿行时,网架高度要满足此要求;当建筑平面为圆形、正方形或接近方形时,网架高度可小些。一般采用螺栓球节点的网架高度可比采用焊接空心球节点的网架高度小些。周边支承时,网架高度可取小些;点支承时,网架高度应取大些。合理的网架高度可按表3-5中的跨高比来确定

续表

项目		内　容
网格尺寸		网格尺寸主要是指上弦网格尺寸。网格尺寸主要与网架的跨度、屋面材料、网架的形式、网架高度、荷载大小等因素有关。 当屋面采用钢筋混凝土屋面板、钢丝网水泥板时，网格尺寸一般为2～4m；当采用轻型屋面材料时，网格尺寸一般可取3～6m。 通常斜腹杆与弦杆的夹角为45°～60°，否则，会使节点构造麻烦，因此网格尺寸与网架高度应有合适的比例关系。 对于周边支承的各类网架，可按表3-5确定网架沿短跨方向的网格数，进而确定网格尺寸
腹杆布置		腹杆布置原则是尽量使压杆短、拉杆长，使网架受力合理。对交叉桁架体系网架，腹杆倾角一般在40°～55°之间，角锥体系网架，斜腹杆的倾角宜采用60°，可以使杆件标准化，便于制作。 当网架跨度较大时，造成网格尺寸较大，上弦一般受压，需减小上弦长度，宜采用再分式腹杆
网架的杆件		网架常采用圆钢管、角钢、薄壁型钢作为杆件。圆钢管断面封闭，且各向同性、抗弯刚度各向都相同、回转半径大、抗扭刚度大，因此受力性能较好，承载力高。杆件优先选用圆钢管，且最好是薄壁钢管，但圆钢管的价格较高。因而对于中小跨度且荷载较小的网架，也可采用角钢或薄壁型钢。 杆件的材料一般用Q235钢和Q345钢。Q345钢强度高，塑性好，当荷载较大或跨度较大时，宜采用Q345钢，可以减轻网架自重和节约钢材
网架的节点	钢板节点	当网架的杆件采用角钢或薄壁型钢时，应采用钢板节点。此种节点刚度大，整体性好，制作加工简单。当网架的杆件采用圆钢管时，采用钢板节点就不合理，不但节点构造复杂，而且不能充分发挥钢管的优越性能
	焊接空心球节点	焊接空心球节点是用两块圆钢板经热压或冷压成的两个半球，然后对焊成整体。为了加强球的强度和刚度，可先在一半球中加焊一加劲肋，因而焊接空心球节点又分为加肋与不加肋两种。 焊接空心球节点适用于连接圆钢管，只要钢管沿垂直于本身轴线切断，杆件就能自然对准球心，且可与任意方向的杆件相连，它的适应性强，传力明确，造型美观。目前，网架多采用此种节点，但其焊接质量要求高，焊接量大，易产生焊接变形，并且要求杆件下料正确
	螺栓球节点	螺栓球节点是在实心钢球上钻出螺丝孔，然后用高强螺栓将汇交于节点处的焊有锥头或封板的圆钢管杆件连接而成。 这种节点具有焊接空心球节点的优点，同时又不用焊接，能加快安装速度，缩短工期。但这种节点构造复杂，机械加工量大

表 3-5　钢网架的上弦网格数和跨高比

<table>
<tr><td rowspan="2">网架形式</td><td colspan="2">钢筋混凝土屋面体系</td><td colspan="2">钢檩条屋面体系</td></tr>
<tr><td>网格数</td><td>跨高比</td><td>网格数</td><td>跨高比</td></tr>
<tr><td>正放抽空四角锥网架、两向正交放网架、正放四角锥网架</td><td>(2～4)＋0.2L</td><td rowspan="2">10～14</td><td rowspan="2">(6～8)＋0.07L</td><td rowspan="2">(13～17)＋0.03L</td></tr>
<tr><td>两向正交斜放网架、棋盘形四角锥网架、斜放四角锥网架、星形四角锥网架</td><td>(6～8)＋0.08L</td></tr>
</table>

注：1. L 为网架短向跨度，单位是 m。

2. 当跨度在 18m 以下时，网格数可适当减小。

(3)钢网架的支承方式、屋面材料与坡度的设置。

1)钢网架的支承方式，见表 3-6。

表 3-6　钢网架支承方式

项目	内　容
周边支承	这种支承方式，所有边界节点都支承在周边柱上时，虽柱子布置较多，但传力直接明确，网架受力均匀，适用于大、中跨度的网架；所有边界节点支承于梁上，这种支承方式，柱子数量较少，而且柱距布置灵活，从而便于建筑设计，且网架受力均匀，它一般适用于中、小跨度的网架。以上两种周边支承都不需要设边桁架
点支承	这种支承方式一般将网架支承在四个支点或多个支点上，柱子数量少，建筑平面布置灵活，建筑使用方便，特别适用于大柱距的厂房和仓库。 为了减少网架跨中的内力或挠度，网架周边宜设置悬挑，而且建筑外形轻巧美观
周边支承与点支承结合	由于建筑平面布置以及使用的要求，有时要采用边点混合支承，或三边支承一边开口，或两边支承两边开口等情况。此时，开口边应设置边梁或边桁架梁

2)钢网架的支座节点类型，见表 3-7。

表 3-7　钢网架的支座类型

项目	内　容
平板压力支座节点	由于支座底板与支承面间的摩擦力较大，支座不能转动、移动，与计算假定中铰接假定不太相符，因此只适用于小跨度网架

续表

项目	内　容
单面弧形压力支座节点	由于支座底板和柱顶板之间加设一弧形钢板，支座可产生微量转动和移动，与铰接的计算假定较符合，这种支座节点适用于中、小跨度的网架
双面弧形压力支座节点	这种支座又称为摇摆支座，它是在支座底板与柱顶板间加设一块上下两面为弧形的铸钢块，因而支座可以沿钢块的上下两弧形面做一定的转动和侧移
球铰压力支座节点	这种支座节点是以一个凸出的实心半球嵌合在一个凹进半球内，在任意方向都能转动，不产生弯矩，并在 x、y、z 三个方向都不产生线位移，因而此种支座节点有利于抗震
板式橡胶支座节点	这种支座节点是在支座底板和柱顶板间加设一块板式橡胶支座垫板，它是由多层橡胶与薄钢板制成的。这种支座不仅可沿切向及法向移动，还可绕 N 向转动。其构造简单，造价较低，安装方便，适用于大、中跨度网架。 通常考虑到网架在不同方向自由伸缩和转动约束的不同，一个网架可以采用多种支座节点形式

3）钢网架屋面材料及构造的类型，见表 3-8。

表 3-8　钢网架的屋面材料及构造

项目	内　容
无檩体系屋面	当屋面材料选用钢丝网水泥板或预应力混凝土屋面板时，一般它们的尺寸较大，所需的支点间距较大，因而采用无檩体系屋面。通常，屋面板的尺寸与上弦网格尺寸相同，屋面板可直接放置在上弦网格节点的支托上，并且至少有三点与网架上弦节点的支托焊牢。此种做法即为无檩体系屋面
有檩体系屋面	当屋面材料选用木板、水泥波形瓦、纤维水泥板或各种压型钢板时，此类屋面材料的支点距离较小，因而采用有檩体系屋面。 近年来，压型钢板作为新型屋面材料，得到较广泛的应用。由于这种屋面材料轻质高强、美观耐用，且可直接铺在檩条上，因而加工、安装已达标准化、工厂化，施工周期短，但价格较高

4）屋面坡度。网架结构屋面的排水坡度较平缓，一般取 1%～4%。屋面的坡度一般可采用下面几种办法设置：

①上弦节点上加小立柱找坡。

②网架变高。

③整个网架起坡。

④支承柱变高。

(4)构成要件。

节点球的钢网架施工图的主要内容,见表3-9。

表3-9 节点球的钢网架施工图的主要内容

项目	内 容
螺栓节点球的网架施工图	螺栓节点球的网架施工图主要包括螺栓节点球网架结构设计说明、螺栓节点球预埋件平面布置图、螺栓节点球网架平面布置图、螺栓节点球网架节点图、螺栓节点球网架内力图、螺栓节点球网架杆件布置图、螺栓节点球球节点安装详图及其他节点详图等
焊接节点球的网架施工图	焊接节点球的网架施工图主要包括焊接节点球网架结构设计说明、焊接节点球预埋件平面布置图、焊接节点球网架平面布置图、焊接节点球网架节点图、焊接节点球网架内力图、焊接节点球网架杆件布置图等

以上是网架结构设计制图阶段的图纸内容,对于施工详图阶段螺栓节点球网架结构的施工图,主要包括网架施工详图说明、网架找坡支托平面图、网架节点安装图、网架构件编号图、网架支座详图、网架支托详图、网架杆件详图、球详图、封板详图、锥头和螺栓机构详图以及网架零件图。焊接节点球网架的施工详图与螺栓节点球网架相比,没有封板详图、锥头和螺栓机构详图以及网架零件图,其他图纸内容只是结合构造差异进行相应的调整。

在设计过程中,设计人员往往根据工程的实际情况,对图纸内容和数量进行相应的调整(如网架内力图主要是为施工详图中设计节点提供依据的,如果设计图中已给出相应的详细节点,则可不必绘制此图),有时甚至将几个内容的图合并在一起绘制,但是不会超出前面所述及的内容,总的原则还是要将工程实际情况用图纸反映完整、准确、清晰。

2. 识读方法

(1)结构设计说明及识读方法。

设计说明中有些内容是适应于大多数工程的,为了提高识图的效率,要学会从中找到本工程所特有的信息和针对工程所提出的一些特殊要求。

1)工程概况,在识读工程概况时,关键要注意以下三点:一是“工程名称”,了解工程的具体用途,从而便于一些信息的查阅,如工程的防火等级确定,就需要考虑到它的具体用途;二要注意“工程地点”,许多设计参数的选取和施工组织设计的考虑都与工程地点有着紧密的联系；三是“网架结构荷载”。

2)设计依据，设计依据列出的往往都是一些设计标准、规范、规程以及建设方的设计任务书等。对于这些内容，施工人员要注意两点：一是要注意其中的地方标准或行业标准，这些内容往往有一定的特殊性；二是要注意与施工有关的标准和规范。此外，施工人员也应该了解建设方的设计任务书。

3)网架结构设计和计算，主要介绍了设计所采用的软件程序和一些设计原理及设计参数。

4)材料，主要对网架中各杆件和零件的材料性质提出了要求。

5)制作，钢结构工程的施工主要包括构件和零件的加工制作(在加工厂完成)，以及现场的安装、拼装两个阶段，网架工程也不例外。从设计的角度主要对网架杆件、螺栓球以及其他零件的加工制作提出了要求。不管是负责现场安装的施工人员，还是加工人员，都要以此来判断加工好的构件是否合格，因此要重点阅读。

6)安装，由于钢结构工程的特殊性，其施工阶段与使用阶段的受力情况有较大差异，因此设计人员往往会提出相应的施工方案。

7)验收，主要提出了对工程的验收标准。虽然验收是安装完以后才做的事情，但对于施工人员来讲，应在加工安装之前就要熟悉验收的标准，只有这样才能确保工程的质量。

8)表面处理，钢结构的防腐和防火是钢结构施工的两个重要环节。主要从设计角度出发，对结构的防腐和防火提出了要求，这也是施工人员要特别注意的，施工中必须满足标准的要求。

9)主要计算结果，施工人员在识读内容时应特别注意，给出的值均为使用阶段的，也就是说当使用荷载全部加上后产生的结果。在安装施工时要避免单根构件的力超过此最大值，以免安装过程中造成杆件的损坏；另外，施工过程中还要控制好结构整体的挠度。

(2)钢网架平面布置图及识读方法。

1)钢网架平面布置图主要是用来对网架的主要构件(支座、节点球、杆件)进行定位的，一般还配合纵、横两个方向剖面图共同表达。

2)节点球的定位主要还是通过两个方向的剖面图控制的。

(3)钢网架安装图及其识读方法。

1)节点球的编号一般用大写英文字母开头，后边跟一个阿拉伯数字，标注在节点球内。图中节点球的编号有几种大写字母开头，表明有几种球径的球，即开头字母不同的球的直径是不同的；即使直径相同的球，由于所处位置不同，球上开孔数量和位置也不尽相同，因此在字母后边用数字来表示不同的编号。

2)杆件的编号一般采用阿拉伯数字开头，后边跟一个大写英文字母或什么都不跟，标注在杆件的上方或左侧。图中杆件的编号有几种数字开头，表明有几种横断面不同的杆件;另外,由于同种断面尺寸的杆件其长度未必相同,因此在数字后加上字母以区别杆件的不同类型。由此就可以得知图中杆件的类型数、每个类型杆件的具体数量、以及它们分别位于何位置。

(4)球加工图及其识读方法。

球加工图主要表达各种类型的螺栓球的开孔要求,以及各孔的螺栓直径等。由于螺栓球是一个立体造型复杂、开孔位置多样化的构件,因此在绘制时,往往选择能够尽量多地反映开孔情况的球面进行投影绘制,然后将图上绘制出来的各孔孔径中心之间的角度标注出来。图名以构件编号命名,还应注明该球总共的开孔数、球直径和该编号球的数量。对于从事网架安装的施工人员来讲,该图纸的作用主要是用来校核由加工厂运来的螺栓球的编号是否与图纸一致,以免在安装过程中出现错误、重新返工。这个问题尤其在高空散装法的初期要特别注意。

(5)支座详图与支托详图的识读方法。

支座详图和支托详图都是表达局部辅助构件的大样详图,虽然两张图表达的是两个不同的构件,但从制图或者识图的角度来讲是相同的。这种图的识读顺序如下:一般情况下,先看整个构件的立面图,掌握组成这个构件的各零件的相对位置关系,如在支座详图中,通过立面可以知道螺栓球、十字板和底板之间的相对位置关系;然后,根据立面图中的断面的剖面的剖切符号找到相应的断面图,进一步明确各零件之间在平面上的位置关系和连接做法;最后,根据立面图中的板件编号(带圆圈的数字)查明组成这一构件的每一种板件的具体尺寸和形状。另外,还需要仔细阅读图纸中的说明,可以进一步帮助大家更好地明确该详图。

(6)材料表及其识读方法。

材料表把该网架工程中所涉及的所有构件的详细情况进行了分类汇总。材料表可以作为材料采购、工程量计算的一个重要依据。此外,在识读其他图纸时,如有参数标注不全的情况,可以结合材料表来校验或查询。

(7)钢网架结构读图流程。

钢网架结构施工图的读图流程,如图 3-7 所示。

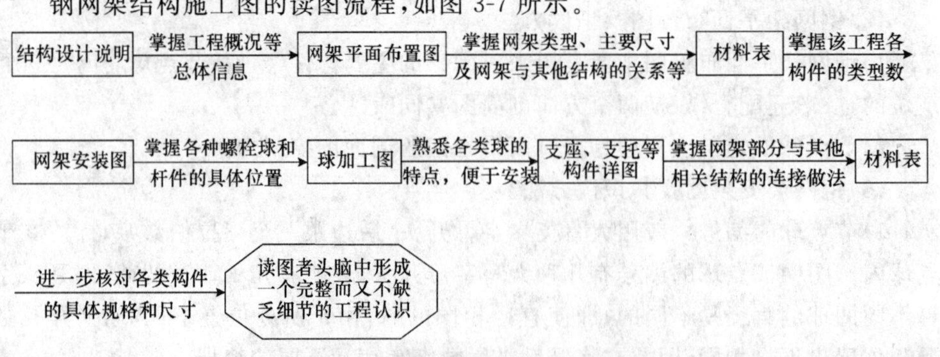

图 3-7 钢网架结构施工图的读图流程

四、钢框架结构施工图

1. 基础知识

(1)钢框架的主要组成构件。

1)楼板。在钢筋混凝土结构中,楼板材料往往都选择钢筋混凝土材料。但在钢结构中,由于楼板下方的支撑构件变成了钢梁,因此可以用来做楼板的材料也多样化了,可以选择钢平板、压型钢板组合楼板、钢筋混凝土板或者密肋 OSB 板等,往往根据建筑的需求和结构尺寸的布置来选择合适的做法。

钢平板厚度一般在 10mm 以下,但刚度较小,因此一般只用于工业建筑中的操作平台。

压型钢板组合楼板是目前多高层钢框架结构楼板的最常用的一种做法。它主要由压型钢板、抗剪栓钉和钢筋混凝土板三部分共同组成。压型钢板在施工阶段承担其上方的所有施工荷载,并兼起模板的作用,在使用阶段与混凝土板共同承重。

栓钉主要是用来将钢梁、压型钢板、混凝土楼板三者组合在一起,使三者能够更好地共同受力。钢筋混凝土板的作用主要是提供一个合理的刚度,并参与楼板的受力。这种板的总厚度往往较大,在 120mm 左右,在保证净高的情况下,层高较大。

钢筋混凝土楼板直接在钢梁上支模板,绑扎钢筋,浇筑混凝土。为了增加钢梁与混凝土板之间的联系,需在钢梁上焊一定的抗剪栓钉。这种做法往往考虑板与梁共同作用,形成钢-混凝土组合梁,从而减小钢梁的断面,增加净空高度。

2)梁。钢框架结构中的梁根据其跨度和受荷情况的不同,可采用型钢断面或者钢板组合断面,分别称为型钢梁和钢板组合梁。一般情况下对于跨度较小的次梁常选择型钢断面的梁,如 H 型钢;对于跨度较大或受荷较大的主梁,往往选择钢板组合梁,如焊接 H 形断面、箱形断面等。

3)柱子。钢框架结构中的柱子,根据受力情况不同可分为轴心受压柱和偏心受压柱(或称压弯柱子)两类。柱子常选用的断面主要有轧制型钢断面柱、焊接型钢断面柱和格构式组合断面柱。对于荷载较小的柱子一般选择轧制型钢断面柱和焊接型钢断面柱,轧制型钢断面柱主要选择宽翼缘 H 型钢柱(因为此断面的利用更充分一些),焊接型钢断面柱一般也制作成 H 形断面或者箱形断面、圆管断面等。对于荷载较大的柱子可以选择格构式断面(工业建筑常用),或者钢骨混凝土、钢管混凝土柱等断面(高层民用建筑的底层柱子常用)。

4)围护墙体。钢框架结构的围护墙体与钢筋混凝土框架结构的墙体一样,不承担竖向荷载的填充墙,但是要考虑到不影响整体结构的自重,因此常用一些轻质墙体作为钢框架结构围护墙体。目前,墙体的常用做法有蒸压加气混凝土板(ALC 板)、空心混凝土砌块、轻钢龙骨板材隔墙等,其中空心混凝土砌块主要用于外墙的施工,而 ALC 板和轻钢龙骨隔墙主要用于内墙。

5)支撑系统。钢框架结构的支撑系统包括水平支撑和竖向支撑两类。楼盖水平刚度不足时往往布置水平支撑,水平支撑又可分为纵向水平支撑和横向水平支撑。

竖向支撑包括中心支撑和偏心支撑两类。竖向支撑可在建筑物纵向的一部分柱间布置,也可在横向或纵横两向布置;在平面上可沿外墙布置,也可沿内墙布置。柱间支撑多采用中心支撑,常用的支撑形式有十字交叉斜杆、单斜杆、人字形斜杆、K 形斜杆和跨层跨柱设置的支撑等。

6)楼梯。钢框架结构中的楼梯可以采用钢筋混凝土楼梯,也可以采用钢楼梯。钢筋混凝土楼梯在此无需多讲,主要来说一下钢楼梯的构造。采用钢楼梯只能形成梁板式楼梯的构造做法,即花纹钢板的踏步板与两侧钢制梯斜梁连接,梯斜梁再与上下的平台梁连接,最后由平台梁将上述构件荷载传给柱子。

7)基础。钢框架结构的基础仍然采用钢筋混凝土基础,与钢筋混凝土结构完全一样,此处不再详述。

钢框架结构的主要组成构件除上述外,由于钢结构本身自重小的特点,结构体系的水平位移往往较大,为控制其水平位移或整体刚度,有时还需加设支撑,如图 3-8 所示。

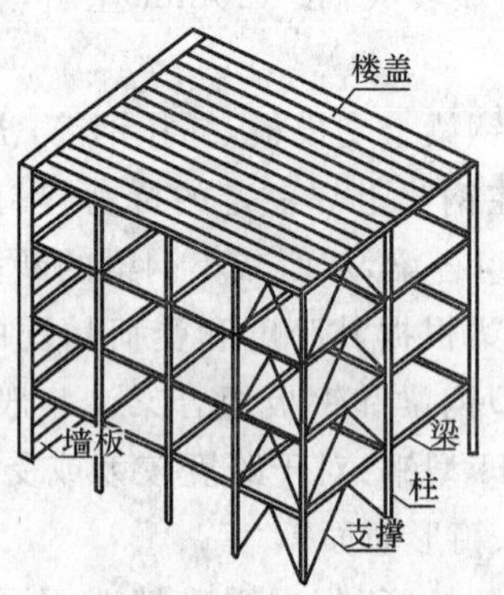

图 3-8　钢框架结构的构件组成

(2)钢框架的主要节点构造。

节点是指钢框架结构中构件与构件的连接做法,主要包括主次梁节点、梁柱节点和柱脚节点三大类。节点做法直接关系着整个建筑物的安全与否,它的重要性不言而喻。

1)主次梁的连接。根据主次梁节点受力特点不同,主次梁的连接可分为刚接和铰接两类。次梁为简支梁时,与主梁为铰接连接;次梁为连续梁时,与主梁为刚接连接。

主次梁的连接有平接和叠接两种形式。

平接是次梁从侧向与主梁的加劲肋或腹板上专设的短角钢或支托相连接,平接构造较复杂，但建筑净高大，在实际工程中应用得较多。

叠接是将次梁直接搁在主梁上，用螺栓或焊接连接，构造简单，但建筑净高偏小。

次梁传给主梁的支座压力就是梁的剪力，而梁剪力主要由腹板承担。次梁的腹板通过角钢连于主梁腹板上，或连接在与主梁腹板垂直的加劲肋或支托板上。

对于刚接连接，则需传递支座弯矩。若次梁本身是连续的，则不必计算；如果次梁是断开的，支座弯矩通过次梁的上翼缘盖板焊缝、下翼缘支托顶板传递。连接盖板的断面及其焊缝承受水平力偶，支托顶板与主梁腹板的连接焊缝承受水平力。

2)梁与柱的连接。

①按连接转动刚度的不同，分为刚性连接、柔性连接、半刚性连接。

②梁与柱的连接形式，见表 3-10。

表 3-10 梁与柱的连接形式

项目	内容
完全焊接	完全焊接，梁翼缘与柱翼缘间采用全熔透坡口焊缝，并按规定设置衬板。由于框架梁端垂直于工字形柱腹板，柱在梁翼缘对应位置设置横向加劲肋，要求加劲肋厚度不应小于梁翼缘厚度
完全栓接	完全栓接，所有的螺栓都采用高强摩擦型螺栓连接；当梁翼缘提供的塑性断面模量小于梁全断面塑性断面模量的 70%时，梁腹板与柱的连接螺栓不得少于两列；即便计算只需一列时，仍应布置两列，且此时螺栓总数不得小于计算值的 1.5 倍
栓焊混合连接	栓焊连接，认为是半刚接，连接钢板足够厚时作为刚接，支托传递剪力
角钢和端板的柔性连接	采用角钢和端板的柔性连接，它们的共同特点是将连接角钢或端板偏上放置，这样做的好处是：由于上翼缘处变形较小，对梁上楼板影响较小
半刚性连接	半刚性连接，竖向荷载下可看做梁简支于柱，水平荷载下起刚性节点作用，适于层数不多或水平力不大的建筑，半刚性连接必须有抵抗弯矩的能力，但无需像刚性连接那么大

3)柱脚节点。柱脚的主要作用是将柱子的压力传给基础，并和基础牢固的连接。柱脚与基础连接分铰接和刚接两类，轴心受压柱一般用铰接，偏心受压柱一般用刚接。

(3)钢框架结构施工图构成要件。

通常情况下,一套完整的钢框架结构施工图包括结构设计说明、基础平面布置图及其详图、柱子平面布置图、各层结构平面布置图、各横轴竖向支撑立面布置图、各纵轴竖向支撑立面布置图、梁柱断面选用表、梁柱节点详图、梁节点详图、柱脚节点详图和支撑节点详图等。

在实际工程中,以上图纸内容可以根据工程的繁简程度,将某几项内容合并在一张图纸上或将某一项内容拆分成几张图纸。

在高层钢框架结构施工图中,由于其柱子往往采用组合柱子,构造较为复杂,所以需要单独出一张"柱子设计图"用来表达其详细的构造做法。对于高层钢框架结构,若有结构转换层,还需将结构转换层的信息用图纸表达清楚。另外,在钢框架结构的施工详图中,往往还需要有各层梁构件的详图、各种支撑的构件详图、各种柱的构件详图以及某些构件的现场拼装图等。

2. 识读方法

(1)结构设计说明及其识读方法。

钢框架结构的结构设计说明,往往根据工程的繁简情况不同,说明中所列的条文也不尽相同。工程较为简单时,结构设计说明的内容也比较简单,但是工程结构设计说明中所列条文都是钢框架结构工程中所必须涉及的内容。主要包括:设计依据,设计荷载,材料要求,构件制作、运输、安装要求,施工验收,图中相关图例的规定,主要构件材料表等。

(2)底层柱子平面布置图及其识读方法。

柱子平面布置图是反映结构柱在建筑平面中的位置,用粗实线反映柱子的断面形式,根据柱子断面尺寸的不同,给柱子进行不同的编号,并且标出柱子断面中心线与轴线的关系尺寸,给柱子定位。对于柱断面中板件尺寸的选用,一般另外用列表方式表示。

在读图时,首先明确图中一共有几种类型的柱子,每一种类型的柱子的断面形式如何,各有多少个。

(3)结构平面布置图及其识读方法。

结构平面布置图是确定建筑物各构件在建筑平面上的位置图,具体绘制内容主要有:

1)根据建筑物的宽度和长度,绘出柱网平面图;

2)用粗实线绘出建筑物的外轮廓线及柱的位置和断面示意;

3)用粗实线绘出梁及各构件的平面位置,并标注构件定位尺寸;

4)在平面图的适当位置处标注所需的剖面,以反映结构楼板、梁等不同构件的竖向标高关系;

5)在平面图上对梁构件编号；

6)表示出楼梯间、结构留洞等的位置。

对于结构平面布置图的绘制数量，与确定绘制建筑平面图的数量原则相似，只要各层结构平面布置相同，可以只画某一层的平面布置图来表达相同各层的结构平面布置图。

结构平面布置图详细识读的步骤，见表3-11。

表3-11　结构平面布置图详细识读的步骤

项目	内　容
明确本层梁的信息	结构平面布置图是在柱网平面上绘制出来的，而在识读结构平面布置图之前，已经识读了柱子平面布置图，所以在此图上的识读重点就首先落到了梁上。这里提到的梁的信息主要包括梁的类型数、各类梁的断面形式、梁的跨度、梁的标高以及梁柱的连接形式等信息
掌握其他构件的布置情况	其他构件主要是指梁之间的水平支撑、隅撑以及楼板层的布置。水平支撑和隅撑并不是所有的工程中都有，如果有，在结构平面布置图中一起表示出来；楼板层的布置主要是指当采用钢筋混凝土楼板时，应将钢筋的布置方案在平面图中表示出来，或者将板的布置方案单列一张图纸
查找图中的洞口位置	楼板层中的洞口主要包括楼梯间和配合设备管道安装的洞口，在平面图中主要明确它们的位置和尺寸大小
屋面檩条平面布置图	屋面檩条平面布置图主要表达檩条的平面布置位置、檩条的间距以及檩条的标高。在识读时可以参考轻钢门式钢架的屋面檩条图的识读方法，阅读其要表达的信息
楼梯施工详图	对于楼梯施工图，首先要弄清楚各构件之间的位置关系，其次要明确各构件之间的连接问题。对于钢结构楼梯，往往做成梁板式楼梯，因此它的主要构件有踏步板、梯斜梁、平台梁、平台柱等。 楼梯施工图主要包括楼梯平面布置图、楼梯剖面图、平台梁与梯斜梁的连接详图、踏步板详图、平台梁与平台柱的连接详图、楼梯底部基础详图等。 对于楼梯图的识读步骤一般为：先读楼梯平面图，掌握楼梯的具体位置和楼梯的具体平面尺寸；再读楼梯剖面图，掌握楼梯在竖向上的尺寸关系和楼梯本身的构造形式及结构组成；最后阅读钢楼梯的节点详图，从而掌握组成楼梯的各构件之间的连接做法

续表

项目	内 容
节点详图	节点详图在设计阶段应表示清楚各构件间的相互连接关系及其构造特点，节点上应标明整个结构物的相关位置，即应标出轴线编号、相关尺寸、主要控制标高、构件编号和断面规格、节点板厚度及加劲肋做法。构件与节点板采用焊接连接时，应标明焊脚尺寸及焊缝符号。构件采用螺栓连接时，应标明螺栓的型号，螺栓直径、数量。 图纸共有两张节点详图，绝大多数的节点详图是用来表达梁与梁之间各种连接、梁与柱子的各种连接和柱脚的各种做法。往往采用2～3个投影方向的断面图来表达节点的构造做法。对于节点详图的识读，首先要判断清楚该详图对应于整体结构的什么位置(可以利用定位轴线或索引符号等)，其次判断该连接的连接特点(即两构件之间在何处连接，是铰接连接还是刚接等)，最后才是识读图上的标注

第二节 钢结构施工图识读举例

一、钢网架结构施工图识读举例

1. 钢网架节点设计实例

【例 1】钢管鼓节点，如图 3-9 所示。

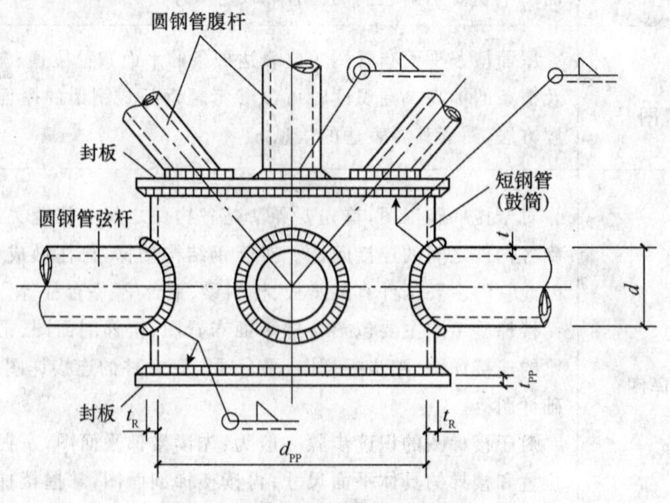

图 3-9 钢管鼓节点图示

【例 2】钢管圆筒连接节点设计实例，如图 3-10 所示。

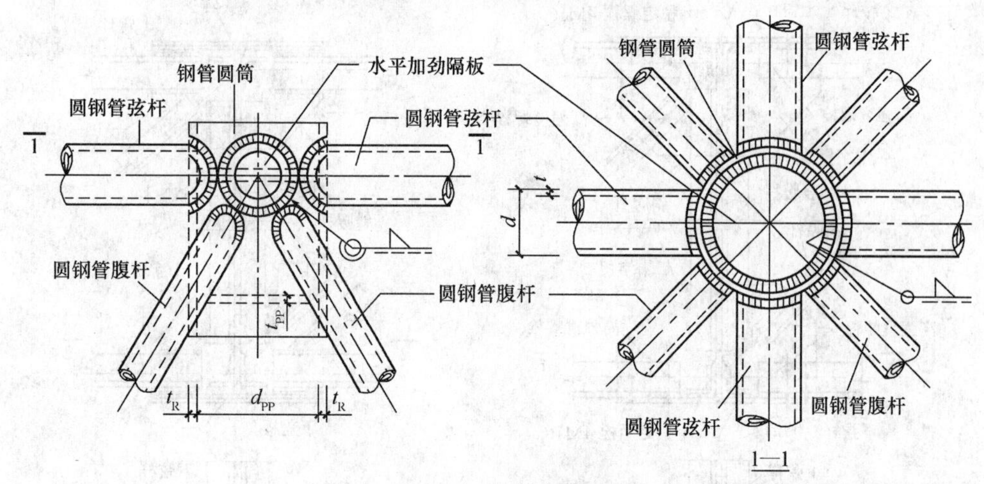

图 3-10　钢管圆筒连接节点

【例 3】十字形板节点实例，如图 3-11、图 3-12 所示。

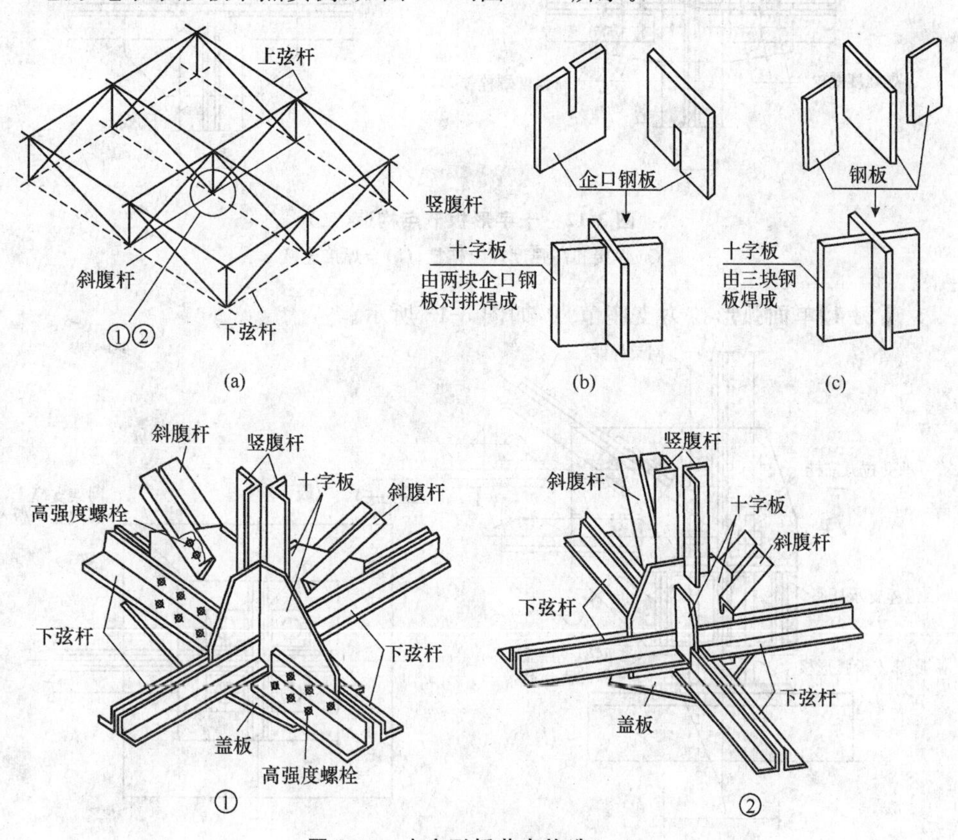

图 3-11　十字形板节点构造(一)

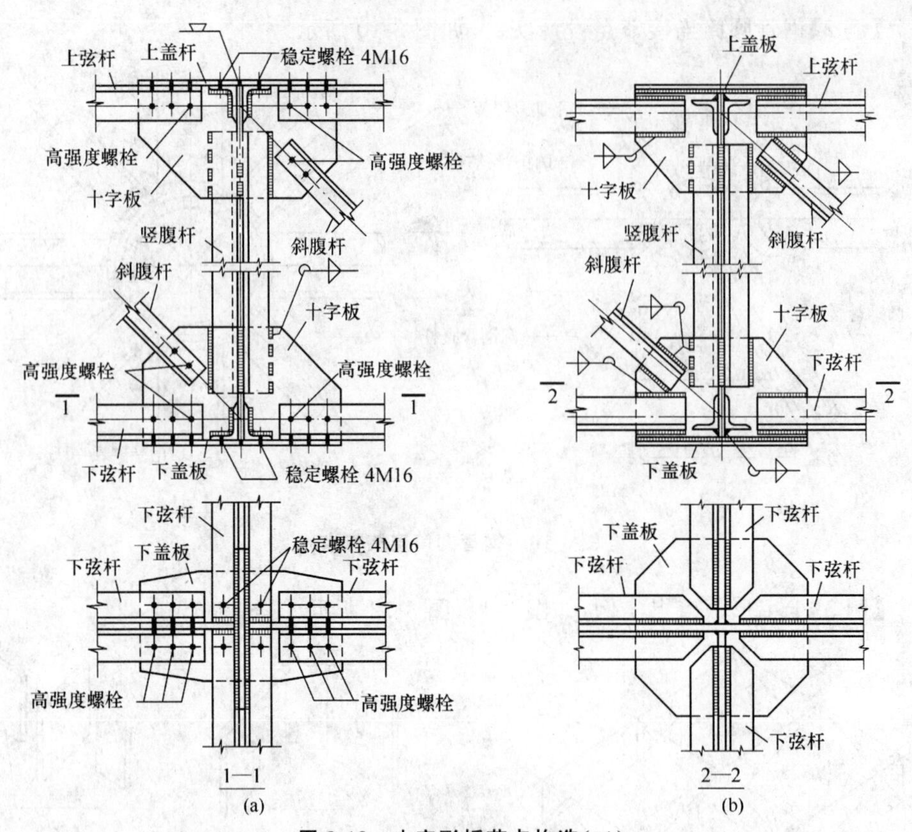

图 3-12 十字形板节点构造(二)

(a)焊接和高强度螺栓连接;(b)全焊接连接

【例 4】单面弧形拉力支座节点,如图 3-13 所示。

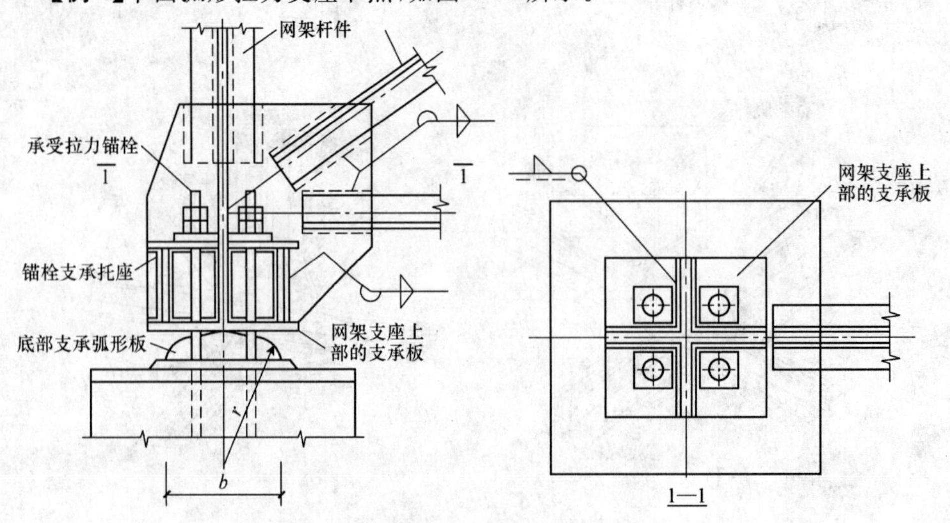

图 3-13 单面弧形拉力支座节点图示

【例 5】管筒形板节点实例，如图 3-14 所示。

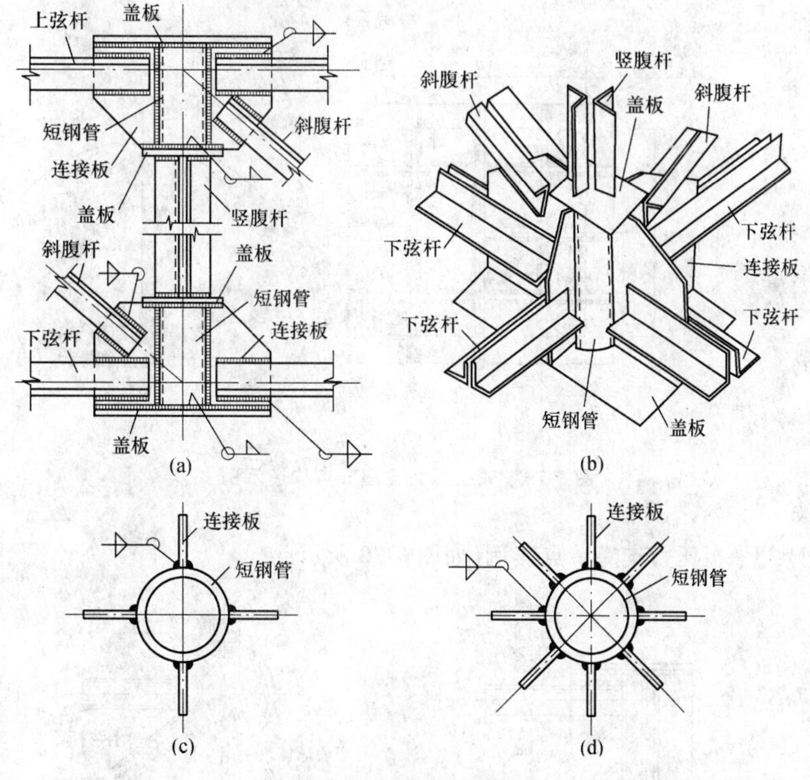

图 3-14　管筒形板节点

【例 6】球铰压力支座节点实例，如图 3-15 所示。

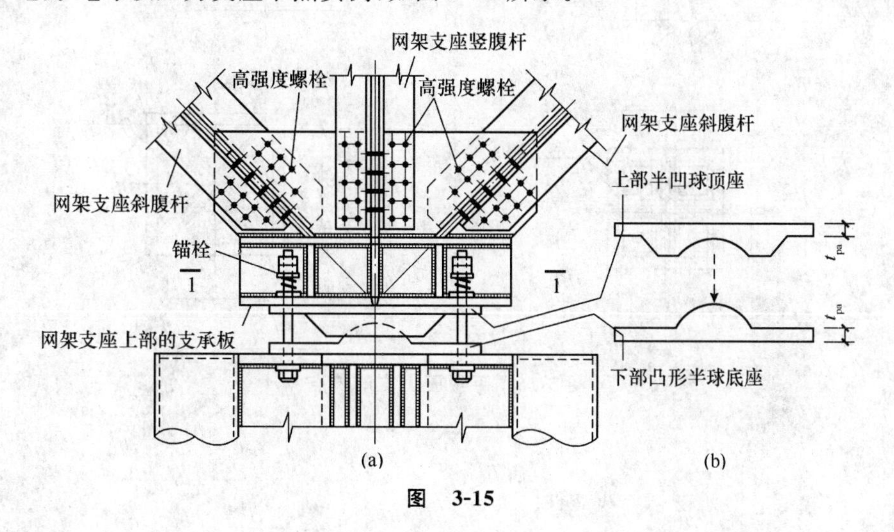

图　3-15

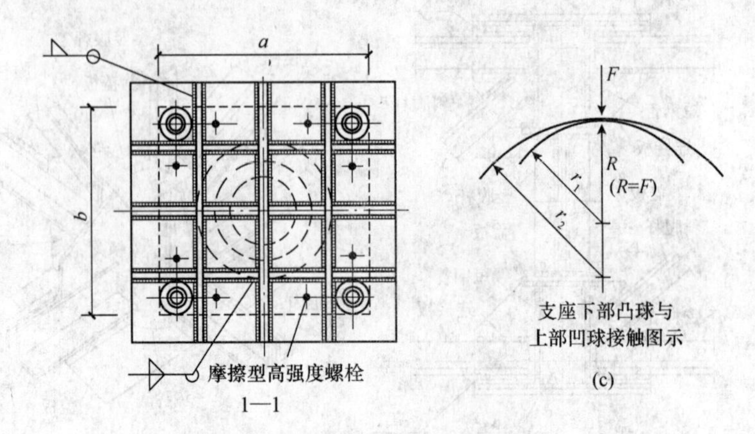

图 3-15　球铰压力支座节点构造示例

【例 7】平板压力支座节点实例，如图 3-16 所示。

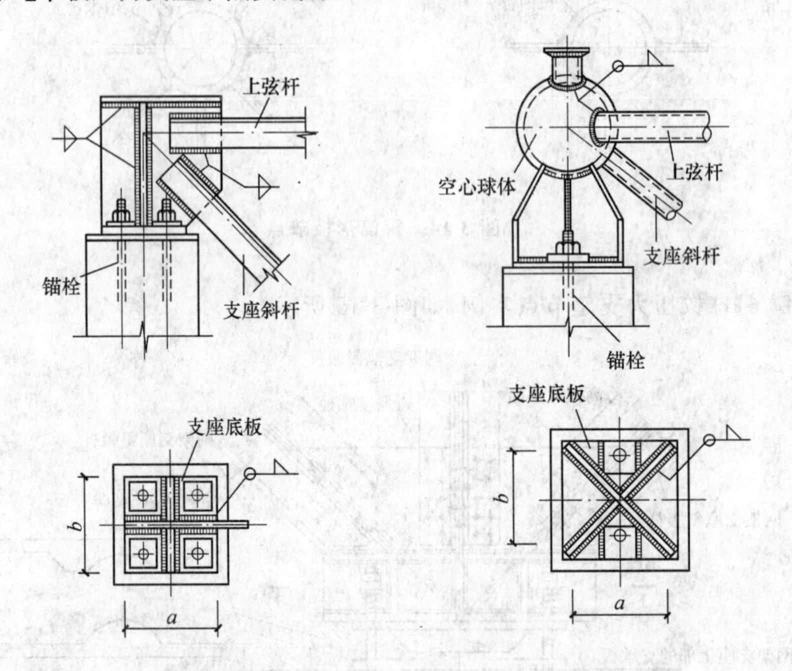

图 3-16　平板压力支座节点

【例 8】板式橡胶支座节点实例，如图 4-17 所示。

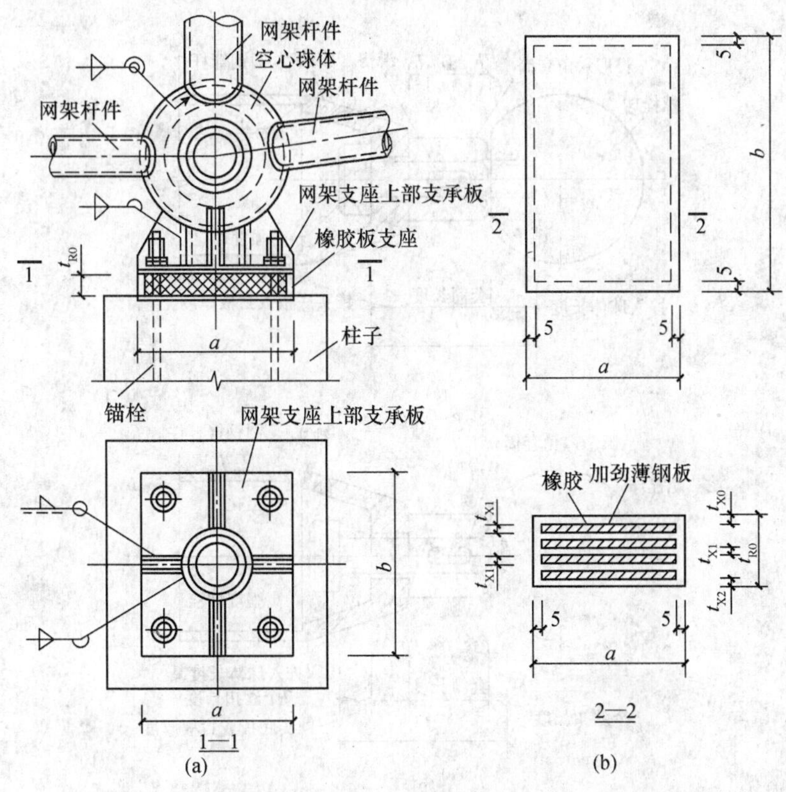

图 3-17　板式橡胶支座节点图示

(a)板式橡胶支座连接节点；(b)板式橡胶支座构造

2. 钢网架构造实例

【例 9】长形六角套筒构造实例，如图 3-18 所示。

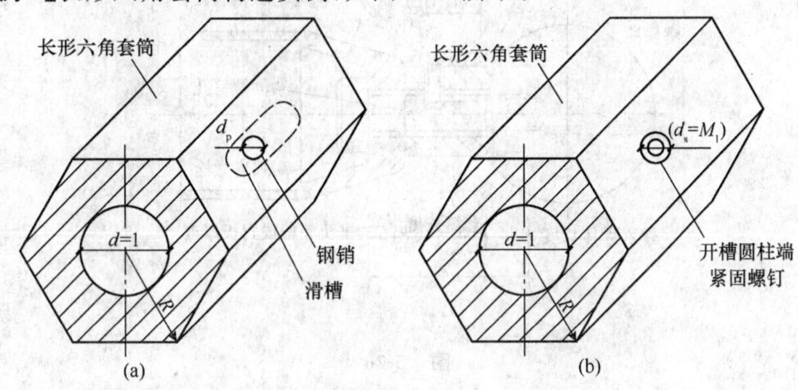

图 3-18　长形六角套筒构造

(a)滑槽设置在长形六角套筒上，辅助紧固件采用钢销；

(b)滑槽设置在高强度螺栓杆上，辅助紧固件采用开槽圆柱端紧固螺钉

【例 10】高强度螺栓与螺栓球和圆钢管杆件的连接构造，如图 3-19 和图 3-20 所示。

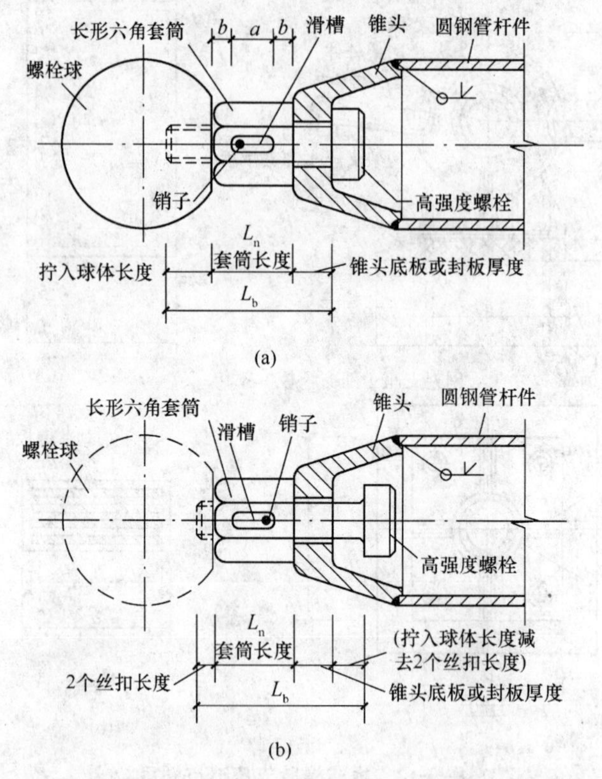

图 3-19 高强度螺栓与螺栓球和圆钢管杆件的连接构造(设置钢销)

(a)高强度螺栓与螺栓球已拧紧；(b)高强度螺栓与螺栓球未拧紧

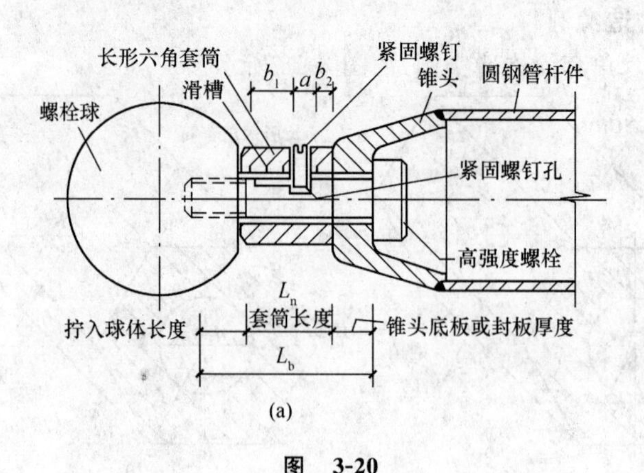

图 3-20

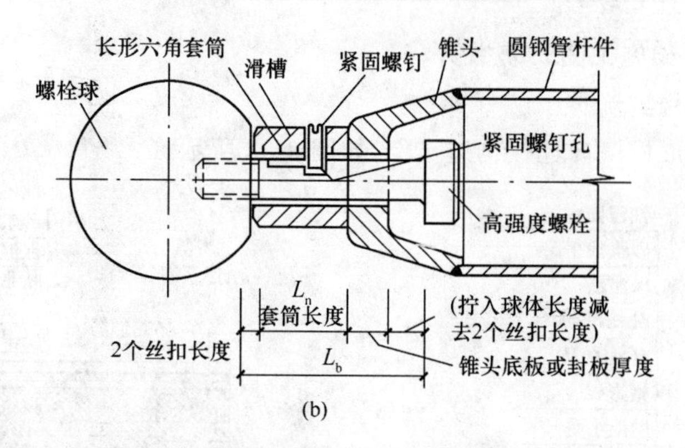

(b)

图 3-20　高强度螺栓与螺栓球和圆钢管杆件的连接构造(设置开槽圆柱端紧固螺钉)

(a)高强度螺栓与螺栓球已拧紧;(b)高强度螺栓与螺栓球未拧紧

【例 11】锥头和封板与圆钢管件端部的坡口对接焊缝构造,如图 3-21 所示。

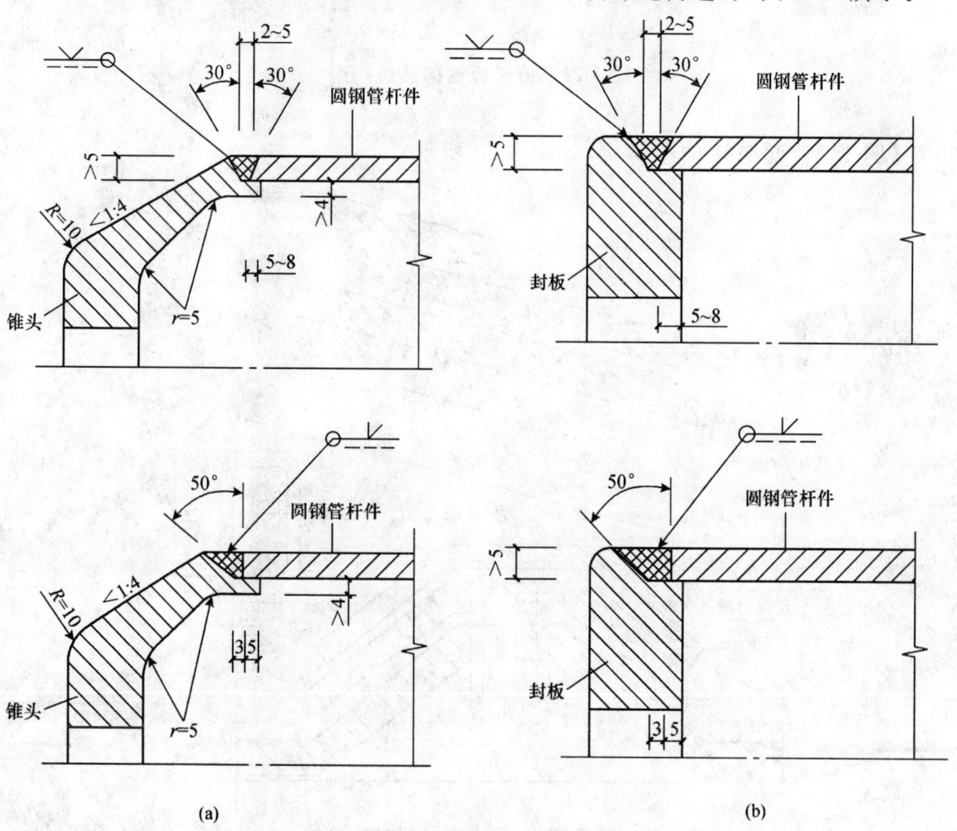

图 3-21　锥头和封板与圆钢管件端部的坡口对接焊接构造(单位:mm)

(a)锥头与圆钢管杆件连接构造;(b)封板与圆钢管件连接构造

二、门式钢架施工图识读举例

1. 屋面结构实例

【例 12】槽形板横向连接构造实例，如图 3-22 所示。

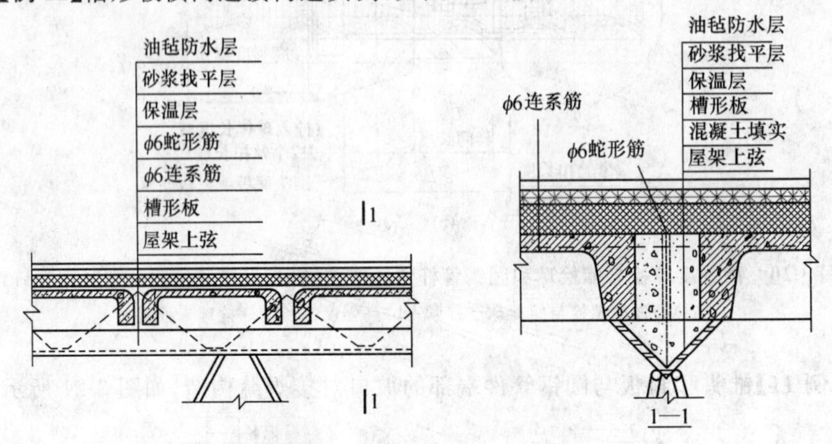

图 3-22　槽形板横向连接构造

【例 13】盖瓦搭接构造实例，如图 3-23 所示。

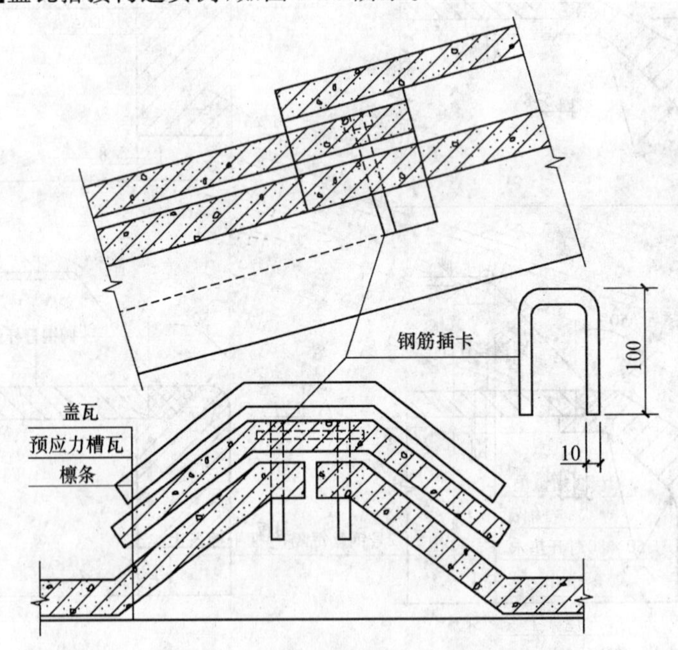

图 3-23　盖瓦搭接(插卡坐浆)构造(单位:mm)

【例 14】石棉瓦连接构造实例,如图 3-24 所示。

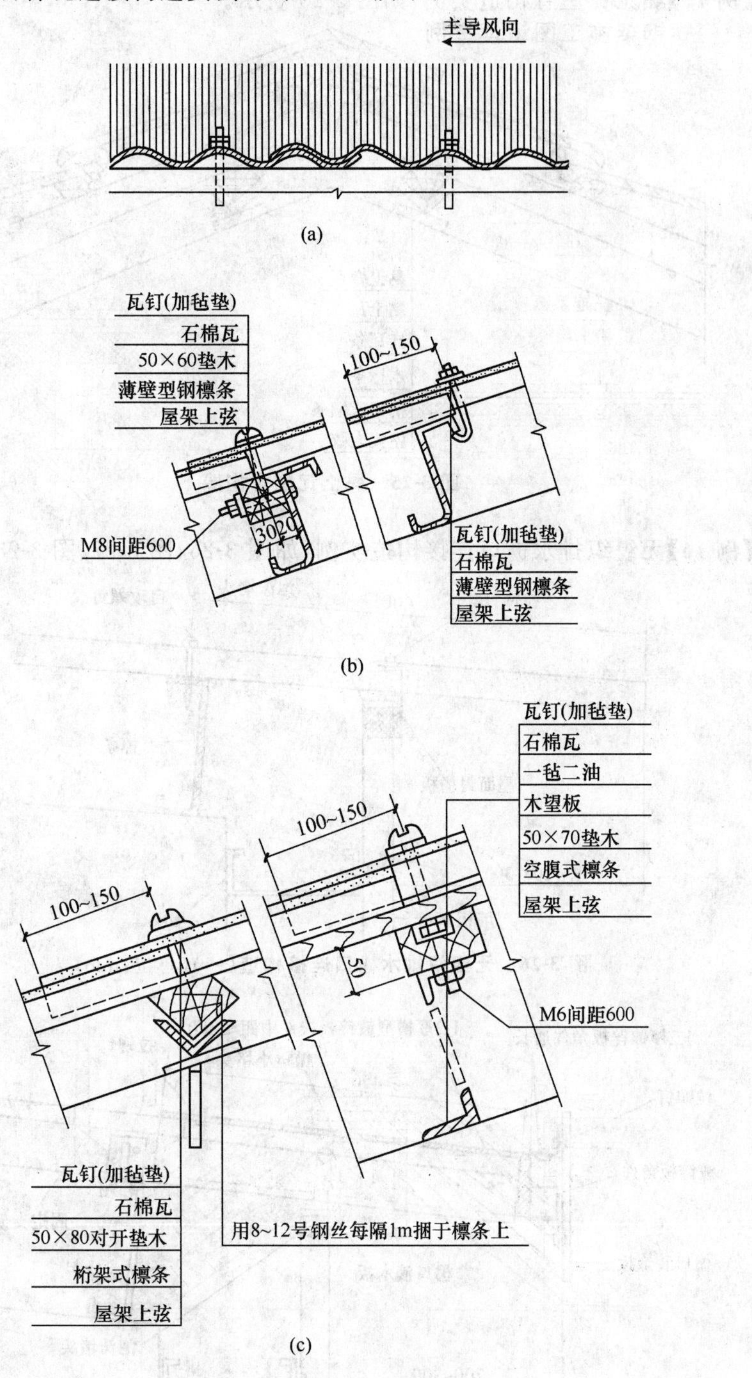

图 3-24　石棉瓦连接构造(单位:mm)

【例 15】黏土瓦屋脊构造实例,如图 3-25 所示。

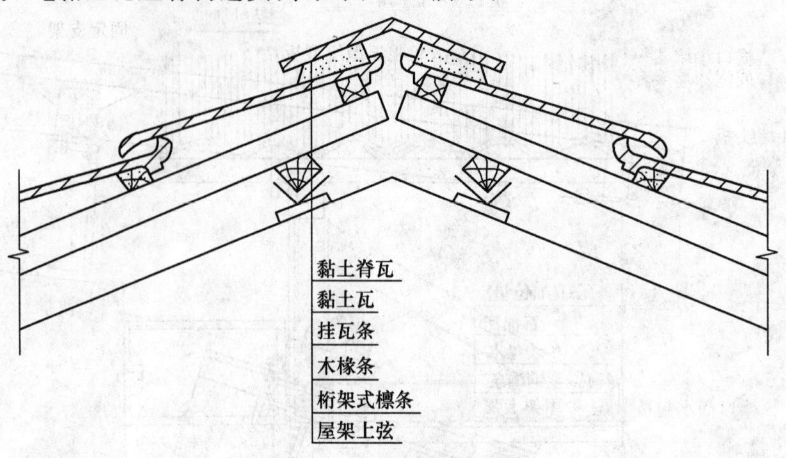

图 3-25 黏土瓦屋脊构造

【例 16】无组织排水檐口连接构造实例,如图 3-26、图 3-27、图 3-28 所示。

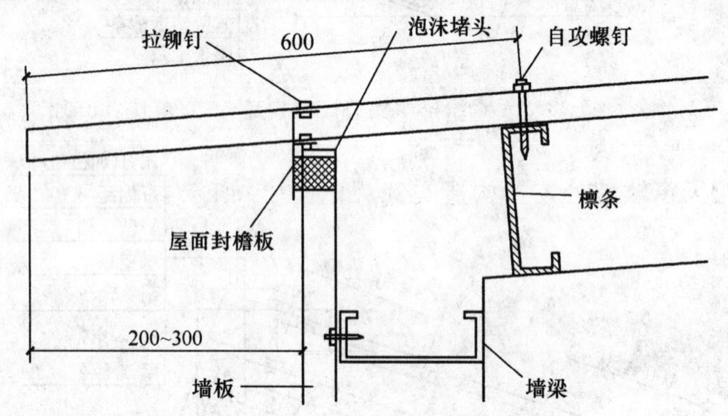

图 3-26 无组织排水檐口连接构造(一)(单位:mm)

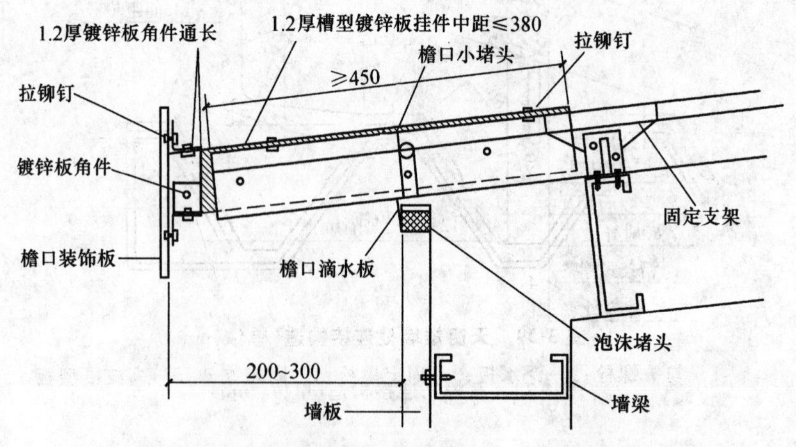

图 3-27 无组织排水檐口连接构造(二)(单位:mm)

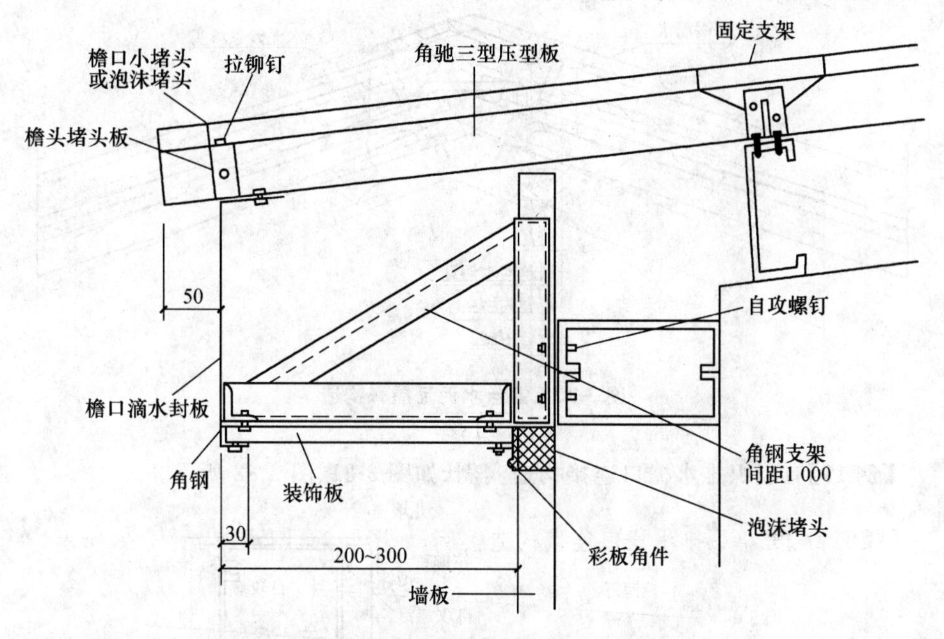

图 3-28　无组织排水檐口连接构造(三)(单位:mm)

【例 17】天窗矮墙处连接构造实例,如图 3-29 所示。

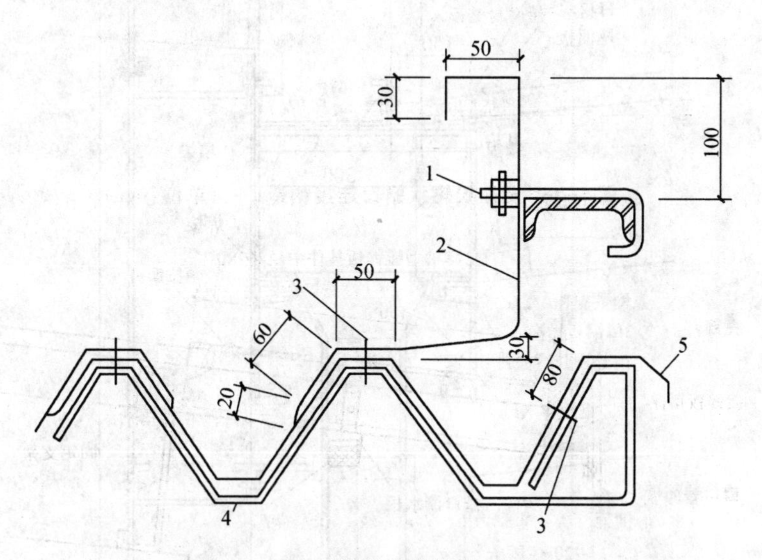

图 3-29　天窗矮墙处连接构造(单位:mm)

1—勾头螺栓;2—泛水板;3—固定螺栓;4—固定支架;5—高波压型板

【例 18】钢丝水泥瓦屋脊构造实例，如图 3-30 所示。

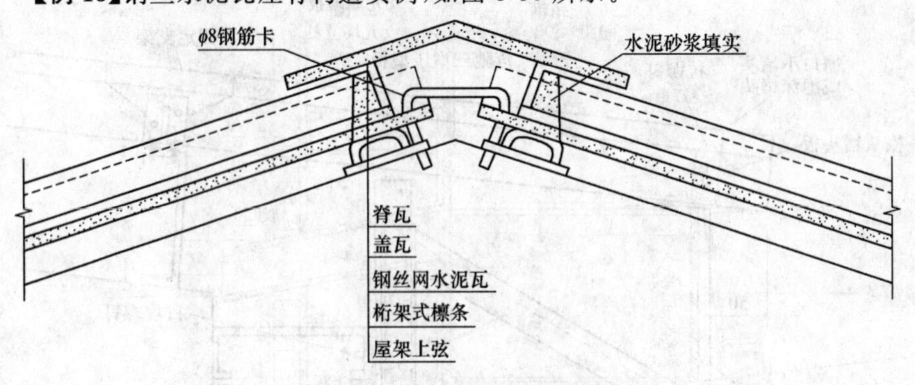

图 3-30　钢丝水泥瓦屋脊构造

【例 19】有组织排水檐口连接构造实例，如图 3-31、图 3-32 所示。

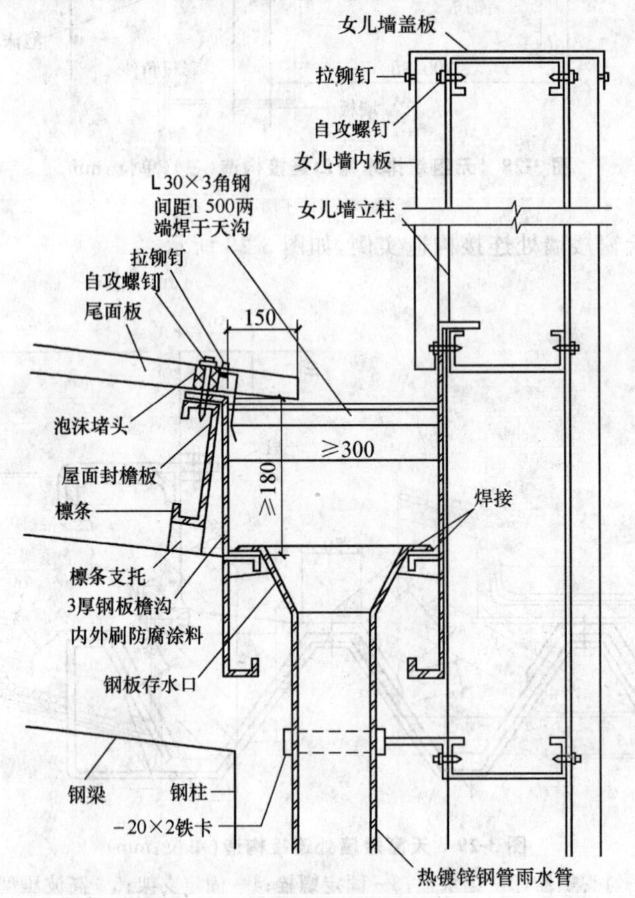

图 3-31　有组织排水檐口连接构造(一)(单位：mm)

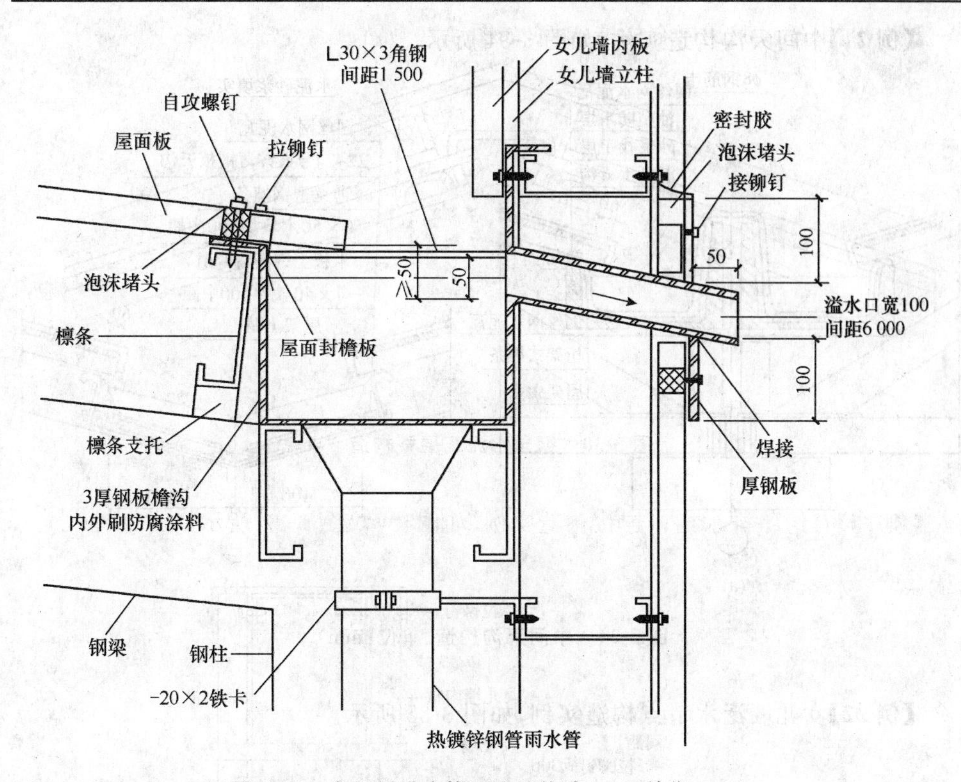

图 3-32　有组织排水檐口连接构造(二)(单位:mm)

【例 20】内天沟构造实例,如图 3-33 所示。

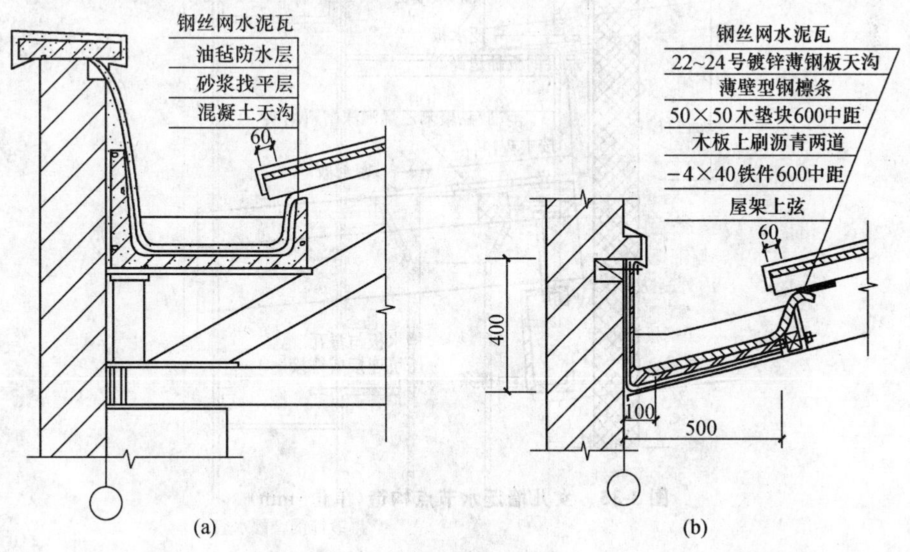

图 3-33　内天沟构造(单位:mm)

【例 21】中间天沟构造实例，如图 3-34 所示。

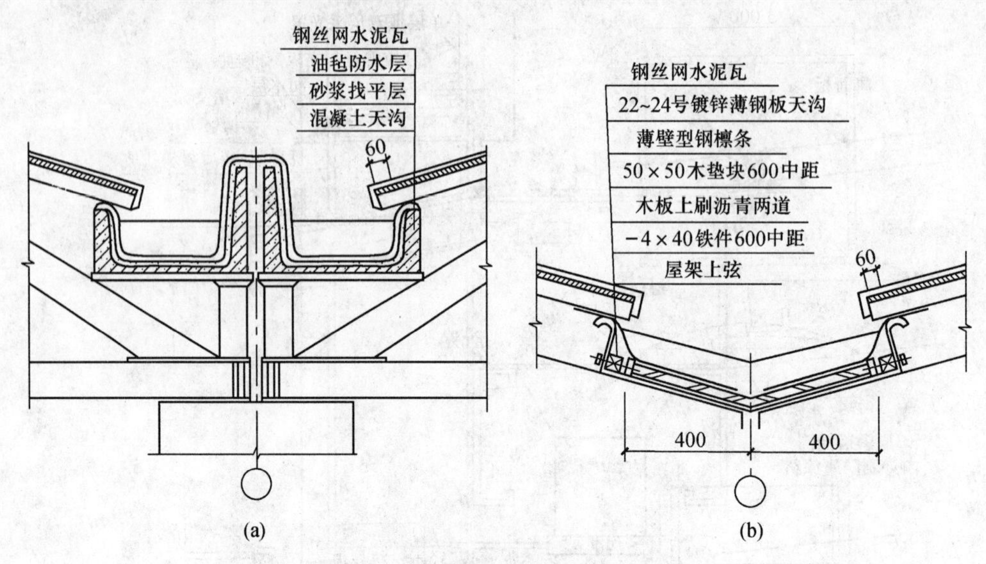

图 3-34 中间天沟构造（单位：mm）

【例 22】女儿墙泛水节点构造实例，如图 3-35 所示。

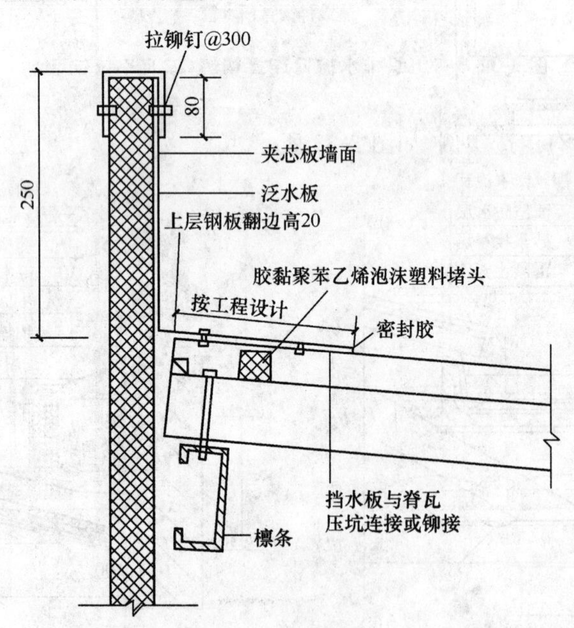

图 3-35 女儿墙泛水节点构造（单位：mm）

【例 23】房屋采光节点构造实例，如图 3-36 所示。

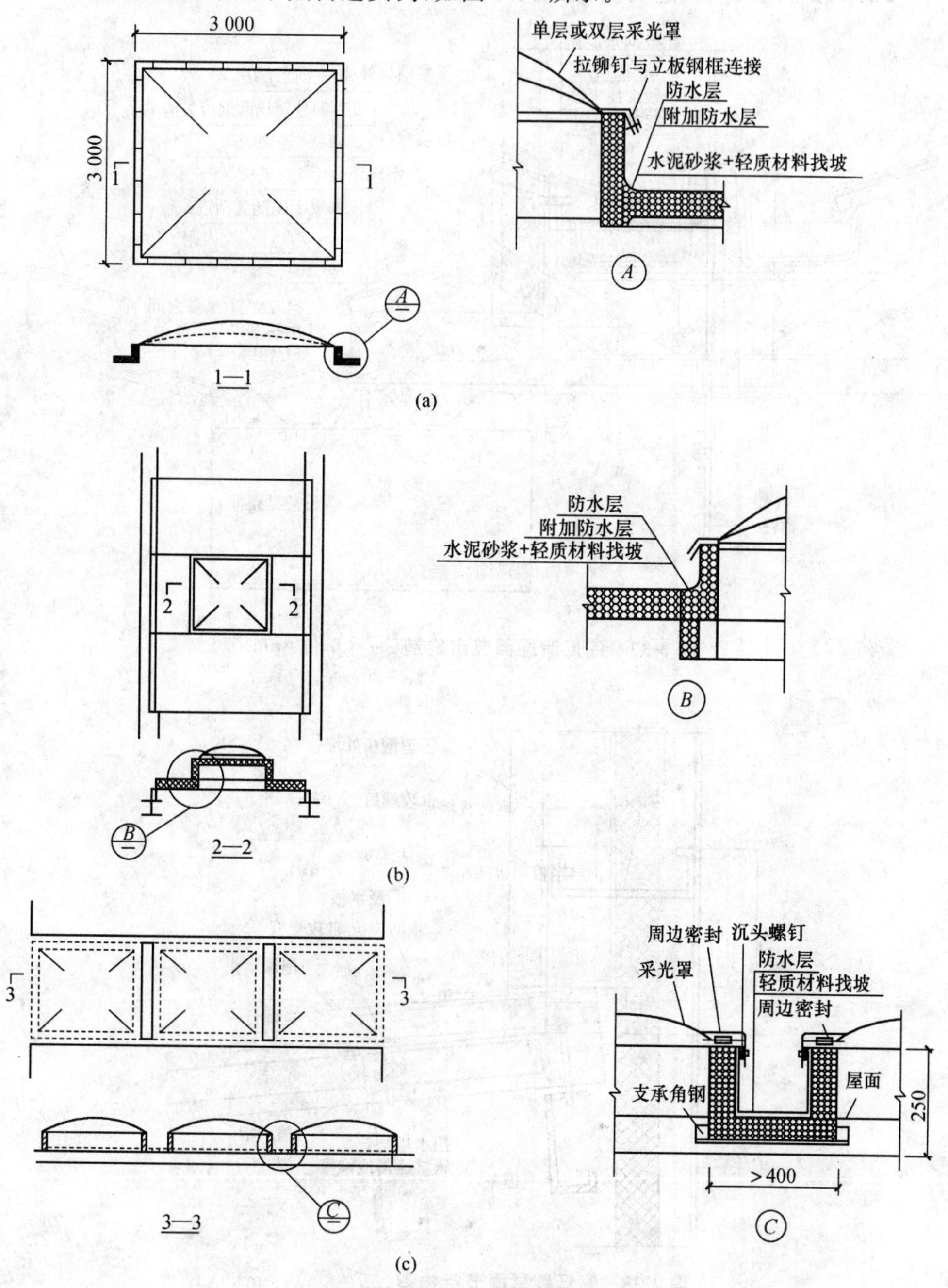

图 3-36　房屋采光节点构造(单位:mm)

【例 24】高低跨屋面节点构造实例，如图 3-37～图 4-44 所示。

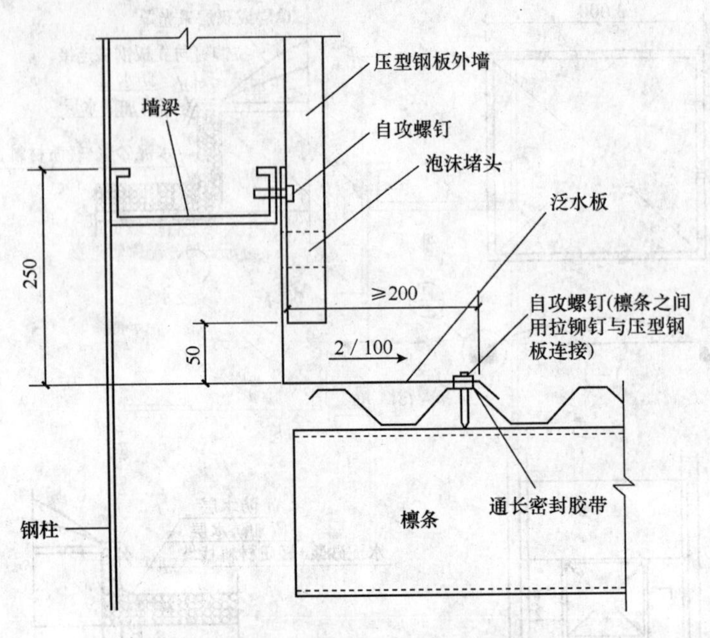

图 3-37　高低跨屋面节点构造(一)(单位:mm)

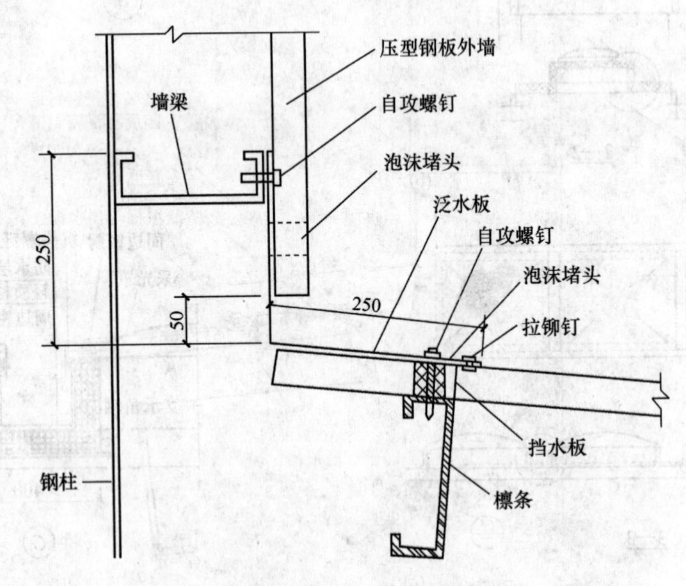

图 3-38　高低跨屋面节点构造(二)(单位:mm)

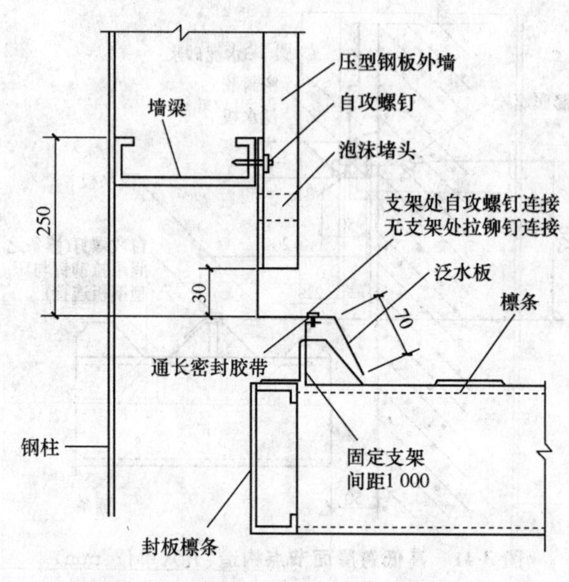

图 3-39　高低跨屋面节点构造(三)(单位:mm)

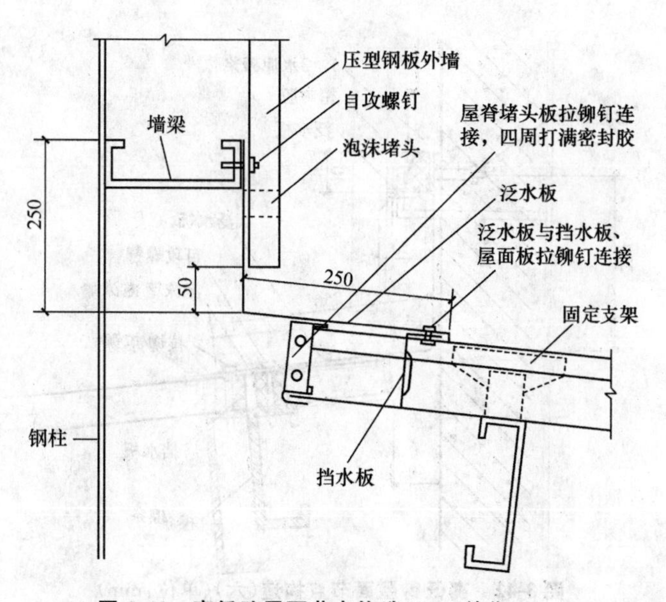

图 3-40　高低跨屋面节点构造(四)(单位:mm)

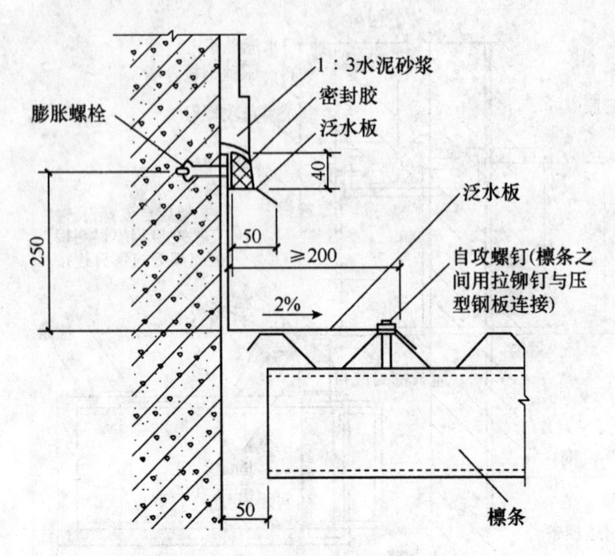

图 3-41　高低跨屋面节点构造(五)(单位:mm)

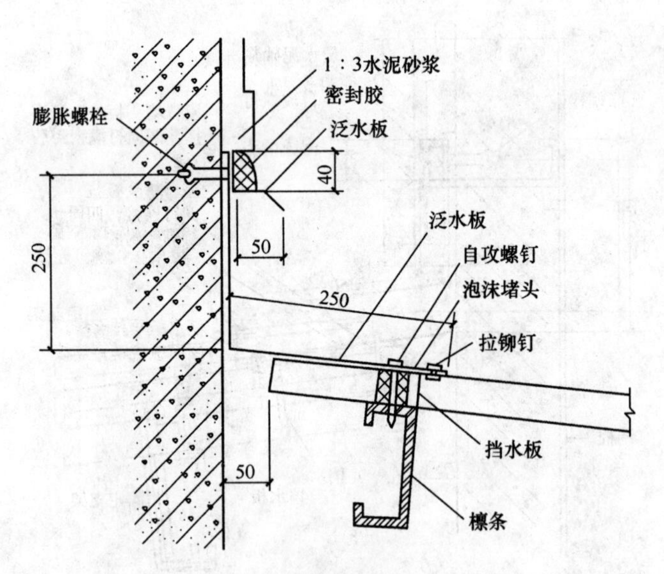

图 3-42　高低跨屋面节点构造(六)(单位:mm)

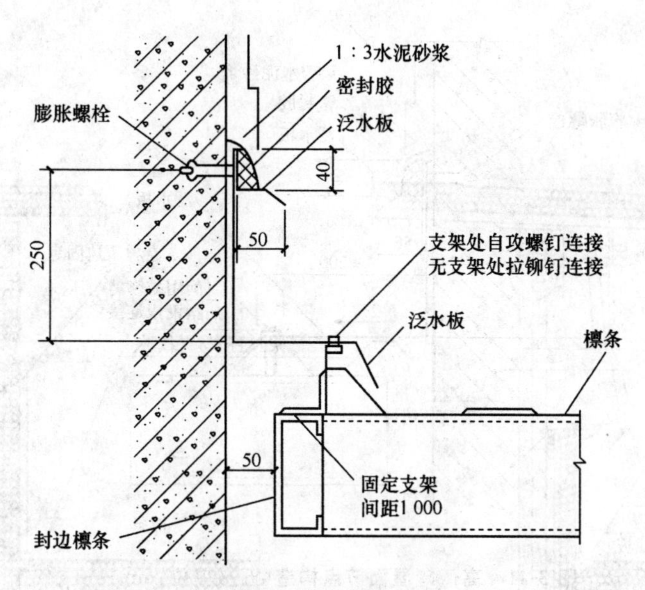

图 3-43　高低跨屋面节点构造(七)(单位:mm)

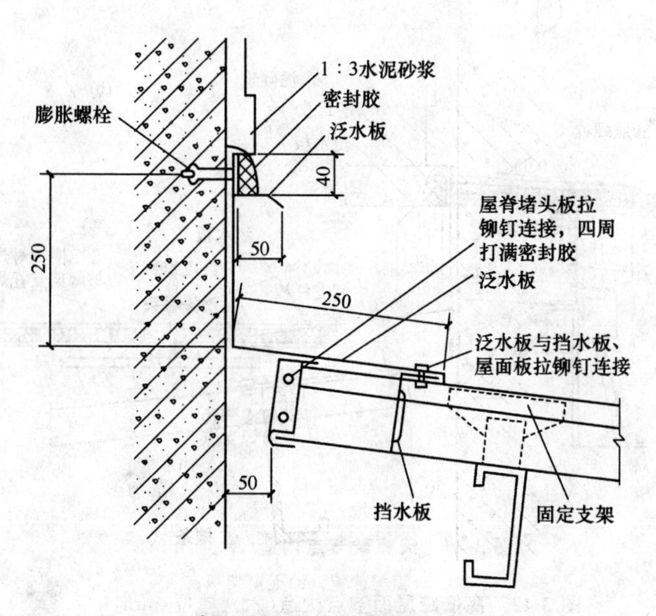

图 3-44　高低跨屋面节点构造(八)(单位:mm)

【例 25】天窗架节点构造实例，如图 3-45 所示。

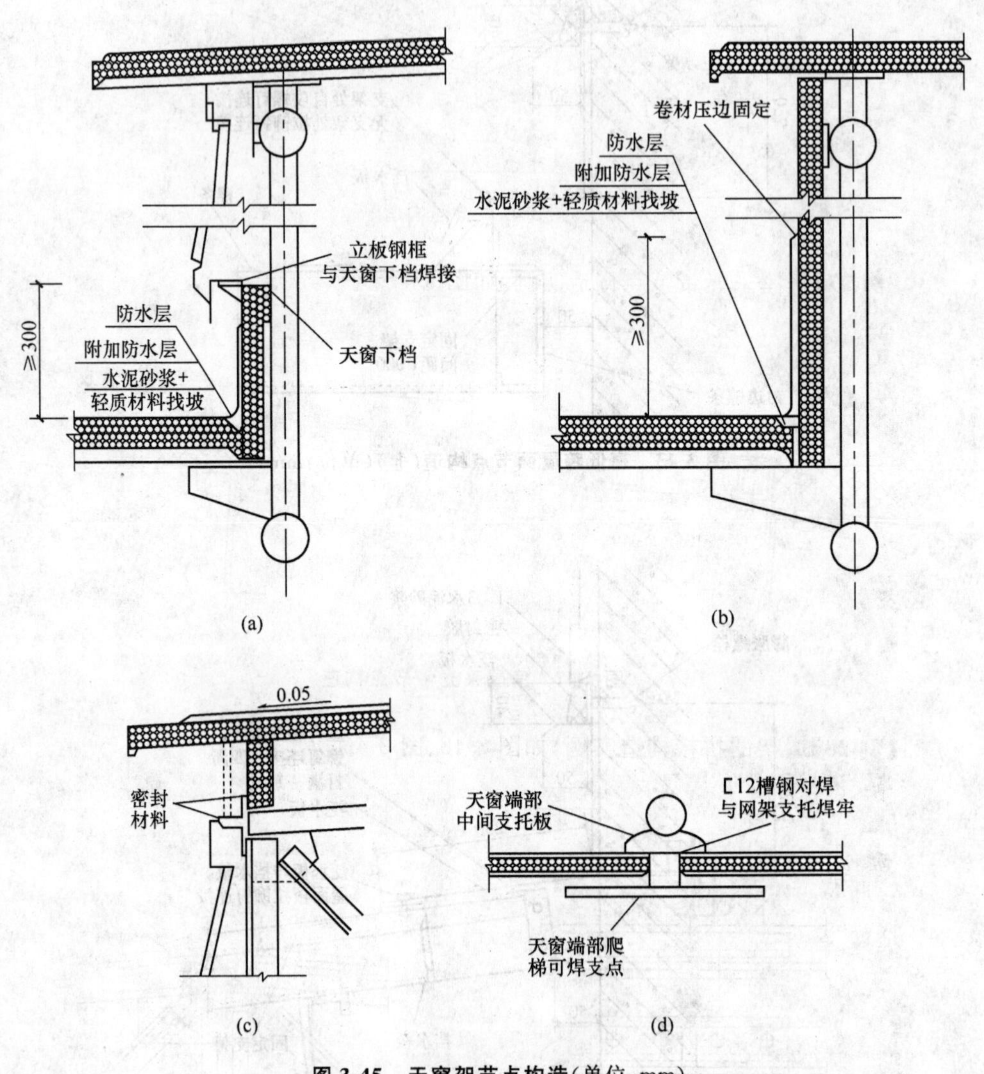

图 3-45 天窗架节点构造（单位：mm）

(a)天窗架侧板；(b)天窗架板；

(c)天窗檐口；(d)天窗端部爬梯

【例 26】斜沟构造实例，如图 3-46 所示。

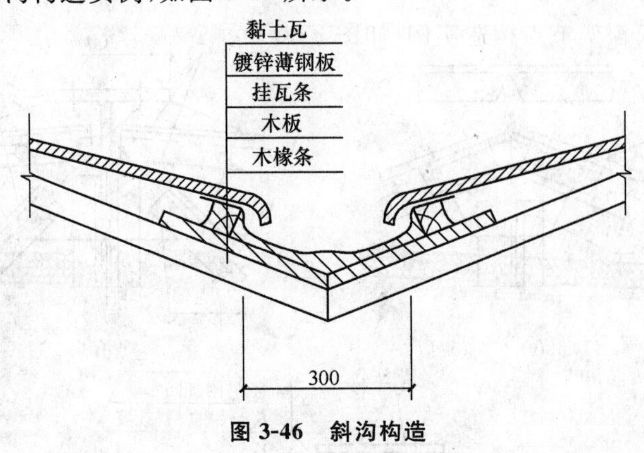

图 3-46　斜沟构造

【例 27】房屋采光带节点构造实例，如图 3-47 所示。

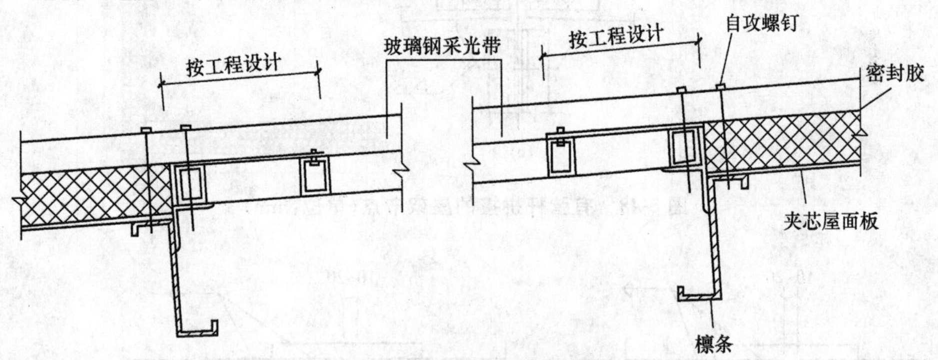

图 3-47　房屋采光带节点构造

【例 28】屋架的拼接构造实例，如图 3-48、图 3-49 所示。

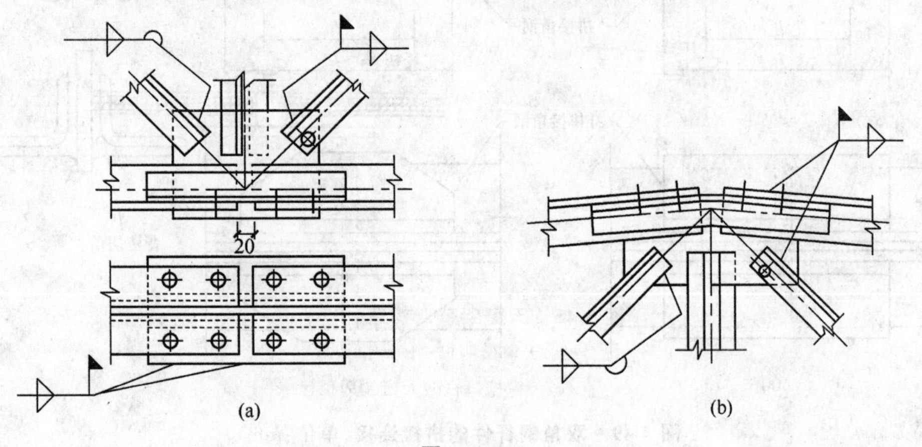

图　3-48

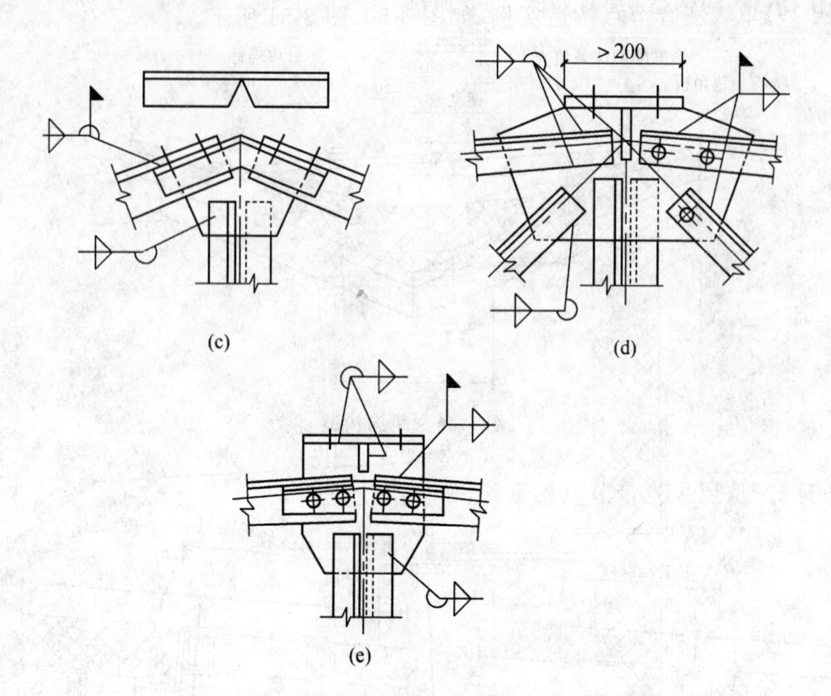

图 3-48　有弦杆拼接的屋架节点(单位:mm)

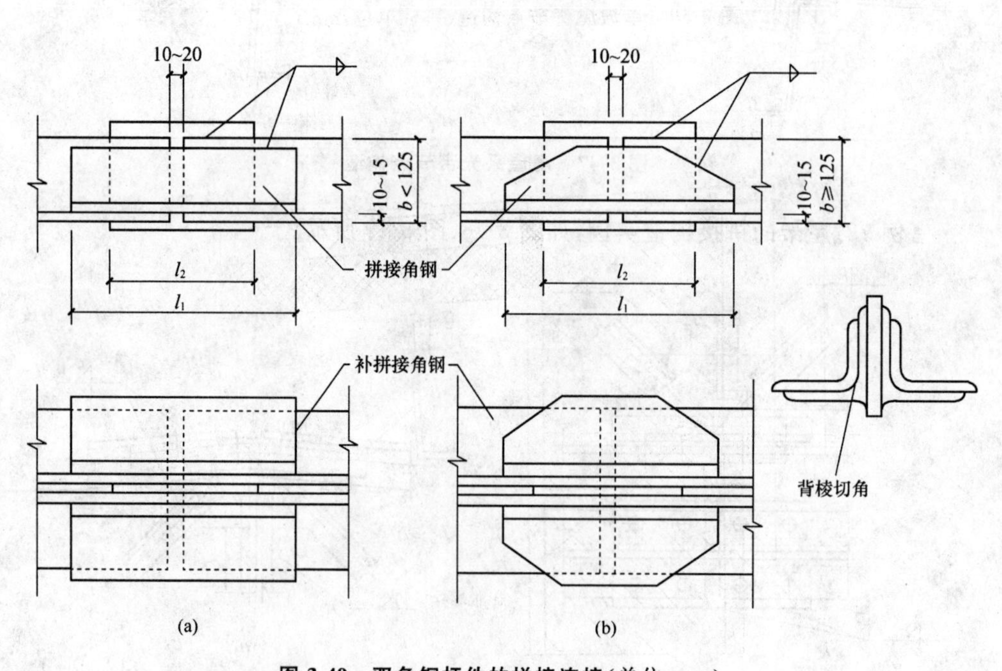

图 3-49　双角钢杆件的拼接连接(单位:mm)

(a)角钢边宽<125mm 的拼接;(b)角钢边宽≥125mm 的拼接

【例 29】单坡屋脊节点构造实例，如图 3-50、图 3-51 所示。

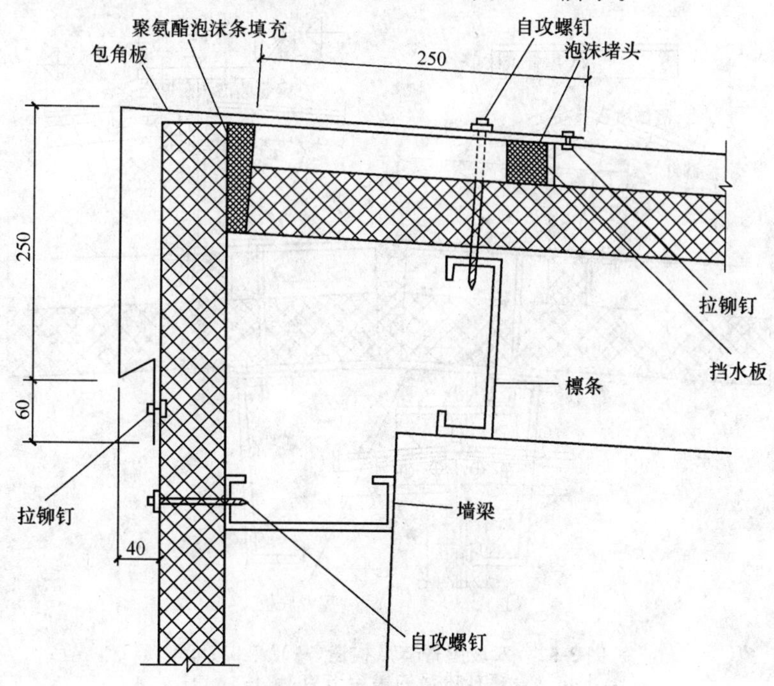

图 3-50　单坡屋脊节点构造(一)(单位:mm)

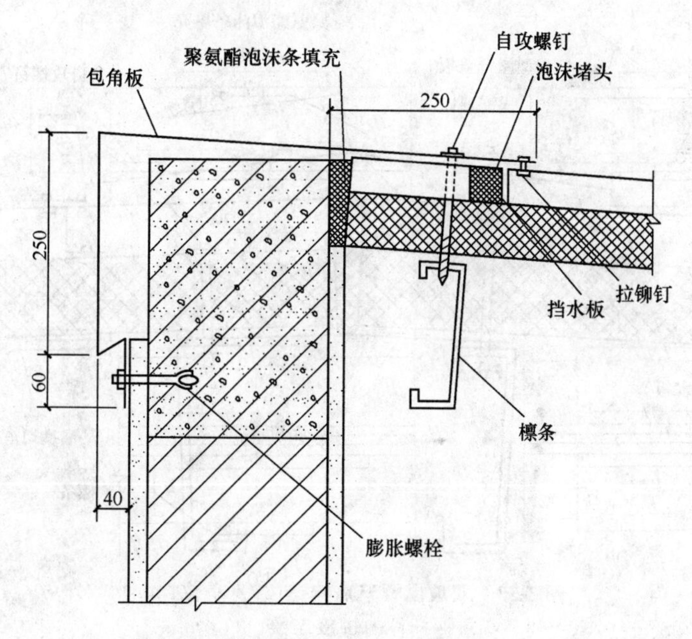

图 3-51　单坡屋脊节点构造(二)(单位:mm)

【例 30】双坡屋脊节点构造实例，如图 3-52、图 3-53 所示。

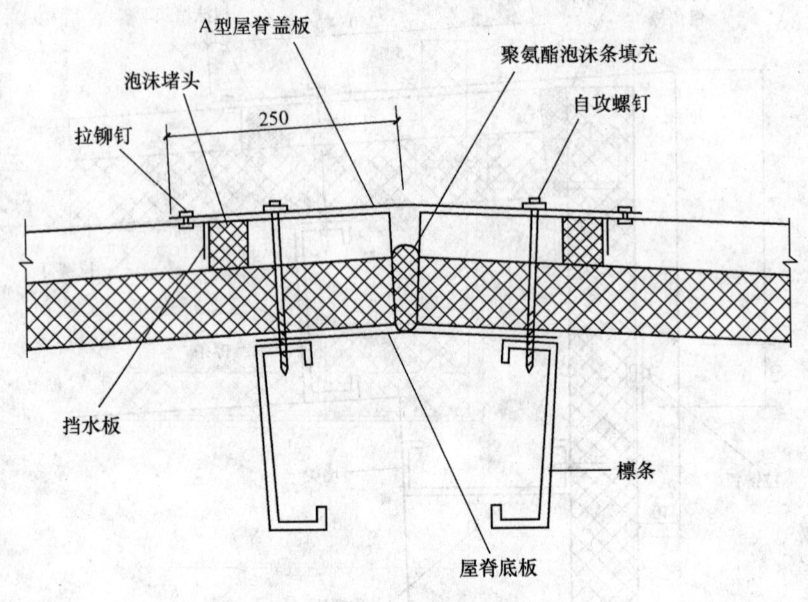

图 3-52 双坡屋脊节点构造(一)(单位:mm)

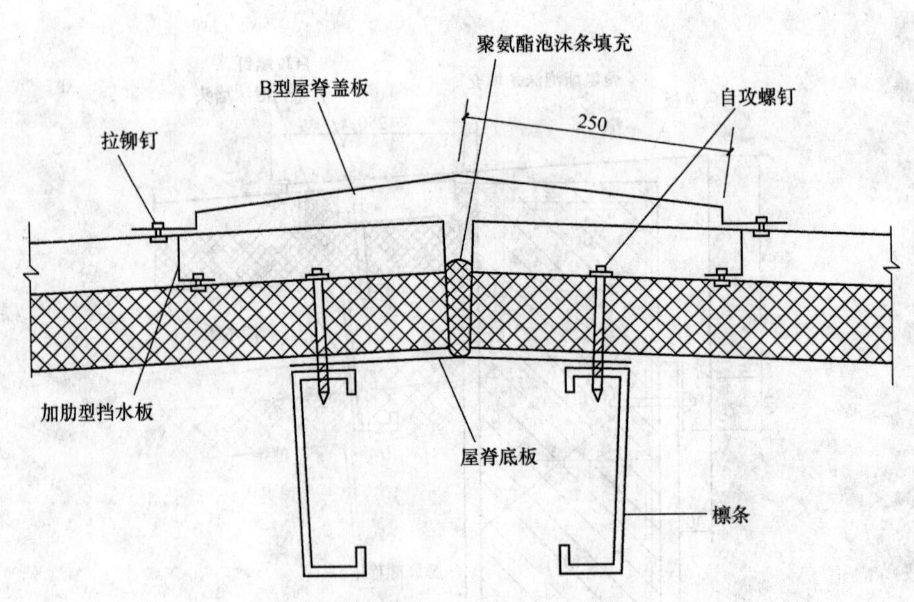

图 3-53 双坡屋脊节点构造(二)(单位:mm)

【例 31】夹芯保温板高低跨屋面节点构造实例，如图 3-54～图 3-57 所示。

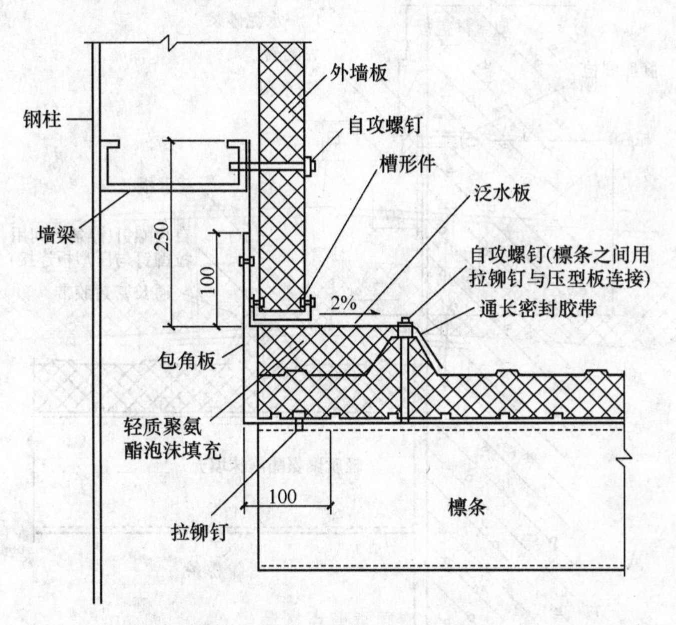

图 3-54　夹芯保温板高低跨屋面节点构造(一)(单位:mm)

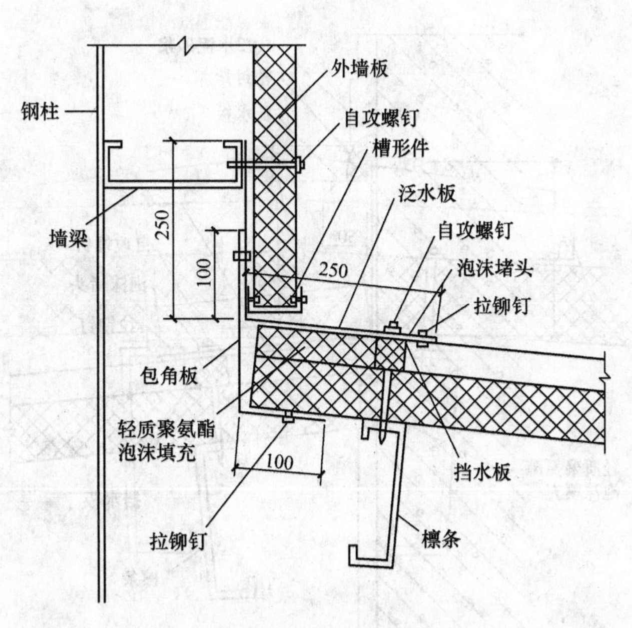

图 3-55　夹芯保温板高低跨屋面节点构造(二)(单位:mm)

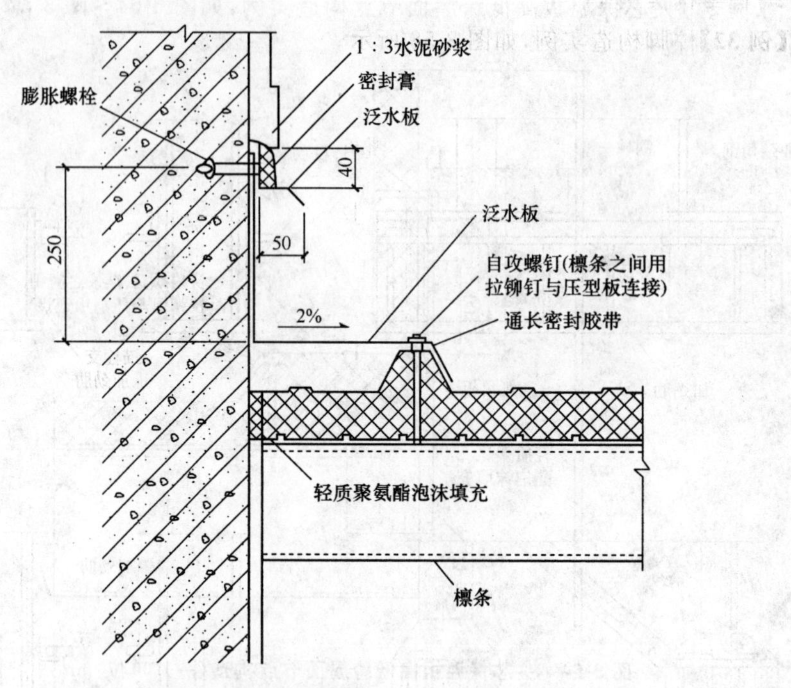

图 3-56　夹芯保温板高低跨屋面节点构造(三)(单位:mm)

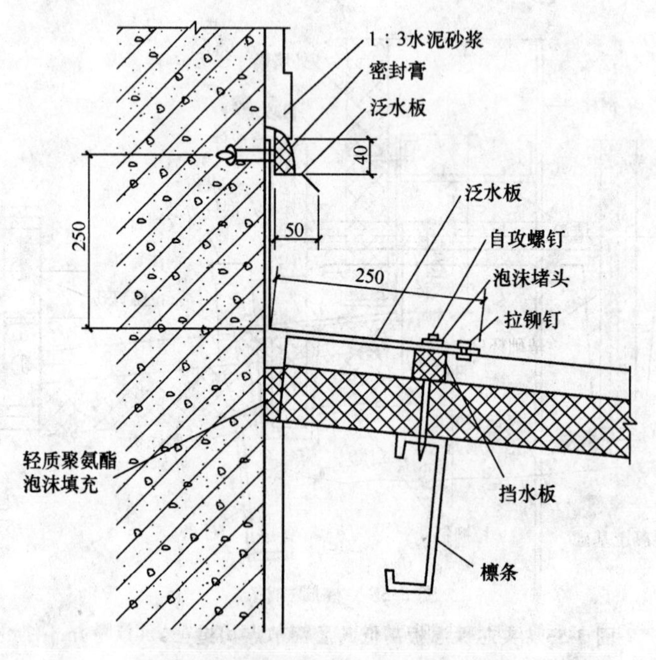

图 3-57　夹芯保温板高低跨屋面节点构造(四)(单位:mm)

2. 柱结构实例

【例 32】柱脚构造实例，如图 3-58 所示。

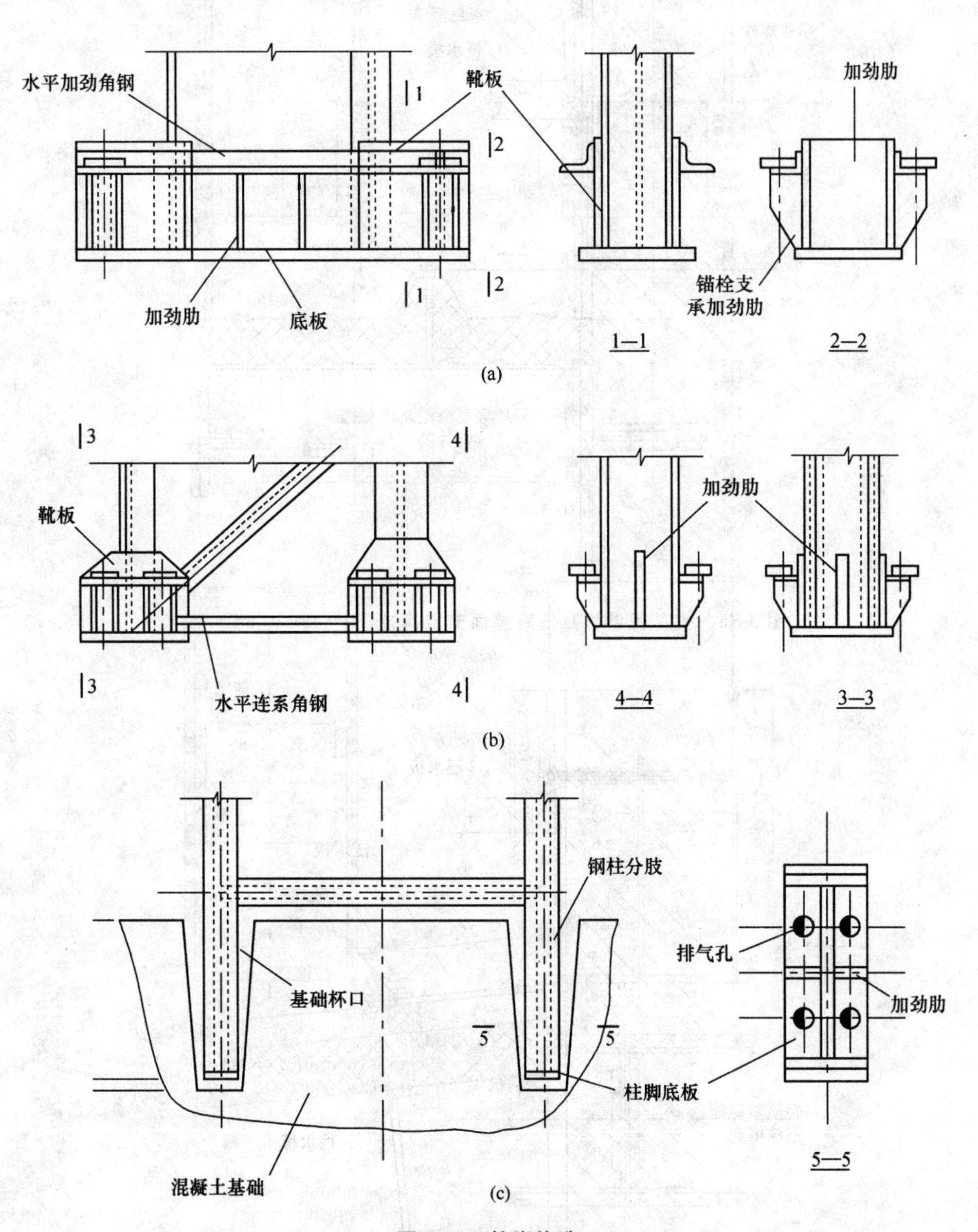

图 3-58　柱脚构造

(a)实腹柱整体柱脚；(b)格构柱分离柱脚；(c)埋入式柱脚

【例 33】柱的拼接实例，如图 3-59 至图 3-61 所示。

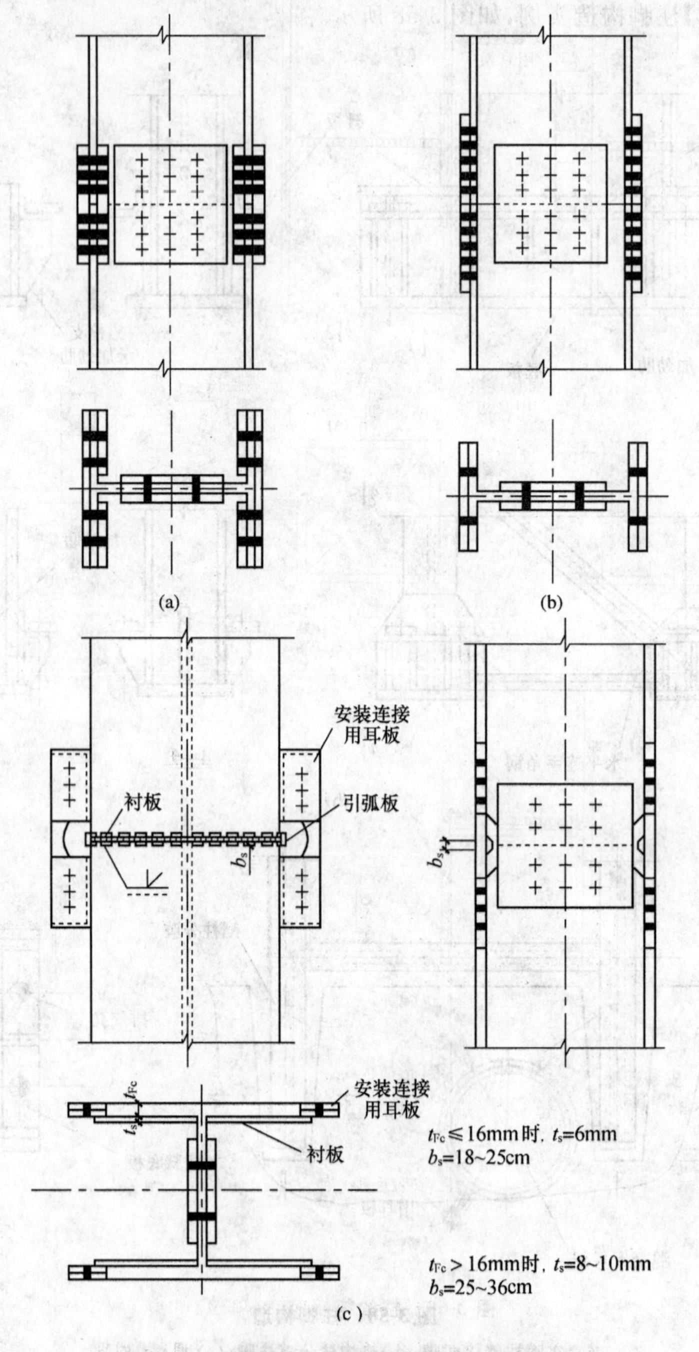

图 3-59　柱的拼接（一）

(a)翼缘和腹板均为双剪连接；(b)翼缘为单剪连接，腹板均为双剪连接；
(c)H 形截面柱拼连接设置安装耳板

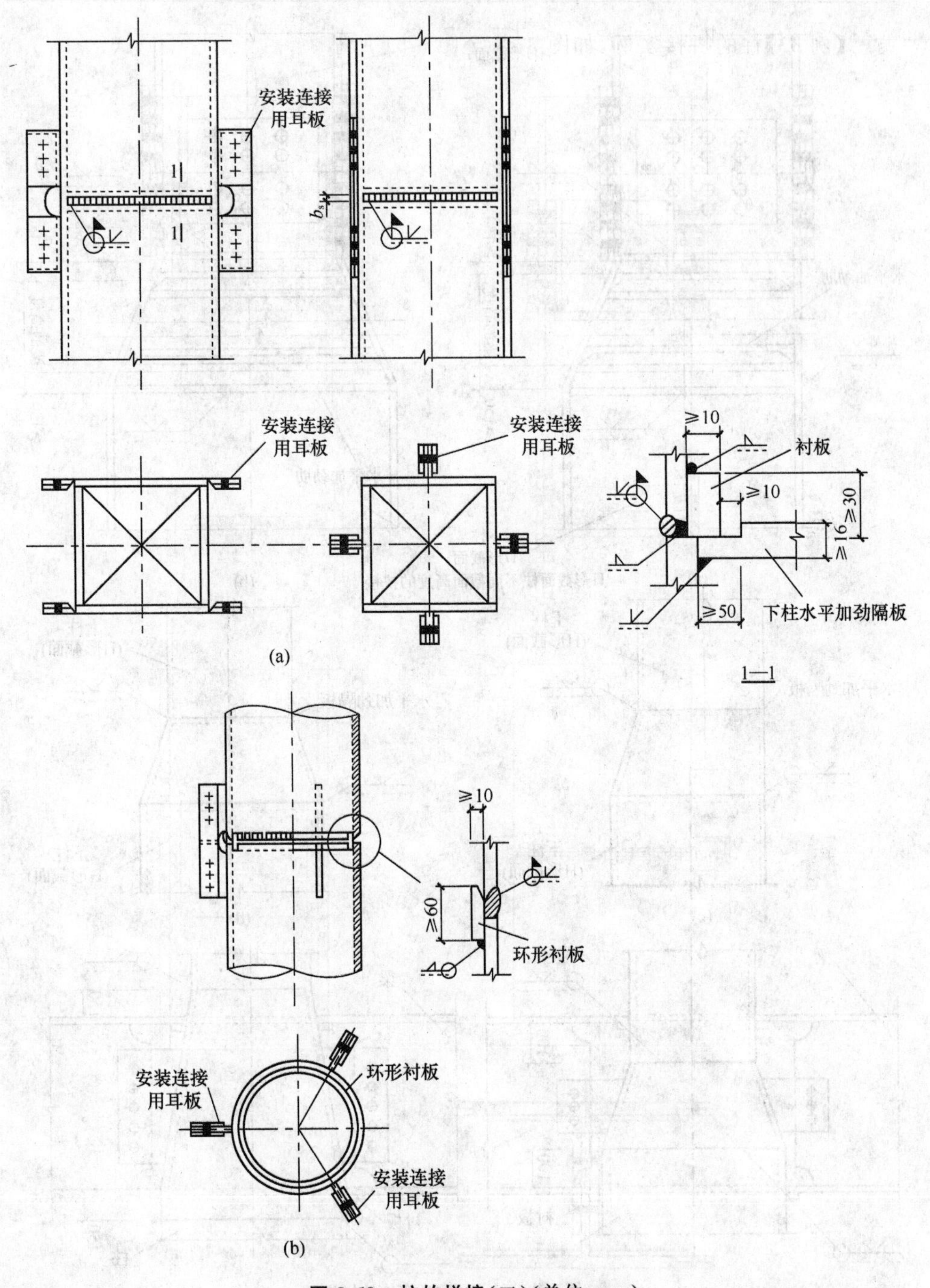

图 3-60　柱的拼接(二)(单位:mm)

(a)箱形截面柱拼接连接设置安装耳板和水平加劲隔板；

(b)圆筒形截面柱拼接连接设置安装耳板和环形衬

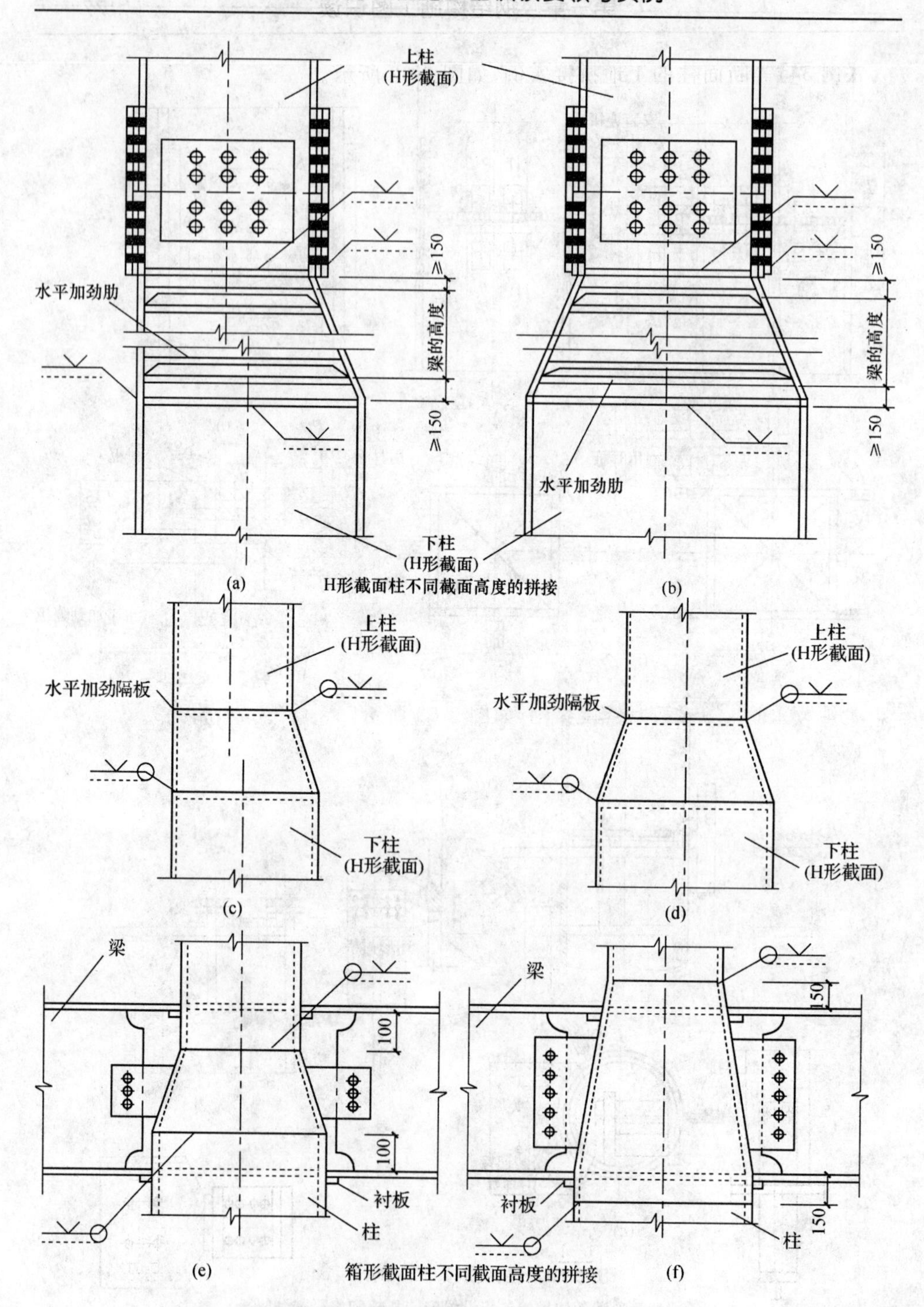

图 3-61 柱的拼接(三)(单位:mm)

(a)边列柱;(b)中列柱;(c)边列柱;(d)中列柱(一);(e)中列柱(二);(f)中列柱(三)

【例 34】等断面柱的工地拼接实例，如图 3-62 所示。

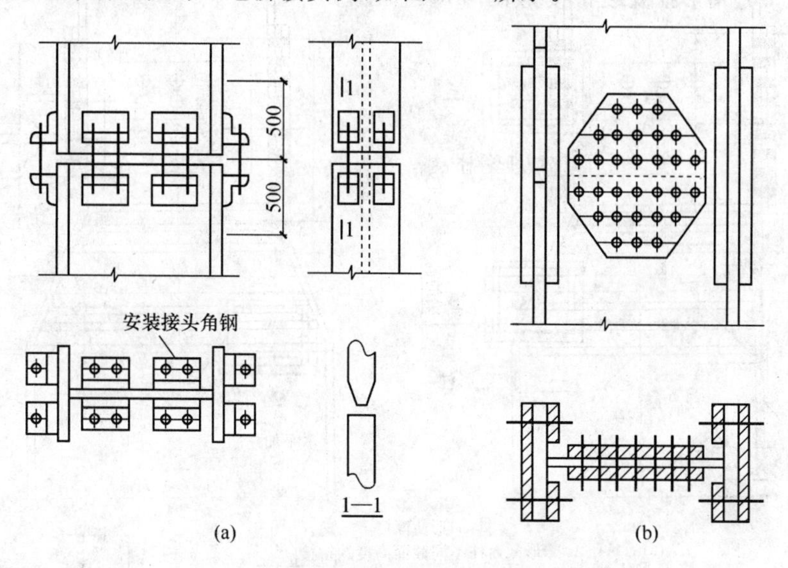

图 3-62　等断面柱的工地拼接

(a)对接焊缝连接；(b)高强度螺栓连接

【例 35】阶形柱的工地拼接实例，如图 3-63 所示。

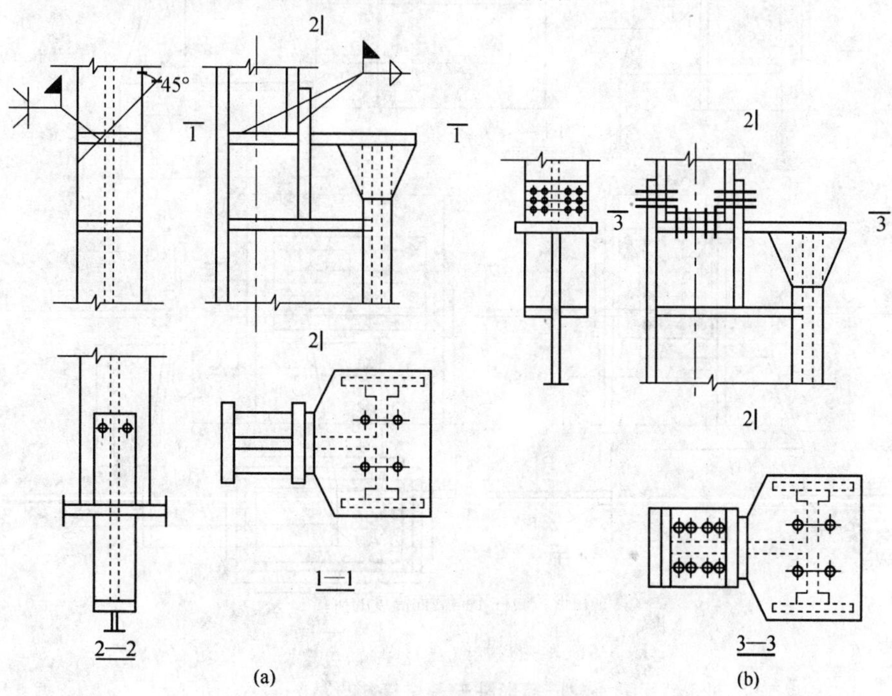

图 3-63　阶形柱的工地拼接

(a)连接焊缝；(b)高强度螺栓连接

【例 36】箱形柱安装拼接，如图 3-64 所示。

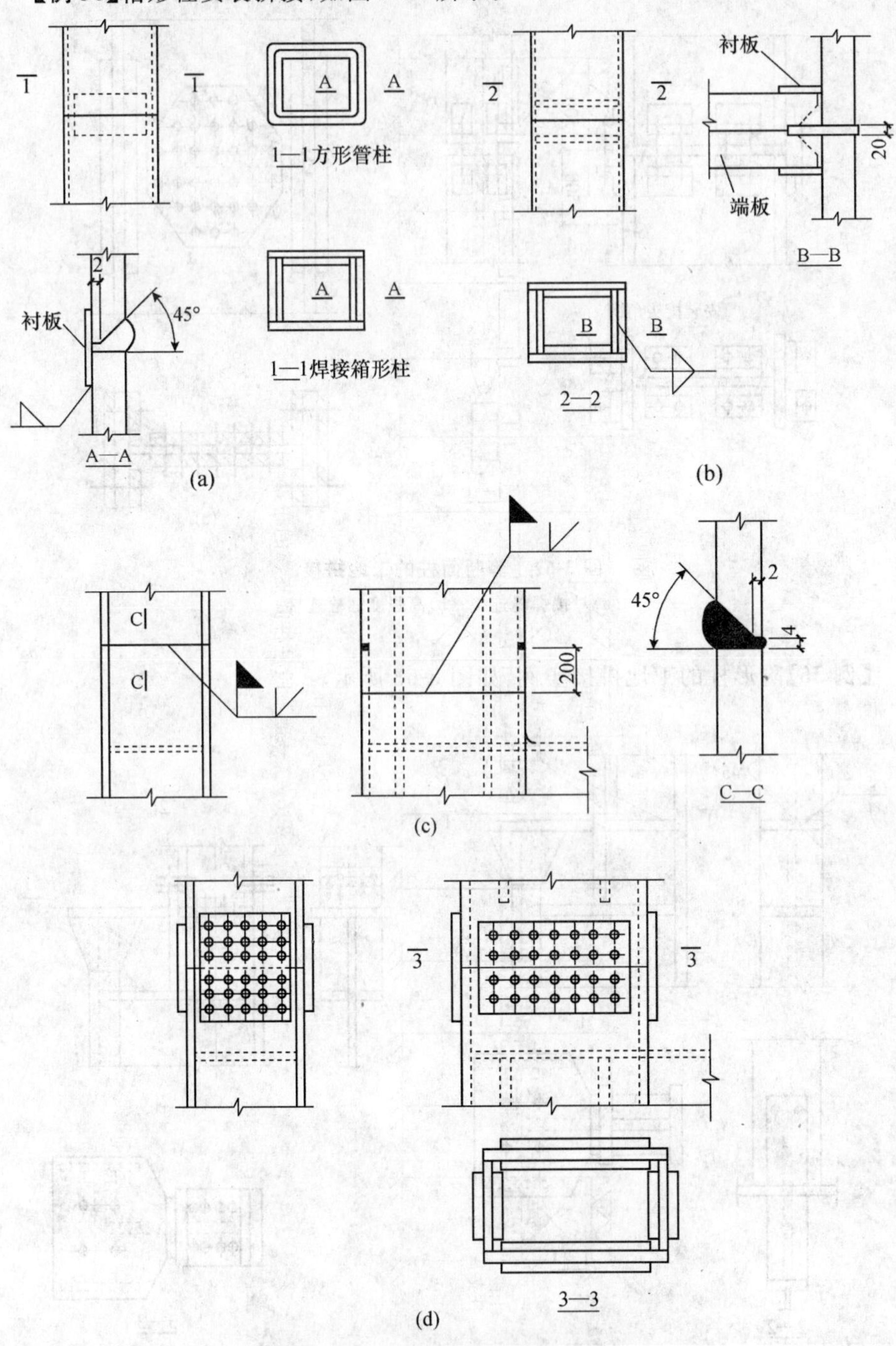

图 3-64　箱形柱安装拼接（单位：mm）

(a)小尺寸箱形柱的安装拼接；(b)小尺寸箱形柱的安装拼接；

(c)大尺寸柱采用对接焊缝；(d)大尺寸柱采用高强度螺栓拼接

【例 37】柱间支撑的布置实例，如图 3-65、图 3-66、图 3-67 所示。

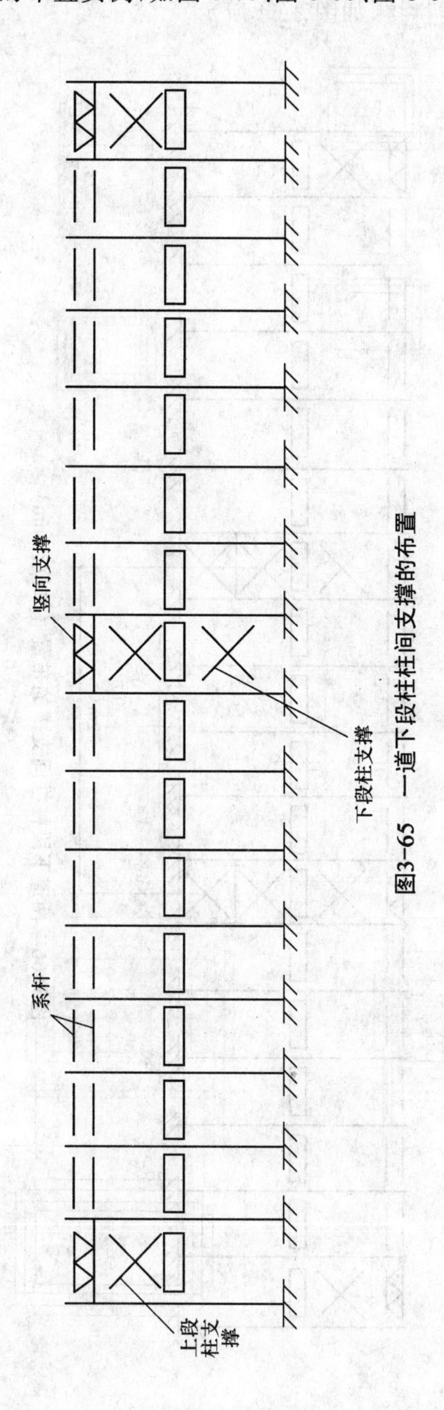

图3-65　一道下段柱柱间支撑的布置

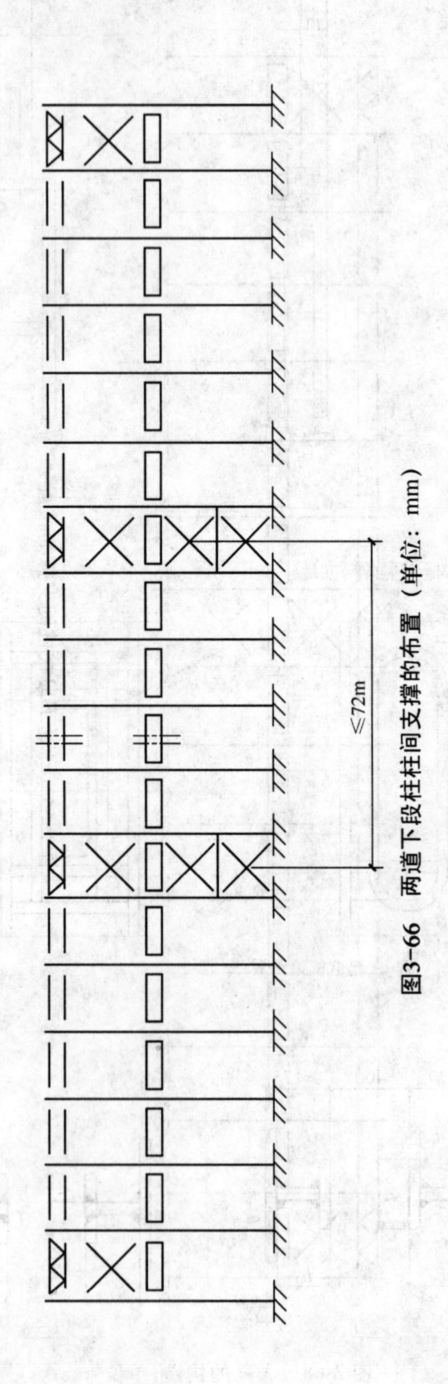

图3-66　两道下段柱柱间支撑的布置（单位：mm）

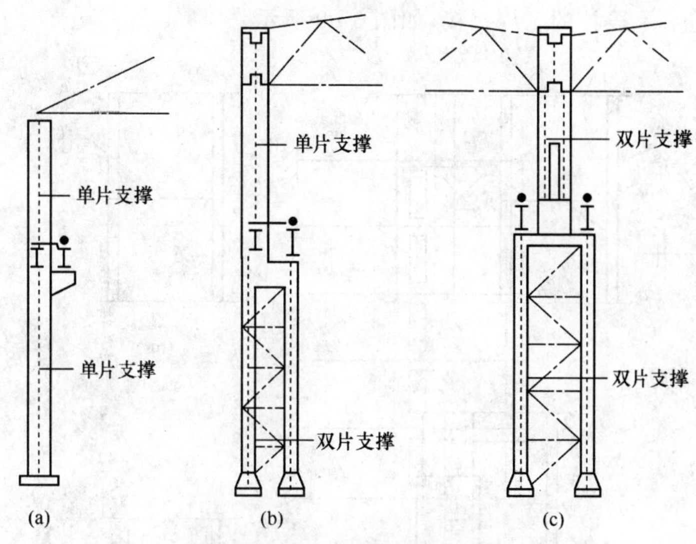

图 3-67　柱间支撑在柱侧面的布置

【例 38】人孔的构造实例，如图 3-68 所示。

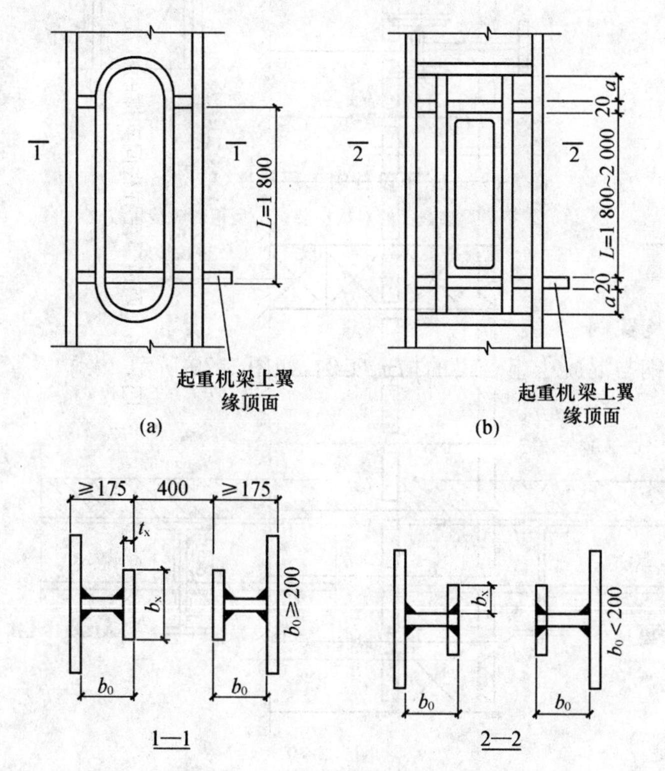

图 3-68　人孔的构造（单位：mm）

【例 39】上、下段柱的工厂拼接，如图 3-69 所示。

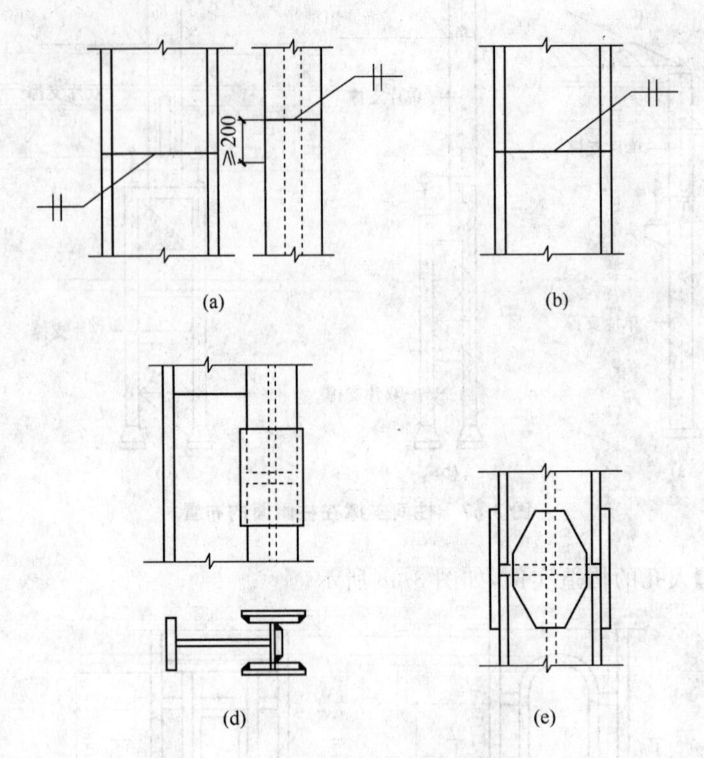

图 3-69　上、下段柱的工厂拼接(单位：mm)

(a)工字形焊接截面的对接拼装；(b)型钢的对接拼接；

(c)盖板拼接；(d)、(e)下段柱的工厂拼接形式

3. 梁结构实例

【例 40】钢与混凝土组合梁的构造实例，如图 3-70 所示。

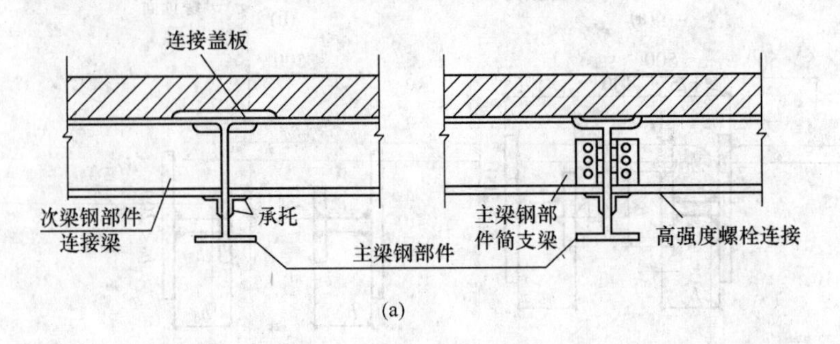

图　3-70

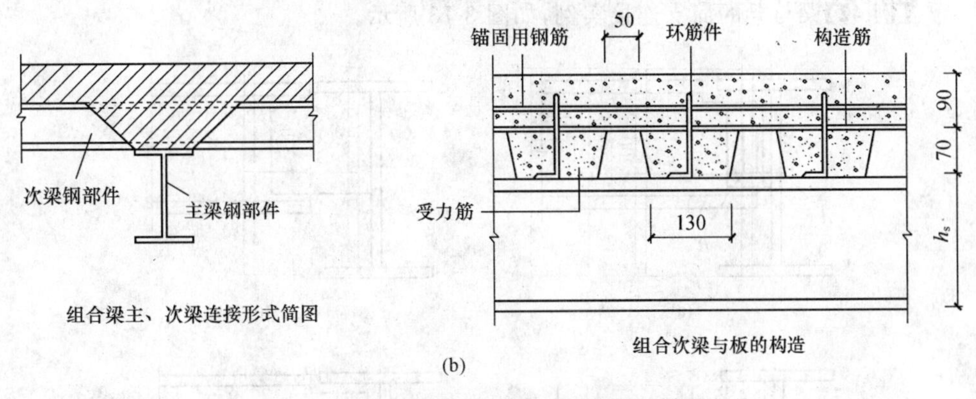

(b)

图 3-70　钢与混凝土组合梁的构造（单位：mm）

(a)平接；(b)叠接

【例 41】梁的拼接实例，如图 3-71、图 3-72 所示。

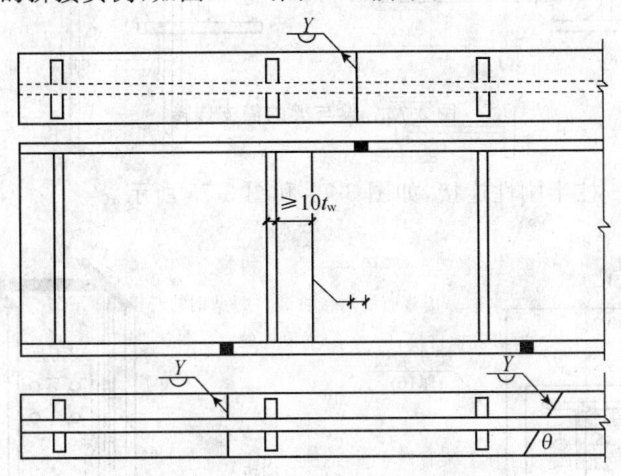

图 3-71　焊接梁的车间拼接

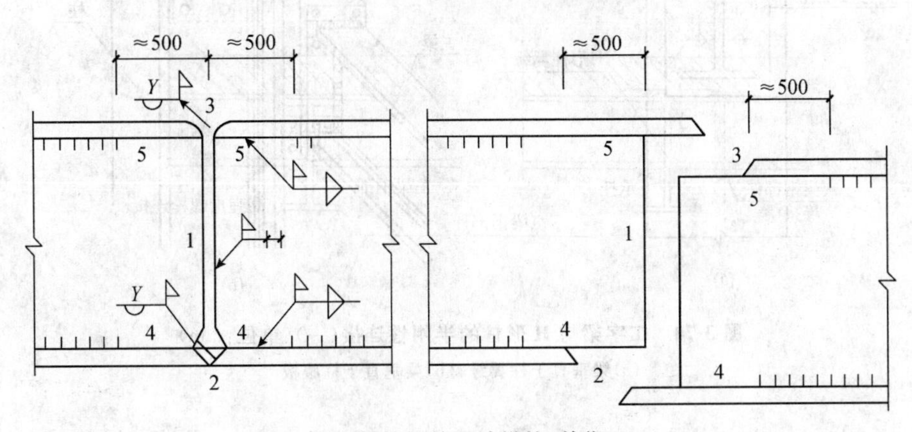

图 3-72　焊接梁的工地拼接（单位：mm）

【例 42】梁与梁的简支连接实例,如图 3-73 所示。

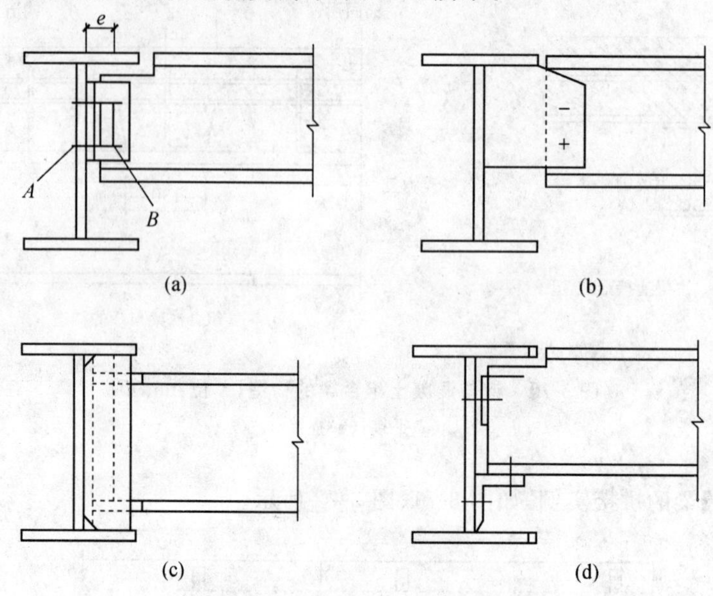

图 3-73　梁与梁的简支连接

【例 43】梁一柱半刚性连接,如图 3-74 和图 3-75 所示。

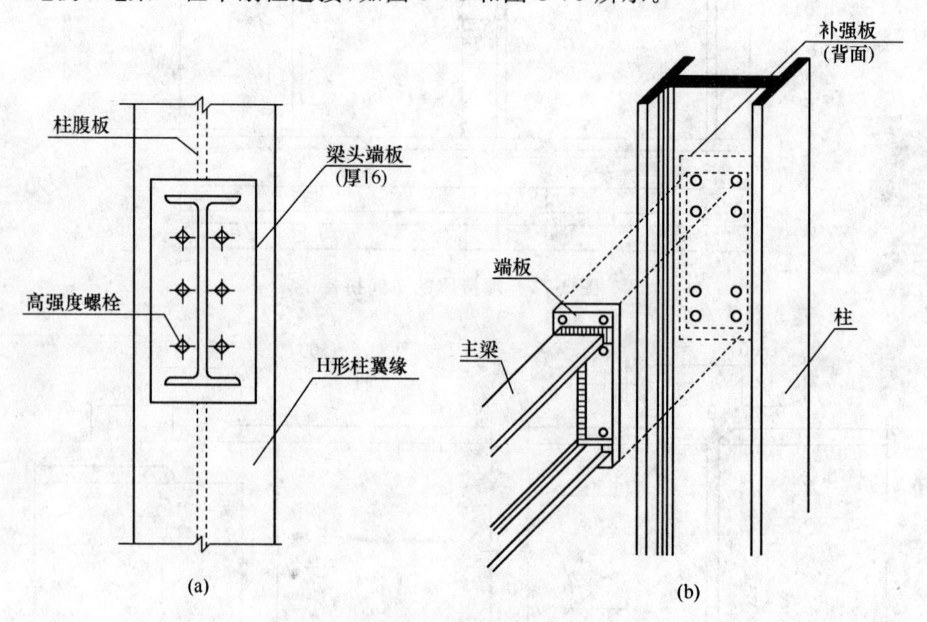

图 3-74　工字梁与 H 形柱的半刚性连接(一)(单位:mm)

(a)梁垂直于柱翼缘;(b)梁垂直于柱腹板

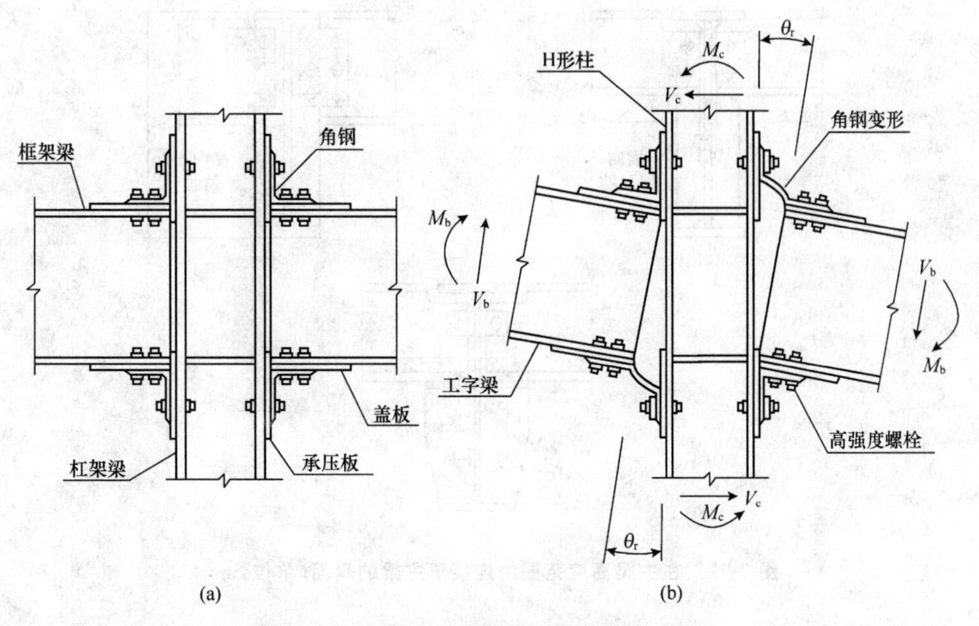

图 3-75　工字梁与 H 形柱的半刚性节点(二)

(a)节点构造;(b)顺时针弯矩作用下的节点角度

【例 44】次梁与主梁的连接实例,如图 3-76、图 3-77 所示。

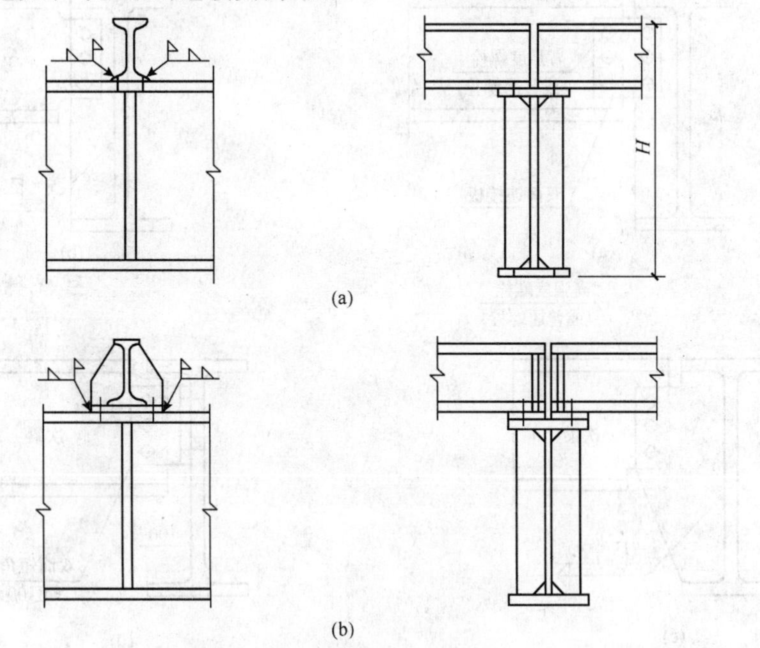

图 3-76　次梁叠接于主梁之上

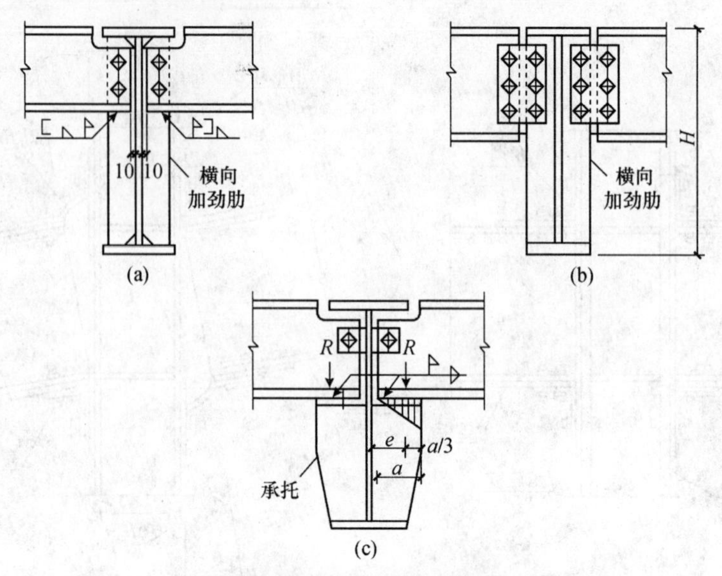

图 3-77　在主梁高度范围内连接于主梁的侧面(单位:mm)

【例 45】次梁与主梁的铰连接实例,如图 3-78 所示。

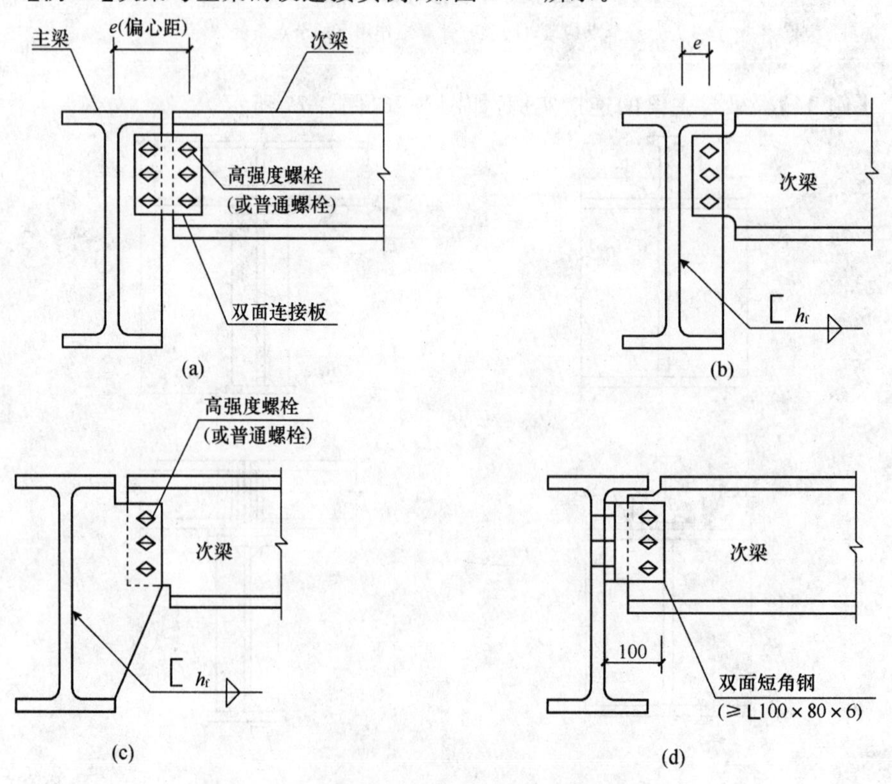

图 3-78　次梁与主梁的铰连接(单位:mm)

(a)附加连接板;(b)次梁腹板伸长;(c)增宽加劲肋;(d)附加短角钢

【例 46】次梁与主梁的全螺栓刚性连接实例，如图 3-79 所示。

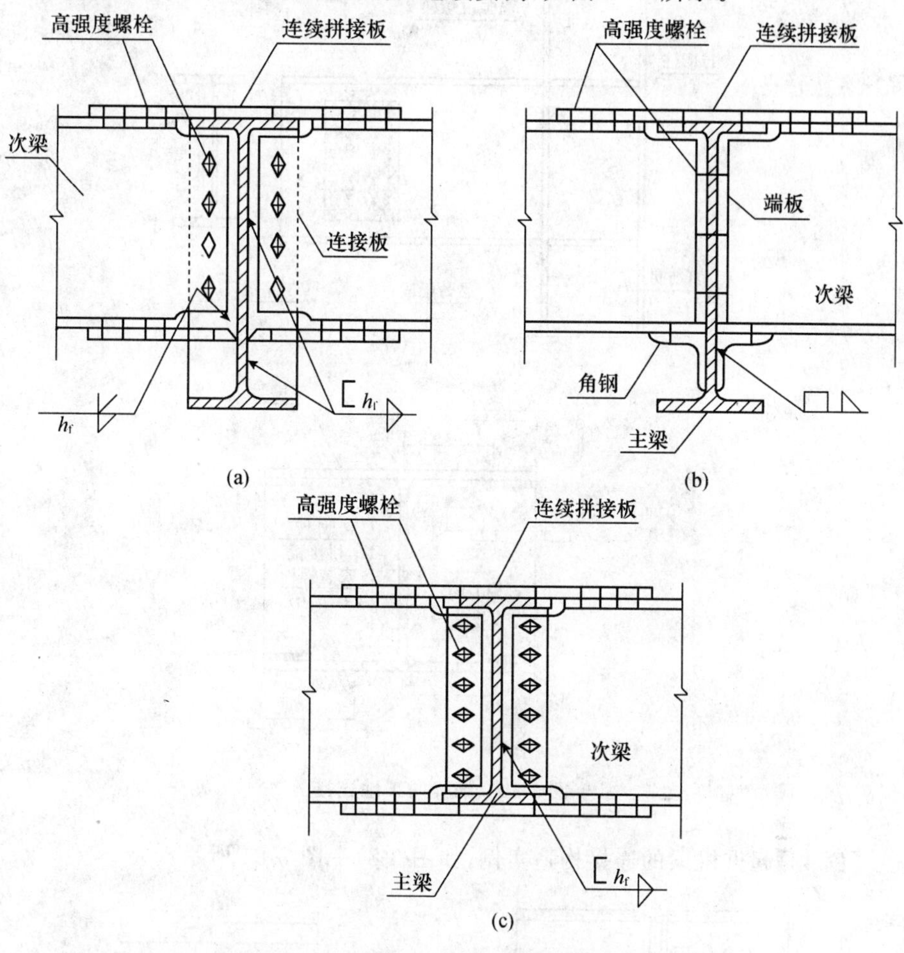

图 3-79　次梁与主梁的全螺栓刚性连接

(a)拼接板；(b)端板及角钢；(c)主、次梁等高

【例 47】钢梁的工地连接实例，如图 3-80 所示。

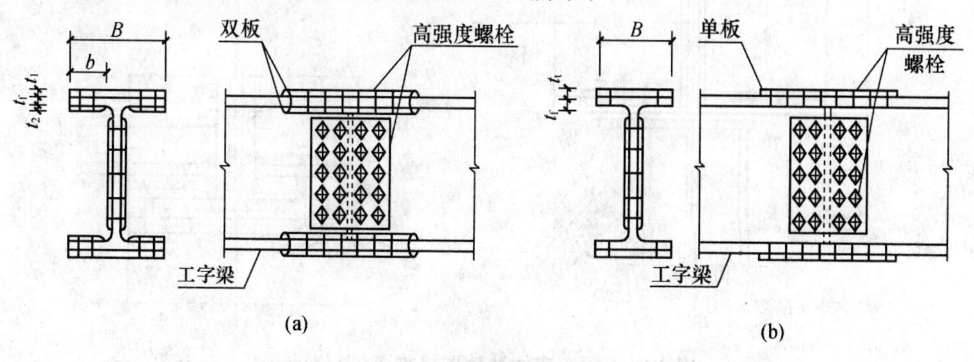

图　3-80

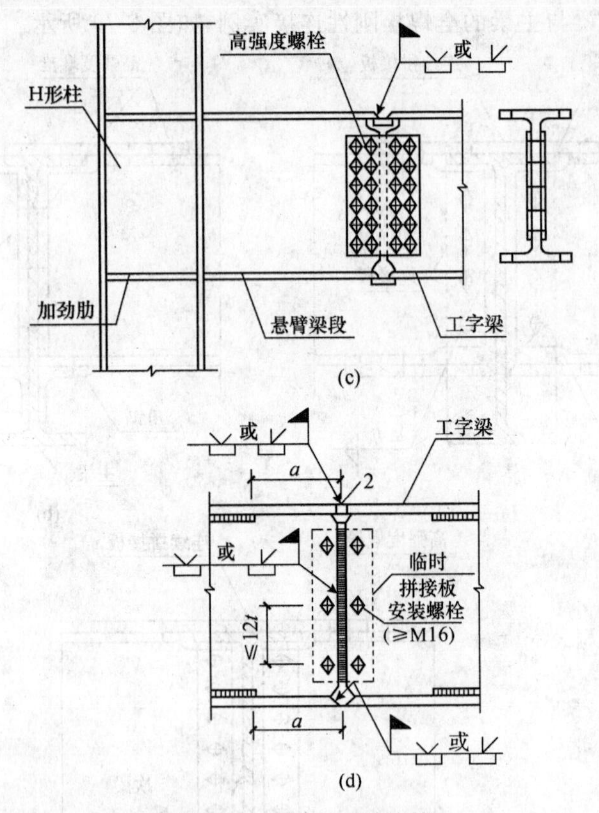

图 3-80　钢梁的工地连接

【例 48】起重机梁的连接构造实例，如图 3-81～图 3-84 所示。

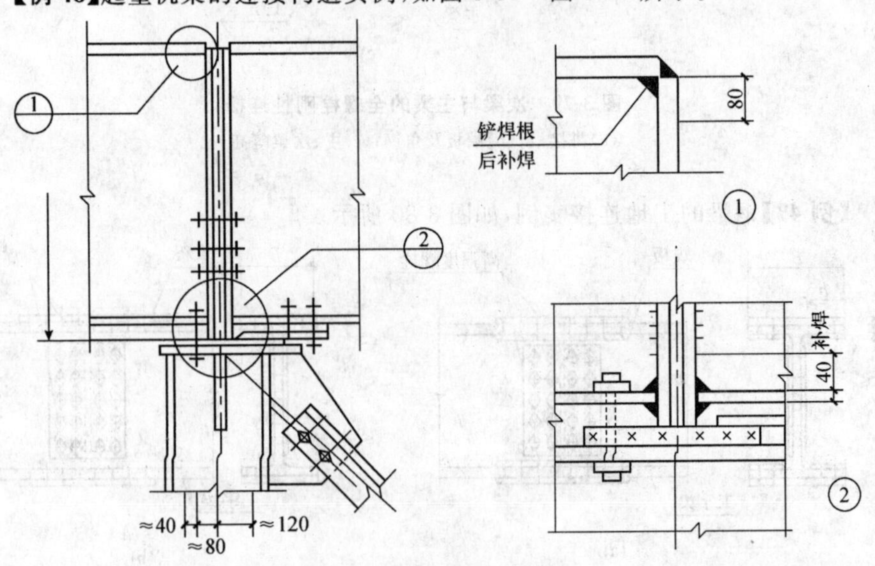

图 3-81　梁支座加劲肋连接构造(单位:mm)

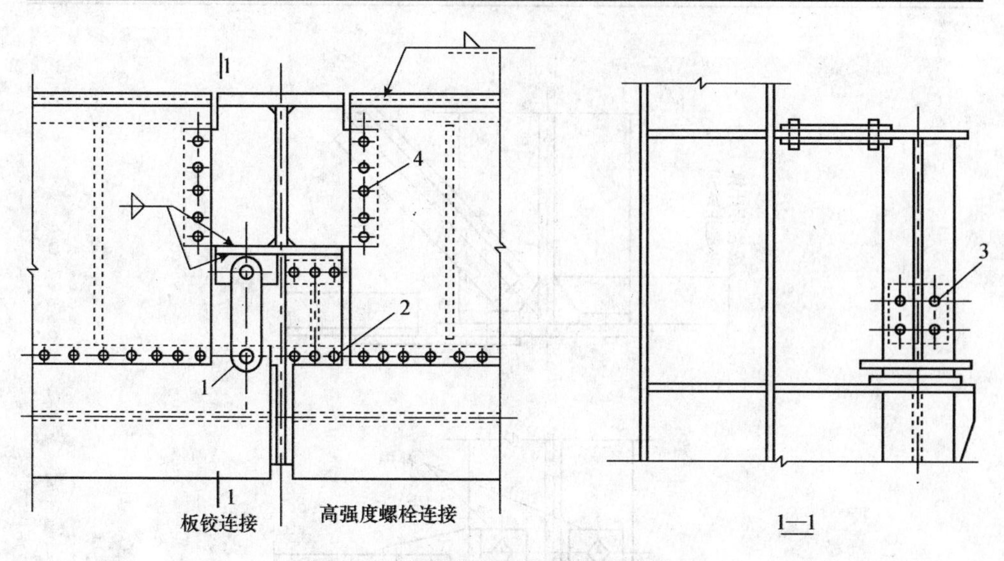

图 3-82　起重机梁与柱、制动结构连接

1—板铰连接；2、4—高强度螺栓连接；3—永久防松螺栓

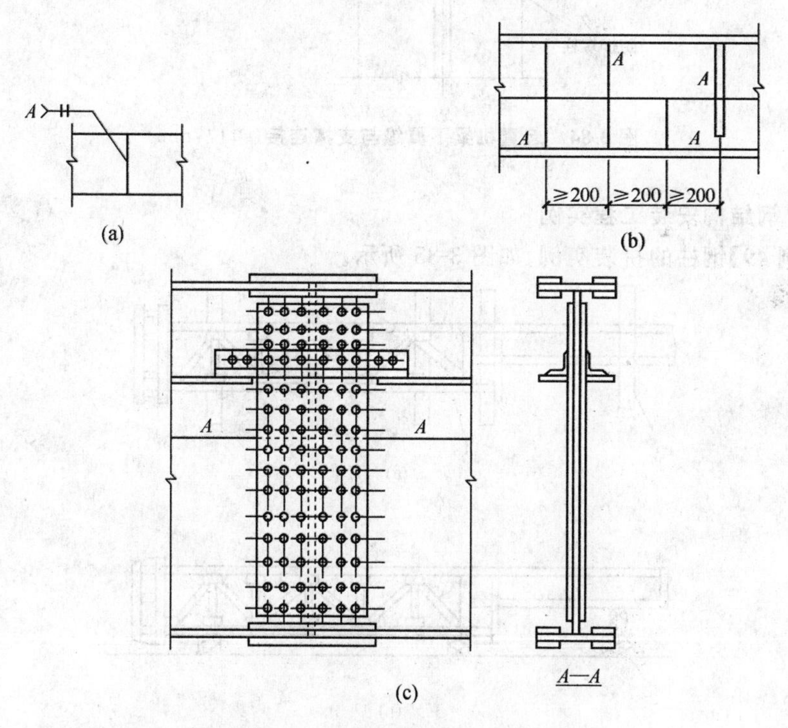

图 3-83　焊接工字梁的拼接(单位：mm)

(a)翼缘板直缝工厂拼接；(b)腹板工厂拼接；(c)大型梁工地全断面拼接

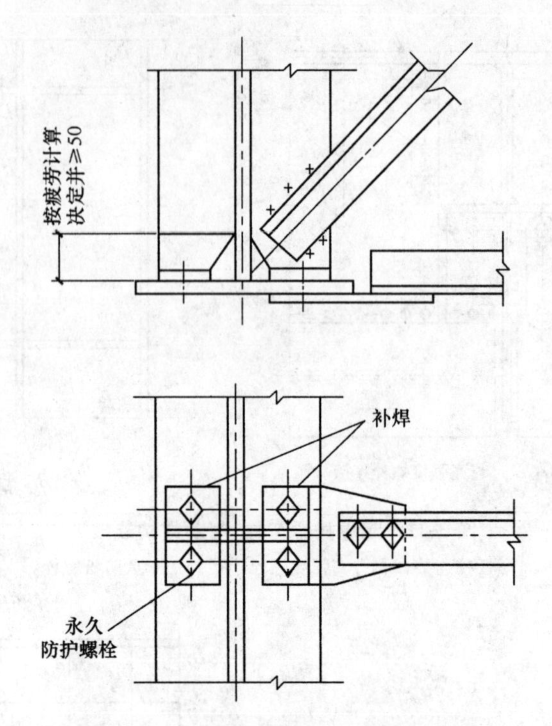

图 3-84　起重机梁下翼缘与支撑连接(单位:mm)

4. 钢结构安装工程实例

【例 49】钢柱的拼装实例,如图 3-85 所示。

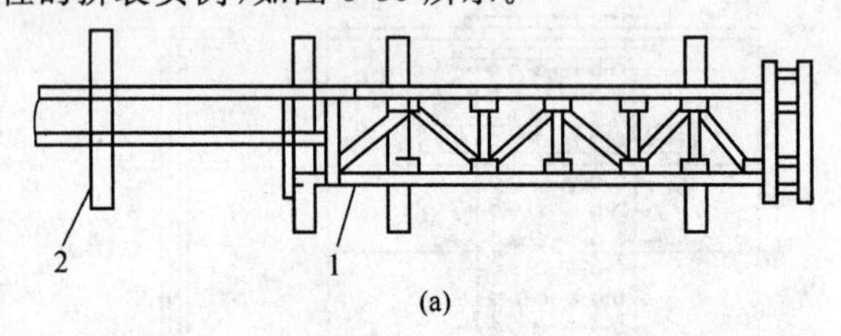

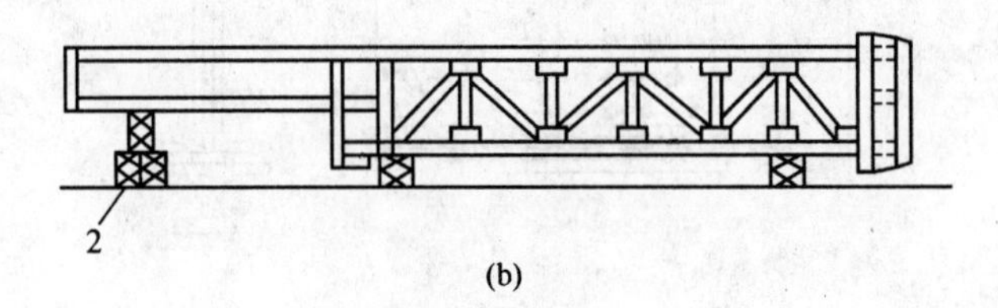

图 3-85　钢柱的拼接

(a)平拼拼接法;(b)立拼拼接法

1—拼接点;2—枕木

【例 50】屋盖钢结构综合吊装平面布置实例，如图 3-86 所示。

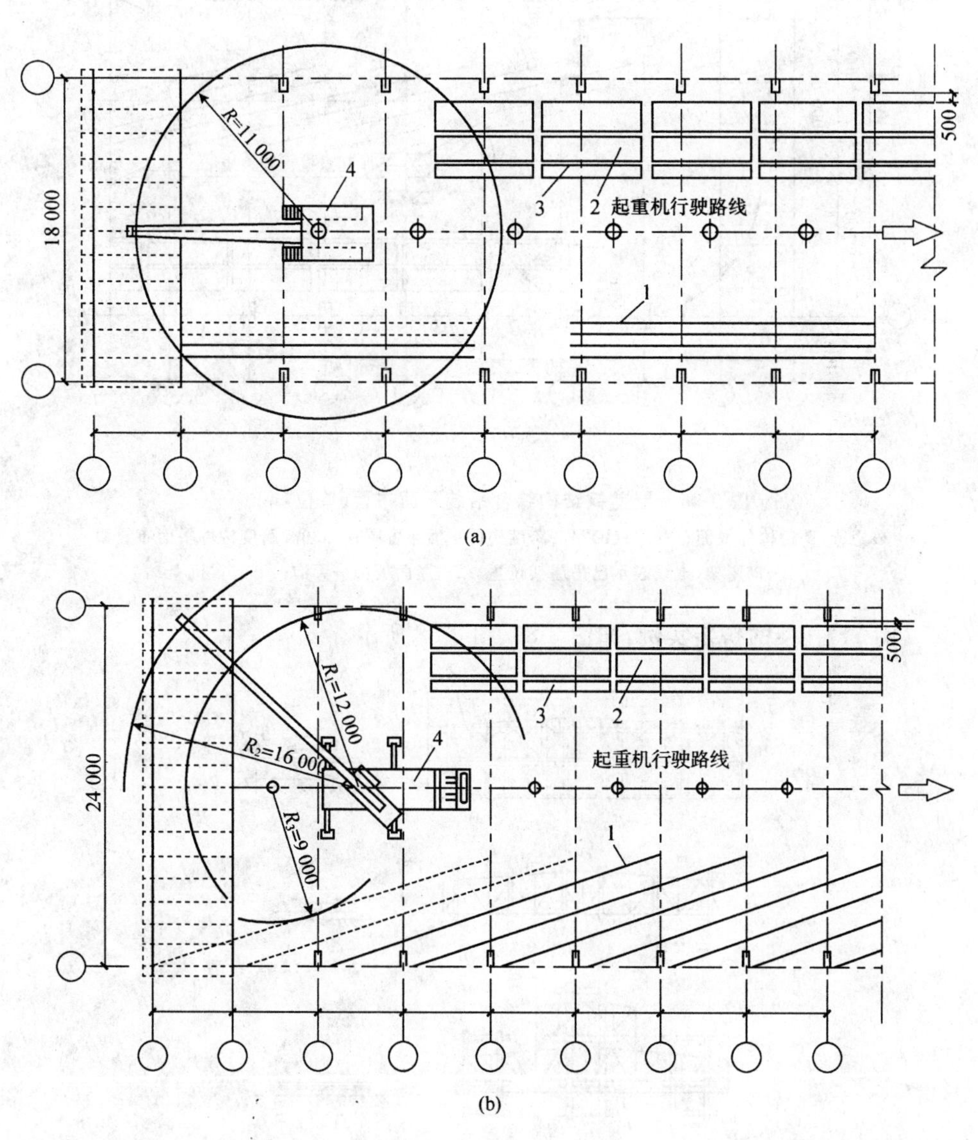

图　3-86

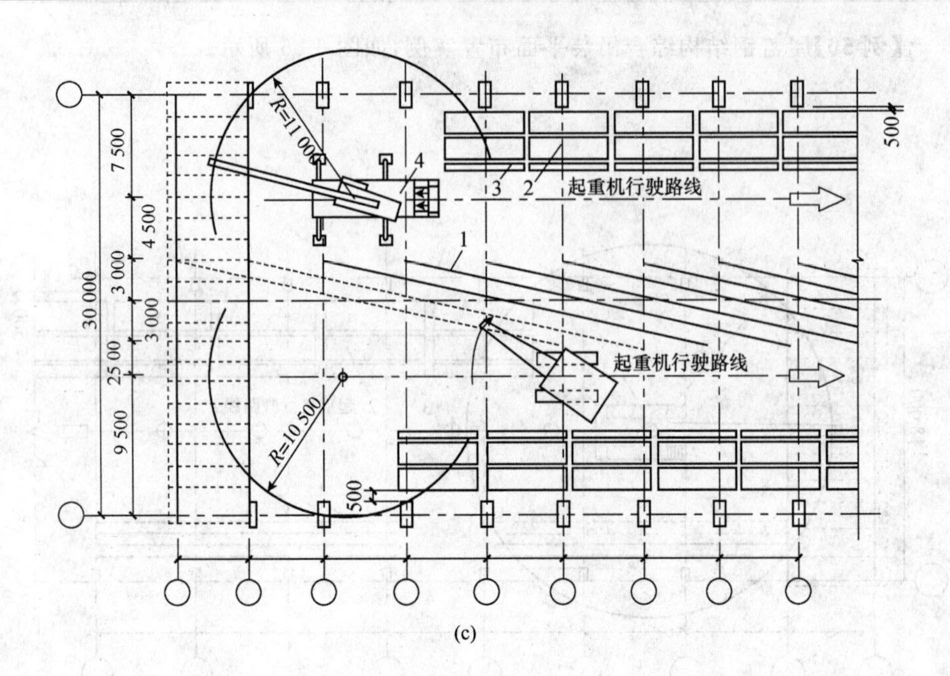

图 3-86　屋盖钢结构综合吊装平面布置(单位:mm)

(a)18m 跨度构件平面布置图;(b)24m 跨度构件平面布置图;(b)30m 跨度构件平面布置图

1—钢屋架(虚线表示已吊屋架位置);2—屋面板;3—天沟;4—起重机

【例 51】托架的拼装实例,如图 3-87、图 3-88 所示。

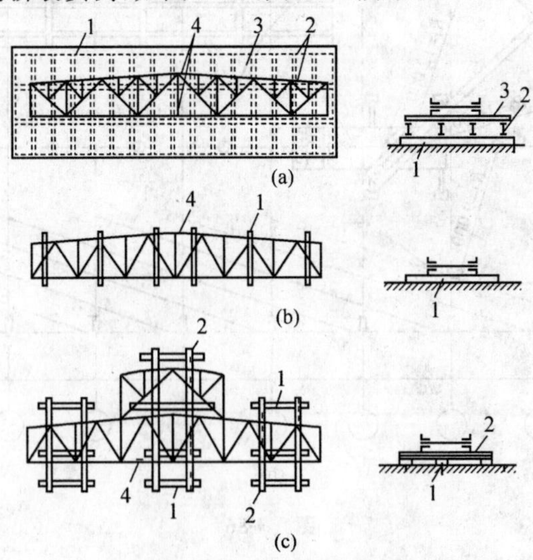

图 3-87　天窗架平拼接

(a)简易钢平台拼装;(b)枕木平台拼接;(c)钢木混合平台拼接

1—枕木;2—工字钢;3—钢板;4—拼接点

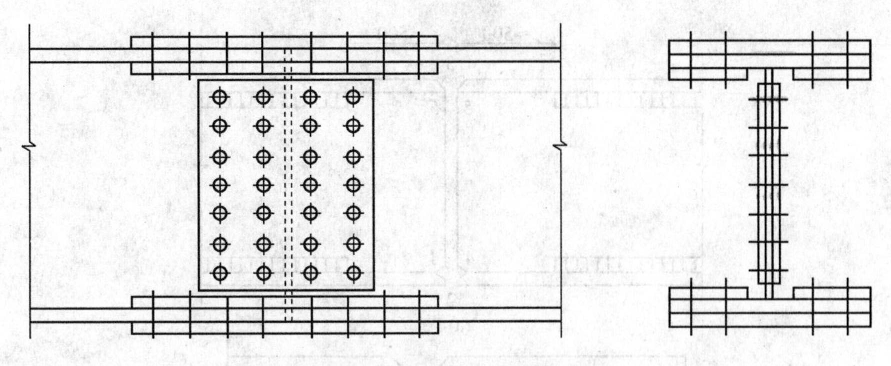

图 3-88　采用拼接板的螺栓接连

【例 52】梁的拼装实例，如图 3-89、图 3-90、图 3-91 所示。

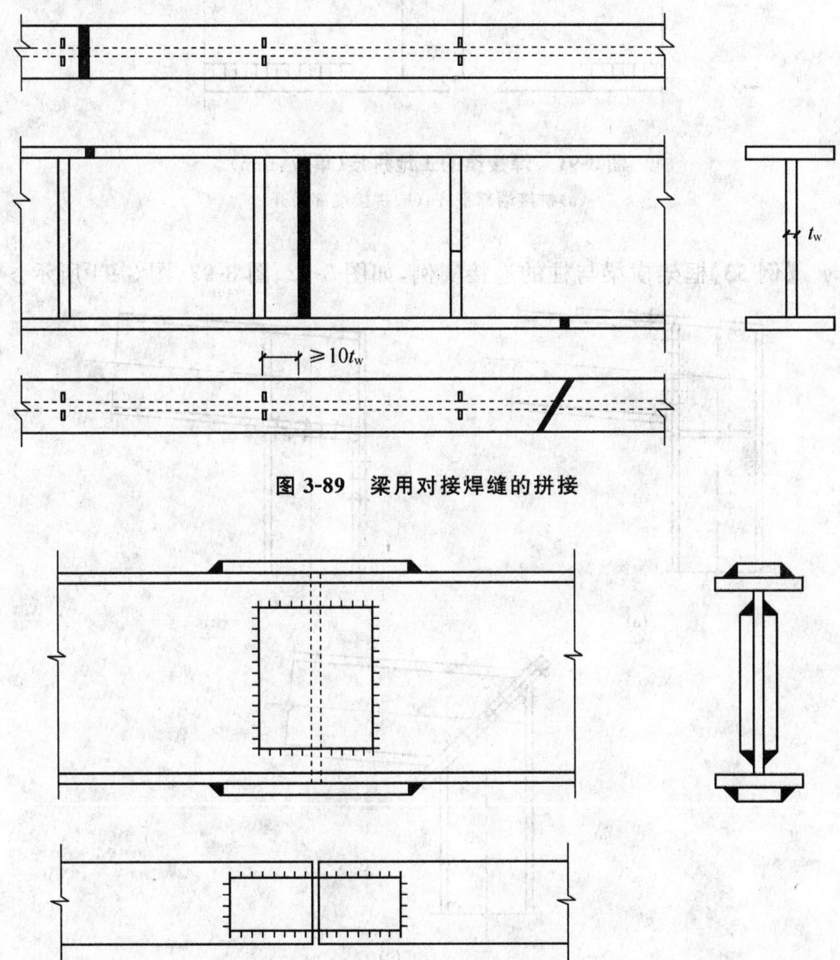

图 3-89　梁用对接焊缝的拼接

图 3-90　梁用拼接板的拼接

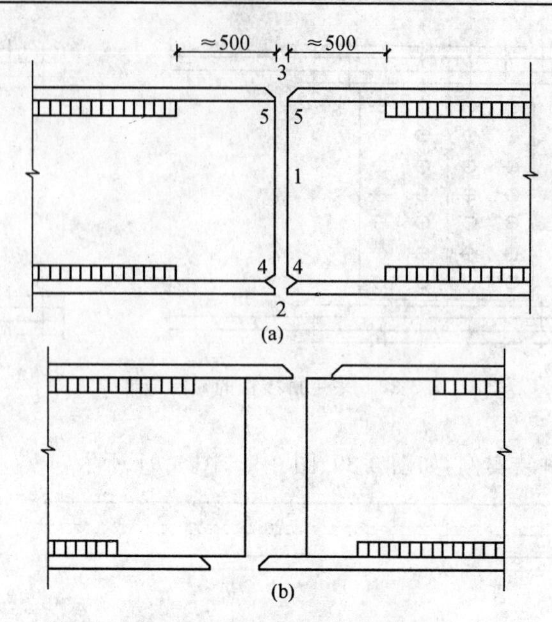

图 3-91 焊接梁的工地拼接(单位:mm)

(a)拼接端部平齐;(b)拼接端部错开

【例 53】框架横梁与柱的连接实例,如图 3-92、图 3-93、图 3-94 所示。

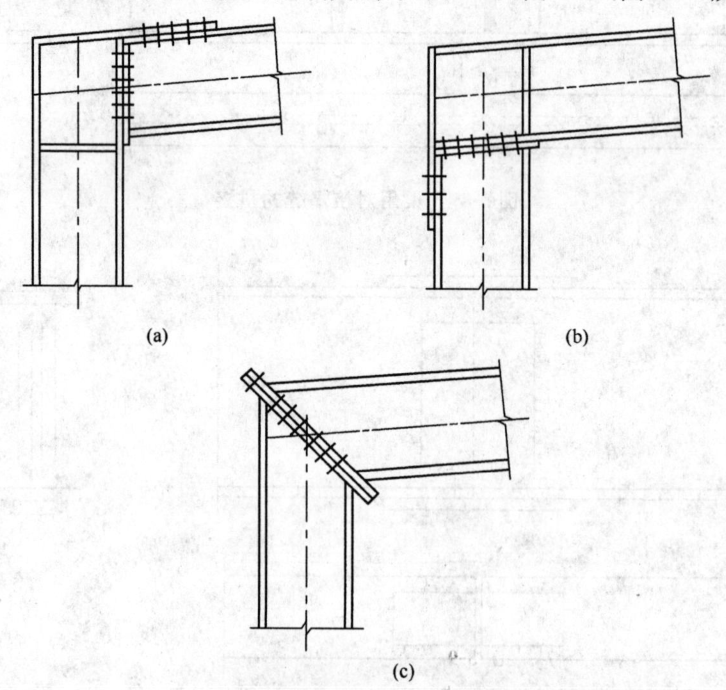

图 3-92 框架角的螺栓连接

(a)柱到顶与梁连接;(b)梁延伸与柱连接;(c)梁柱的角中线连接

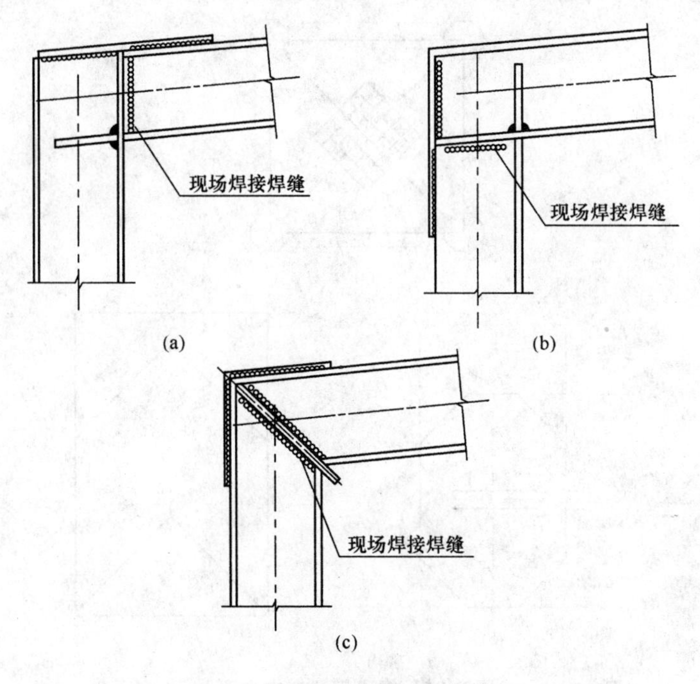

图 3-93　框架角的工地焊缝连接

(a)柱到顶与梁连接；(b)梁延伸与柱连接；(c)梁柱的角中线连接

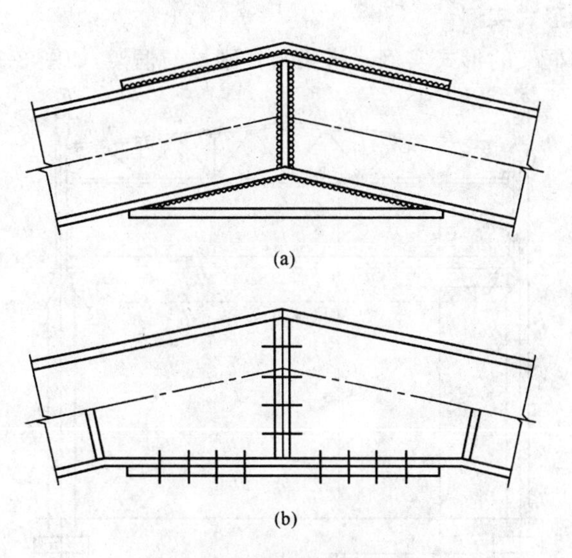

图 3-94　框架顶的现场拉装

(a)焊接连接；(b)螺栓连接

【例 54】钢网架的拼装实例，如图 3-95 所示。

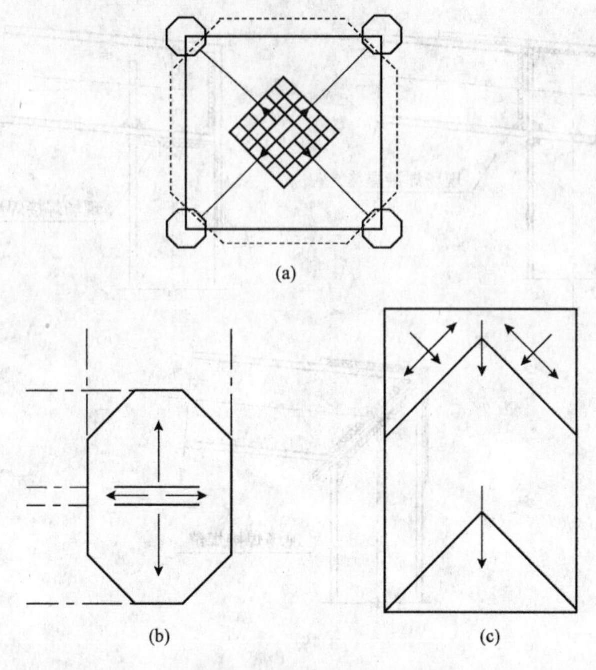

图 3-95　钢网架拼装方向图

三、钢框架结构施工图识读举例

1. 钢框架的形式实例

【例 55】横向框架的形式实例。横梁与柱刚接的框架，如图 3-96 所示。

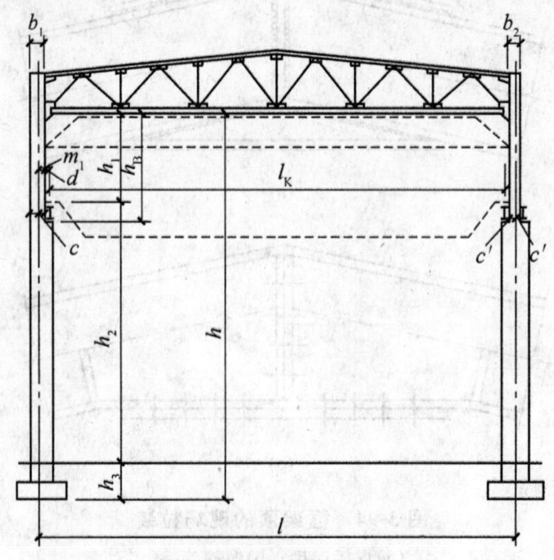

图 3-96　横梁与柱刚接的框架

【例 56】框架柱的形式实例，如图 3-97 所示。

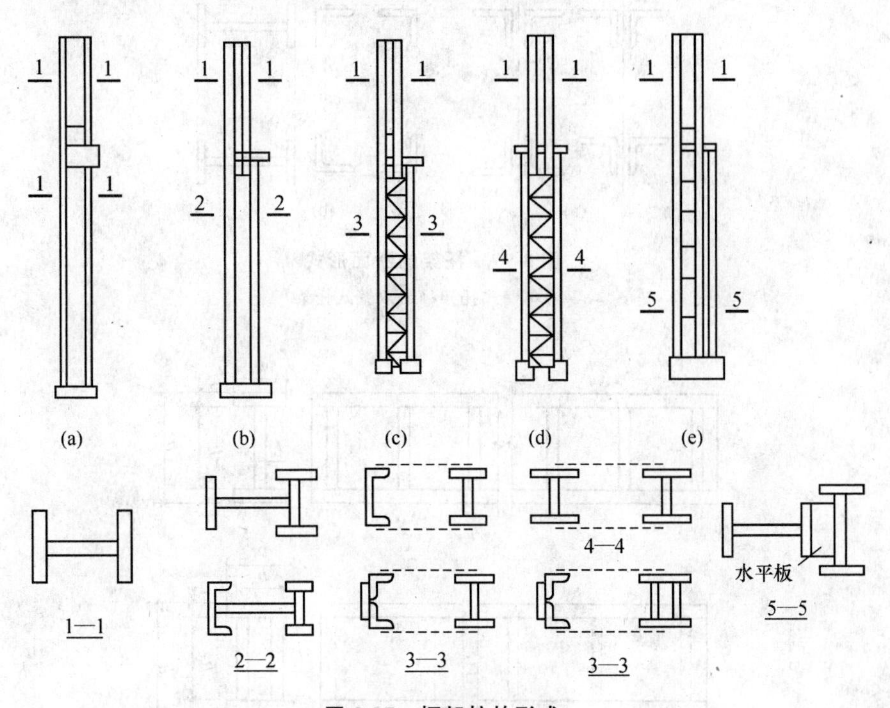

图 3-97　框架柱的形式

(a)等断面柱；(b)阶形柱 1；(c)阶形柱 2；(d)阶形柱 3；(e)分离式柱

【例 57】多层框架的断面形式实例，如图 3-98 所示。

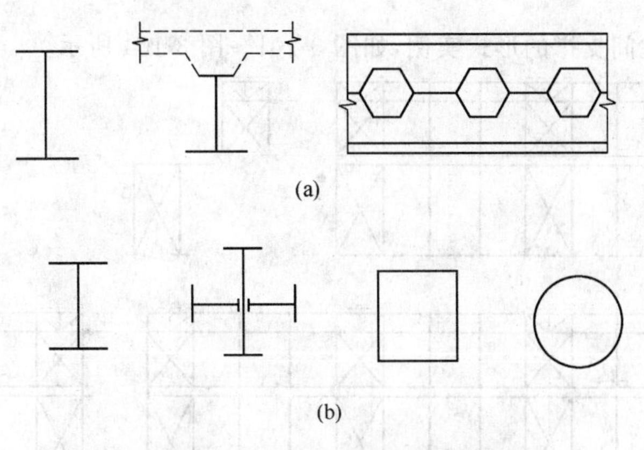

图 3-98　多层框架的断面形式实例

(a)多层框架梁断面形式；(b)多层框架柱断面形式

【例 58】托架与托梁的断面形式实例，如图 3-99、图 3-100 所示。

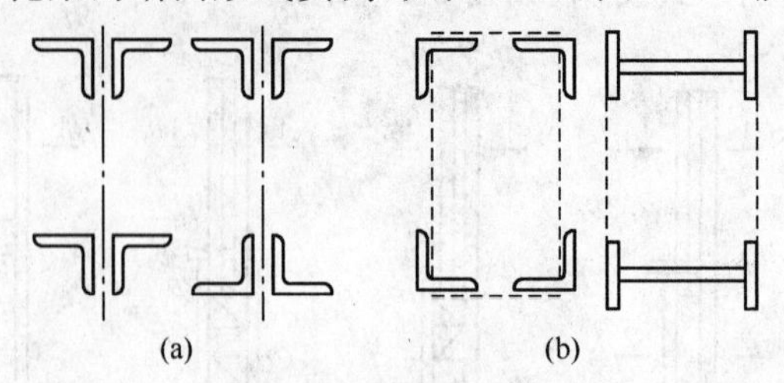

图 3-99　托架的断面形式

(a)单壁式托架；(b)双壁式托架

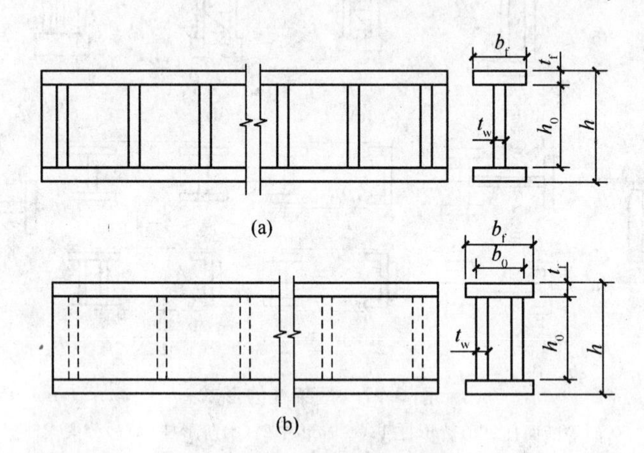

图 3-100　托梁的形式及尺寸

(a)工字形断面；(b)箱形断面

【例 59】柱间支撑的形式实例，如图 3-101～图 3-104 所示。

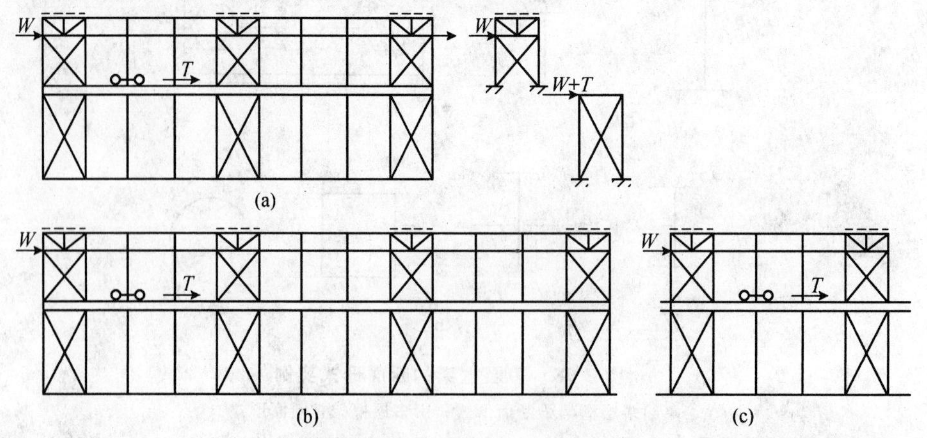

图 3-101　柱间支撑的布置

(a)形式一；(b)形式二；(c)形式三

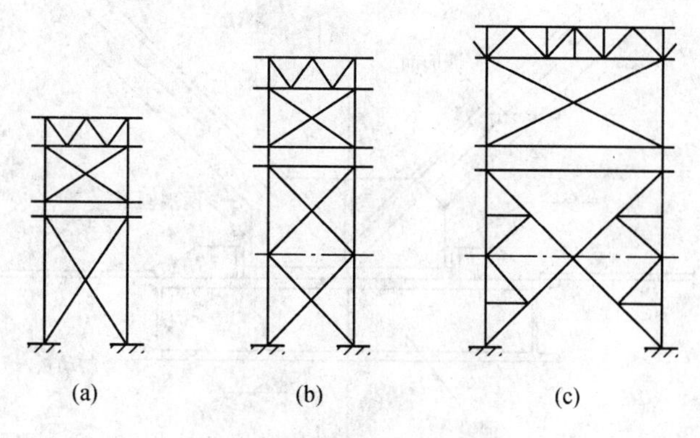

图 3-102　柱间支撑的形式

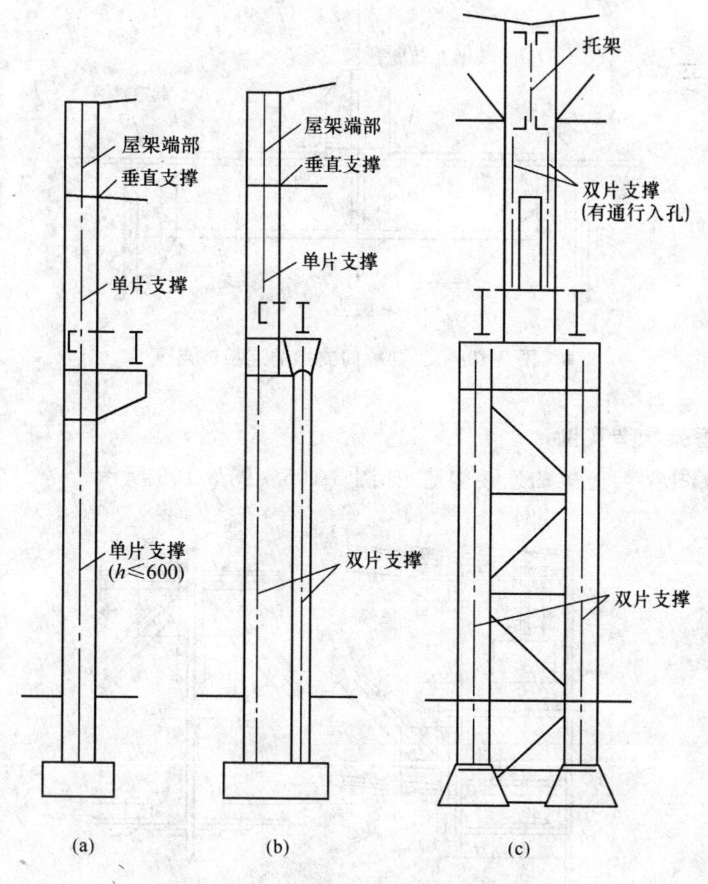

图 3-103　柱间支撑在柱侧面的位置图

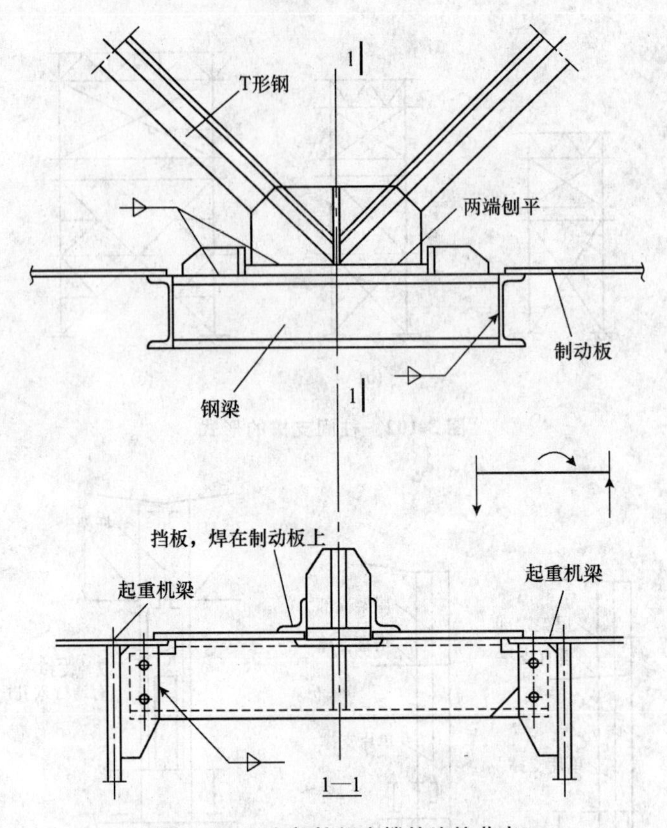

图 3-104 上部柱间支撑的连接节点

2. 钢框架构造实例

【例 60】托架与拖梁的连接构造，如图 3-105～图 3-106 所示。

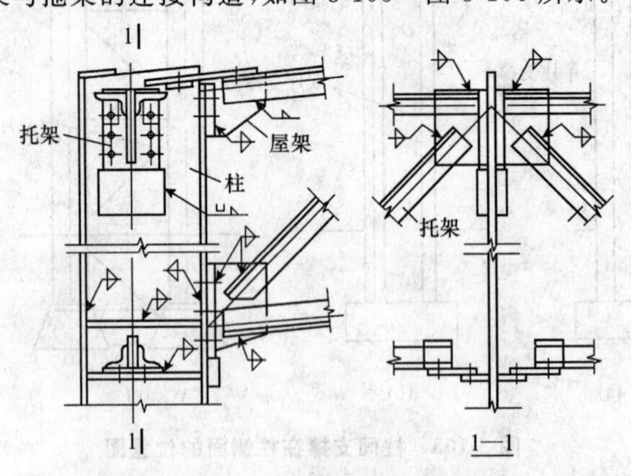

图 3-105 托架、屋架与钢柱的连接

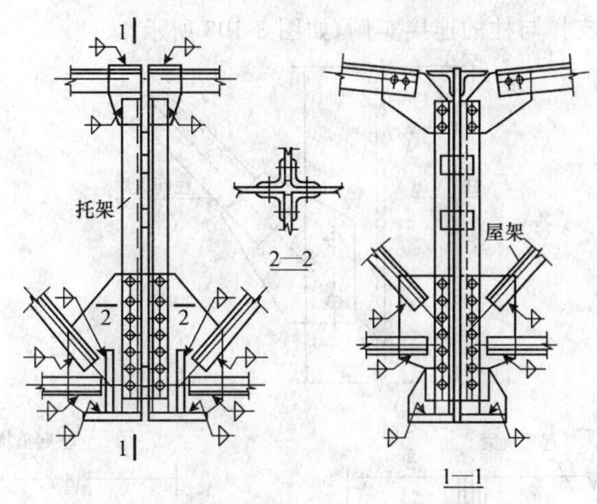

图 3-106　托架与屋架的铰接连接

【例 61】门框式柱间支撑实例，如图 3-107 所示。

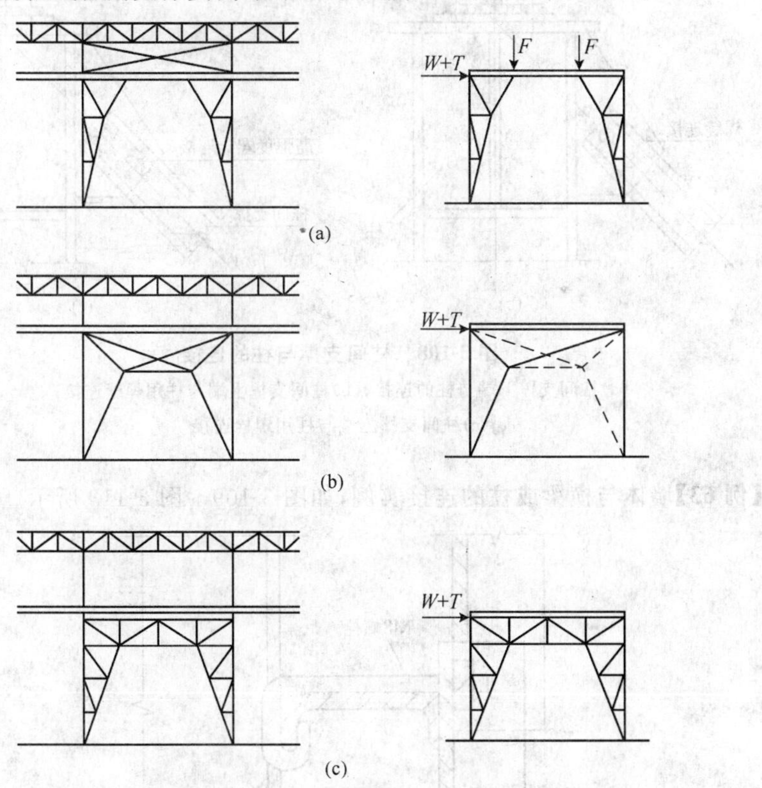

图 3-107　门框式柱间支撑

(a)柱间支撑连于起重机梁上；(b)含柔性杆的柱间支撑；(c)木桁架式柱间支撑

【例 62】柱间支撑与柱的连接实例，如图 3-108 所示。

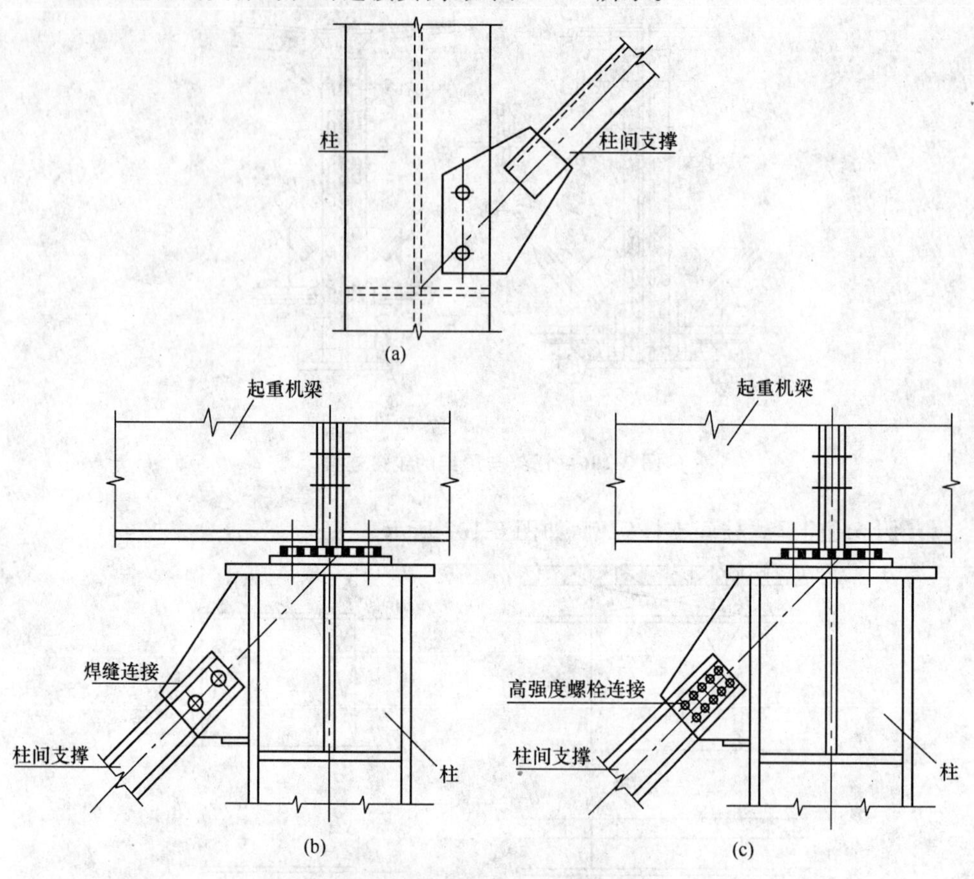

图 3-108　柱间支撑与柱的连接

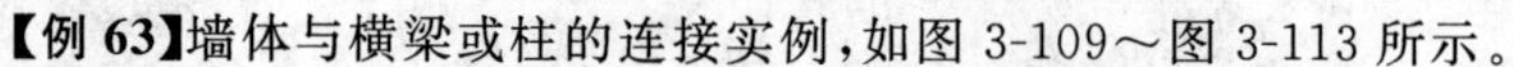
(a)柱间支撑下端与柱的连接；(b)柱间支撑上端与柱用焊缝连接；
(c)柱间支撑上端与柱用螺栓连接

【例 63】墙体与横梁或柱的连接实例，如图 3-109～图 3-113 所示。

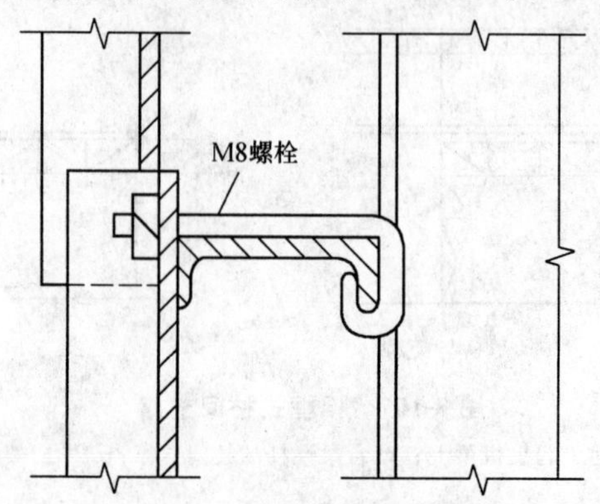

图 3-109　石棉瓦墙与横梁的连接

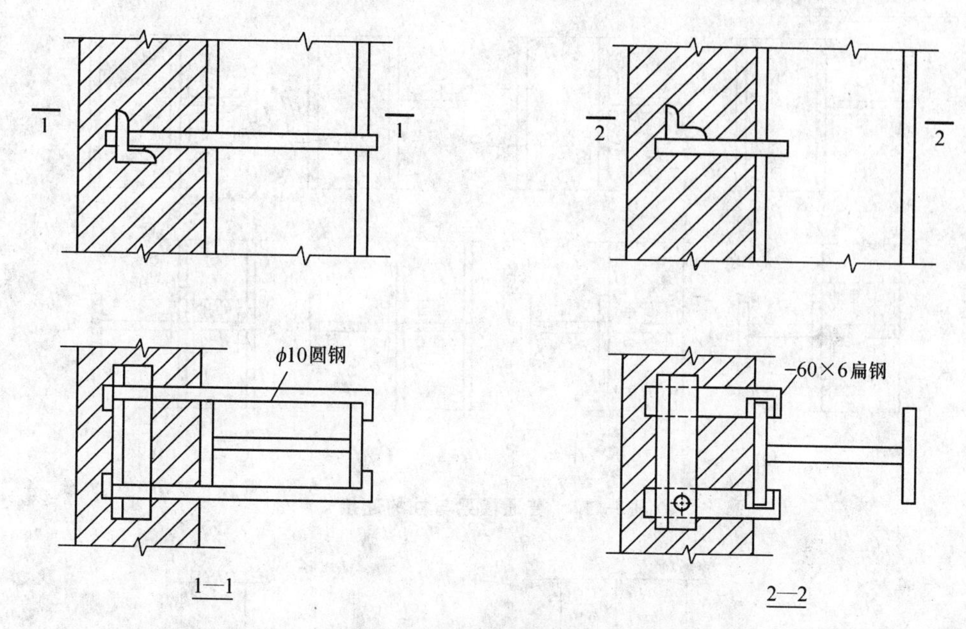

图 3-110　砌体自承重墙与抗风柱的连接(单位:mm)

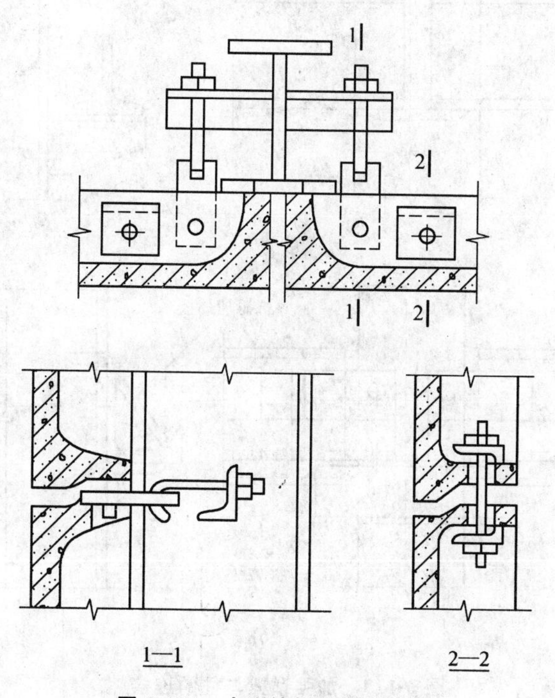

图 3-111　大型墙板的柔性连接

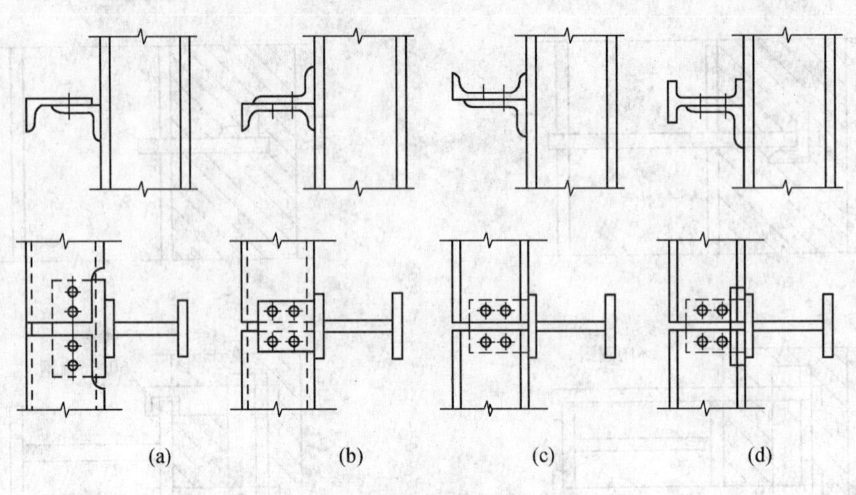

图 3-112　普通横梁与柱的连接

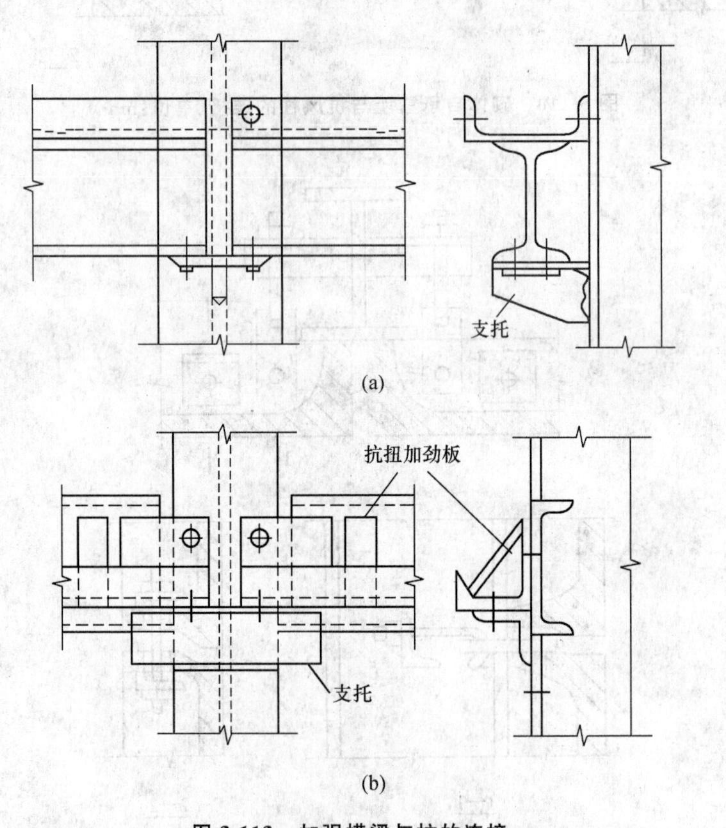

图 3-113　加强横梁与柱的连接

(a)工字钢和槽钢组合的加强横梁；(b)双槽钢组合的加强横梁

【例 64】山墙墙架布置实例，如图 3-114、图 3-115 所示。

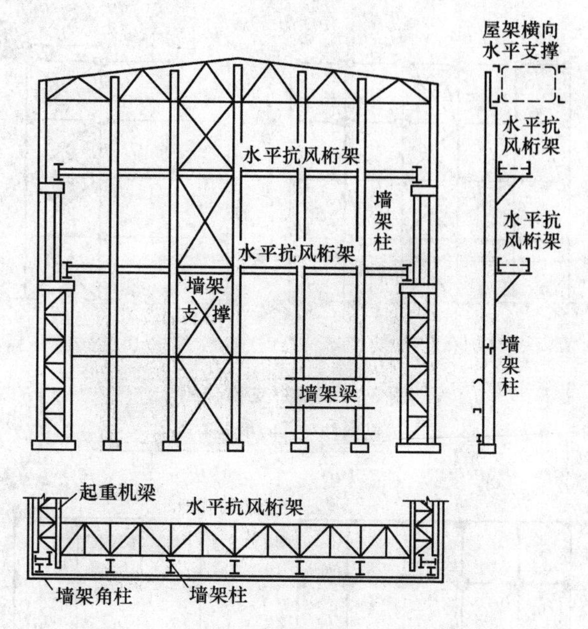

图 3-114　设水平抗风桁架的山墙墙架布置

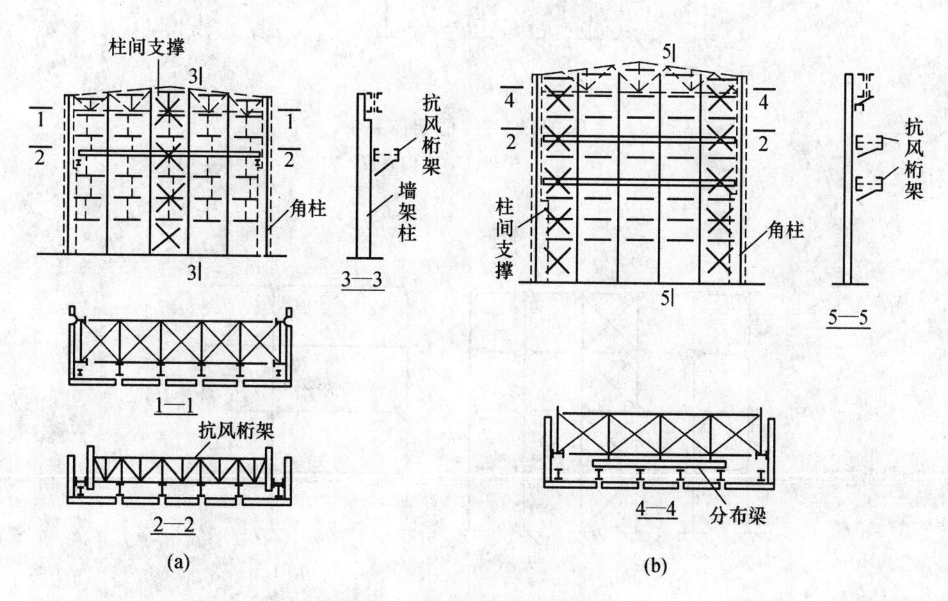

图 3-115　山墙墙架布置

【例 65】多层框架的结构体系实例，如图 3-116～图 3-118 所示。

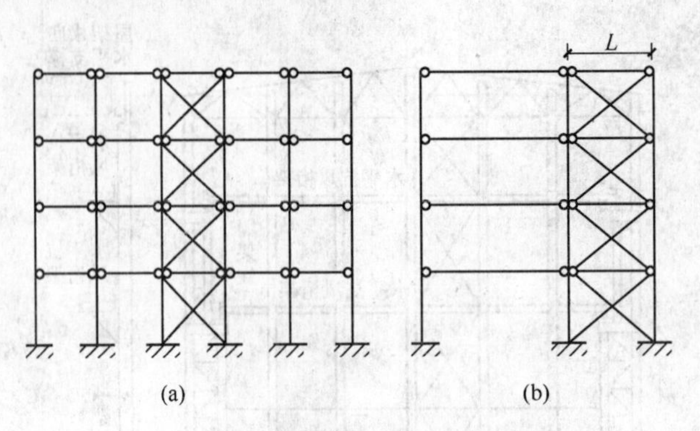

图 3-116 柱-支撑体系

(a)纵向柱列；(b)横向跨度

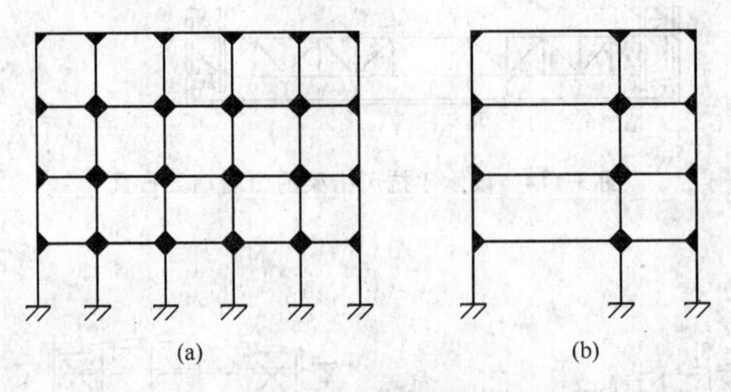

图 3-117 纯框架体系

(a)纵向柱列；(b)横向跨度

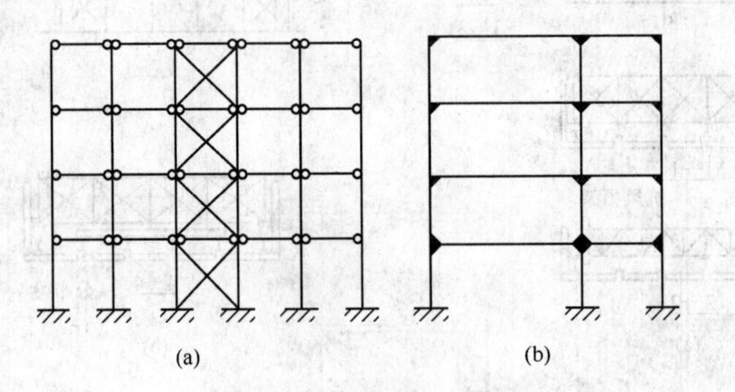

图 3-118 框架-支撑体系

(a)纵向柱列；(b)横向跨度

【例 66】多层框架构件安装分段要求实例，如图 3-119 所示。

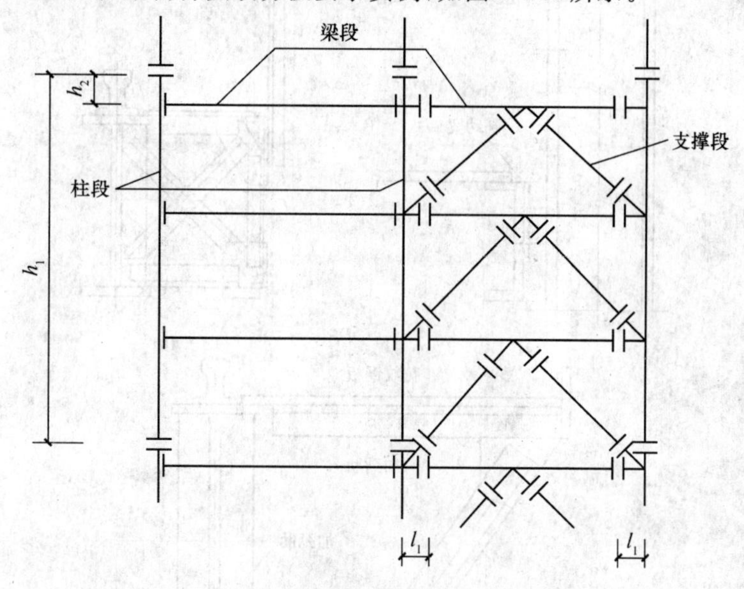

图 3-119　多层框架构件安装分段图

【例 67】起重机梁的制动结构、支撑和梁柱连接实例，如图 3-120 至图 3-123 所示。

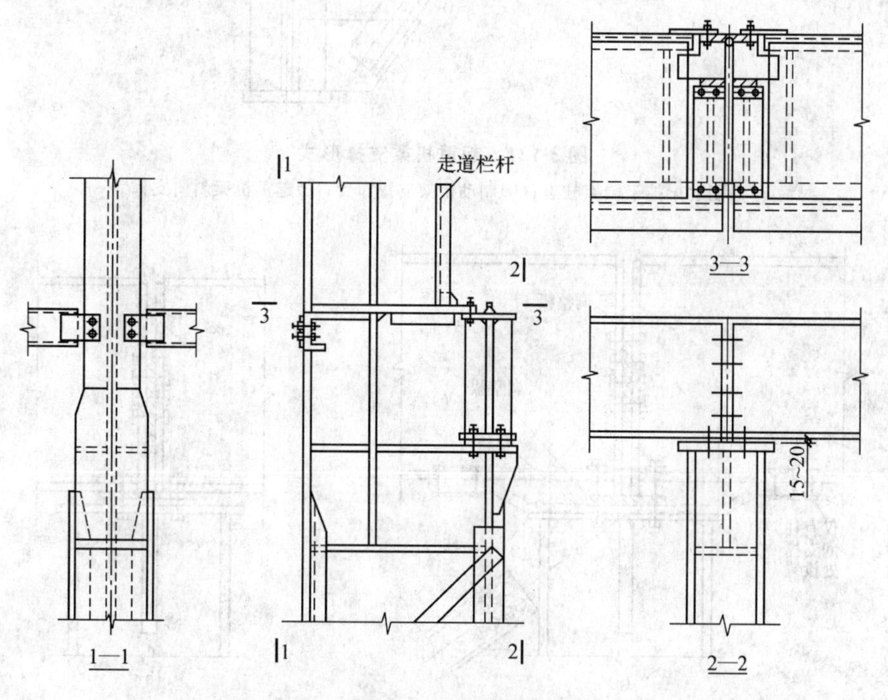

图 3-120　起重机梁与柱的连接(单位：mm)

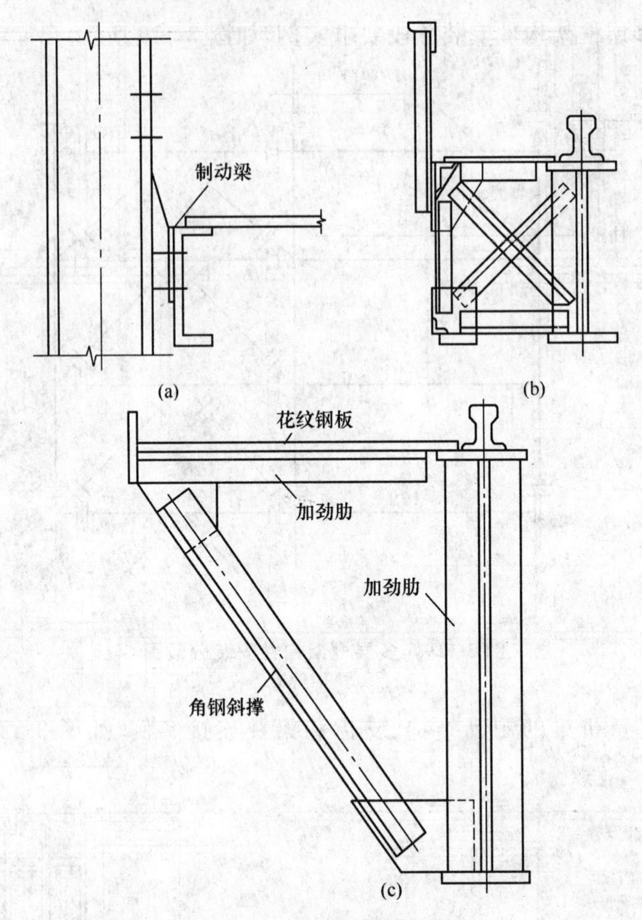

图 3-121 起重机梁支撑形式

(a)制动梁挂于墙架柱上;(b)制动桁架支撑布置;(c)起重机梁斜向支撑

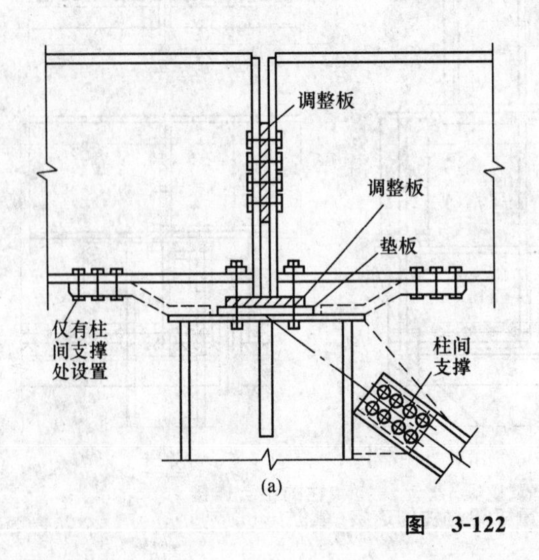

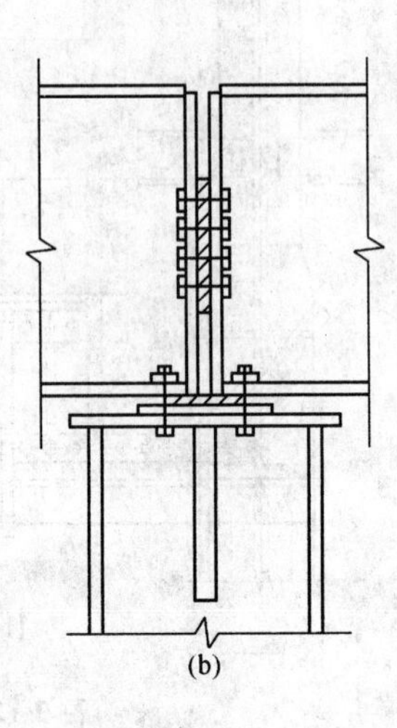

图 3-122

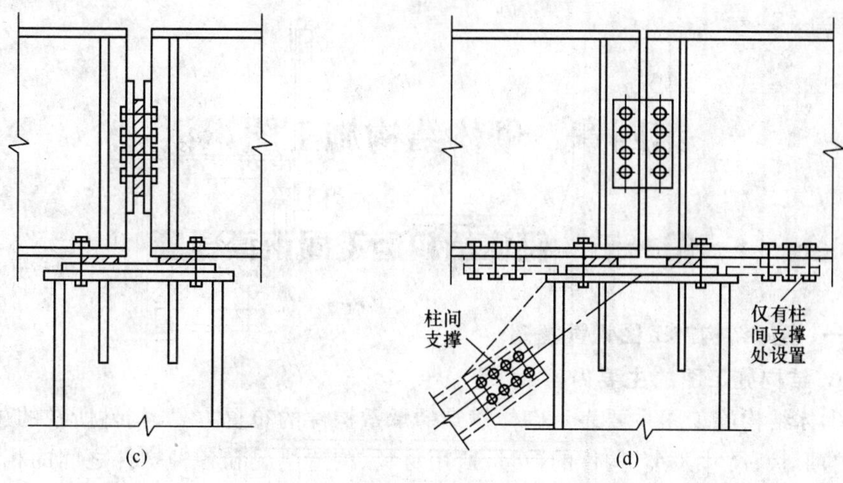

图 3-122　起重机梁在柱上的支撑

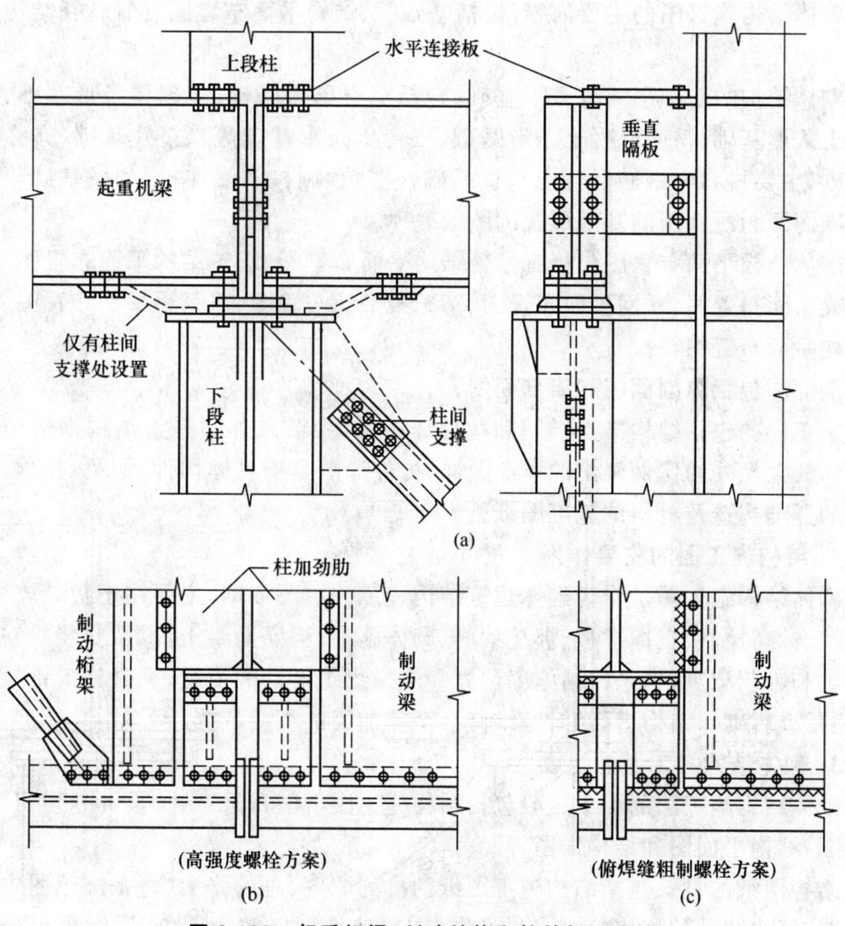

图 3-123　起重机梁、制动结构和柱的相互连接

第四章　砌体结构施工图识读

第一节　砌体结构施工图识读要领

一、砌体结构施工图识读基础

1. 结构施工图的主要内容

砌体结构施工图主要表示砌体建筑的承重构件的布置方式，构件所在的位置、构件的形状、尺寸大小、构件的数量、所用材料、构造情况和各种构件之间的相互关系，其中承重构件包括基础、承重墙、柱、梁、板、屋架、屋面板和楼梯等。

砌体结构施工图的主要内容，包括基础图、结构平面布置图、剖面图、结构节点详图和构件图等。

砌体结构的基础形式有条形基础（包括毛石条形基础、砖砌体条形基础、毛石混凝土条形基础、钢筋混凝土条形基础、三合土条形基础等）、筏片基础（亦称为满堂基础，主要材料为钢筋混凝土）、桩基础（包括预制桩和灌注桩）和墩基础等。因此基础图即为所选用的基础形式的图纸表现。

砌体结构平面布置图包括有楼盖结构平面布置图、屋盖结构平面布置图、过梁和圈梁平面布置图、柱网平面布置图、基础梁平面布置图、连系梁平面布置图、楼梯间结构平面布置图等。

剖面图包括纵剖面图和横剖面图。

施工详图包括结构节点详图和构件详图，其中节点详图是指结构构造局部和材料用放大尺寸的比例画出的详细图样，构件详图是指具体构件，如梁、柱、雨篷等构件的详细构造及材料的施工图纸。

2. 结构施工图的主要作用

砌体结构施工图是作为砌体建筑结构施工的主要依据，主要用于指导放样、基槽开挖、标高控制、支撑模板、绑扎钢筋、砌体施工、浇灌混凝土，以及安装梁、板、柱等工种和工艺施工；也是编制施工预算和施工组织设计的依据；又是施工备料的依据；还是今后砌体结构进行维护、维修甚至是加固的重要依据。

3. 砌体结构施工图的组成

砌体结构施工图的组成一般包括结构施工图纸的目录、结构设计总说明、基础施工图、结构平面图和结构详图等。

结构图纸的目录包括结构施工图纸的排列顺序、总的张数、每张施工图中的主要内容、每张图纸的规格等，使识读者能准确地找到所需的图纸，同时也可用于校对图纸张数的完整性。

4. 结构总说明的内容

砌体结构设计总说明的内容很多，各个工程的设计内容也不尽相同，各设计单位的表达方式和内容各有特色，但概括起来，一般均应包括以下几个重要内容：

(1)表明砌体建筑的具体结构形式，层数。

(2)说明该建筑的抗震等级。

(3)说明设计所依据的规范、规程、图集和设计时所使用的结构程序软件。

(4)说明基础的形式，所采用的主要材料及其强度等级。

(5)说明使用荷载的取值依据及大小。

(6)说明构造上的做法和要求。

(7)说明抗震构造要求。

(8)说明主体结构的形式，所采用的主要材料及其强度等级。

(9)对本工程施工中的特殊要求。

二、基础施工图

1. 基础形式

基础施工图纸以表明基础结构为主要内容，基础位于建筑物使用部分的下部，用于承受上部结构传来的各种作用，并传递到地基土上。常见的基础形式有条形基础(包括墙下条形基础、柱下条形基础，如图 4-1 所示)、柱下独立基础(如图 4-2 所示)、筏形基础(包括梁板式和平板式两种，如图 4-3 所示)、桩基础(由桩身和承台组成)等。在砌体结构工程中常见的基础形式为条形基础和独立基础。

2. 作用与组成

基础施工图是用来表示建筑物基础的平面布置、标高和详细构造做法的图纸，主要用于指导放样、刨基槽、做垫层和砌基础等。

基础施工图的基本内容一般由基础平面图、剖面图和文字说明三部分组成，这部分与建筑的一层平面图关系密切，识读时应结合阅读。

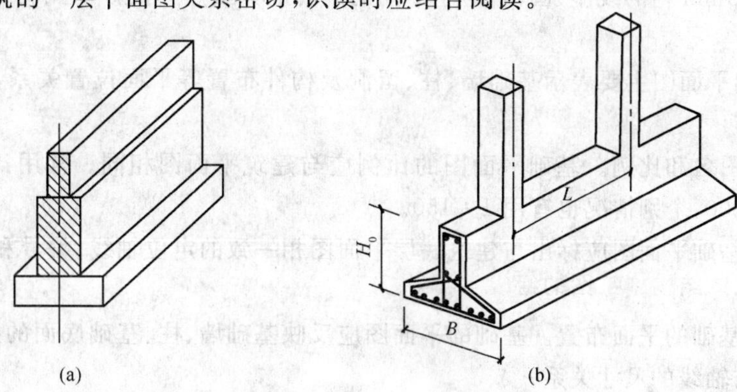

图 4-1　条形基础

(a)墙下条形基础；(b)柱下条形基础

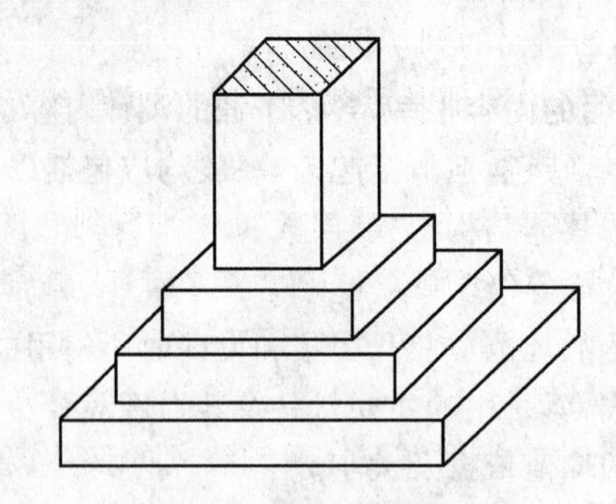

图 4-2 柱下独立基础

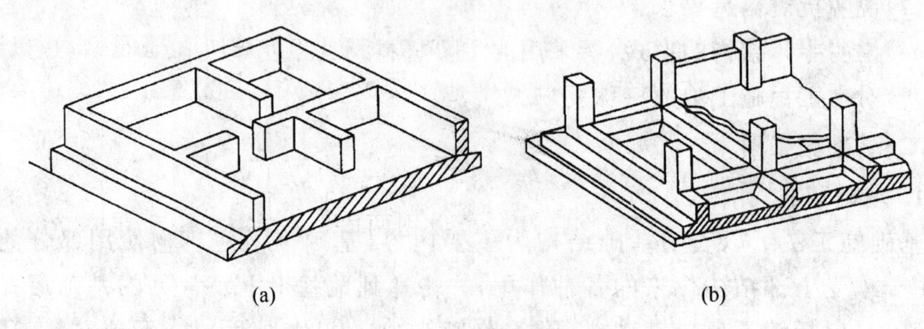

图 4-3 筏形基础

(a)梁板式;(b)平板式

3. 基础平面图的形成与主要内容

假想在基础上面某一点的地方,有一个水平剖切面把房屋切成上下两个部分,搬走上部,然后从空中往下看,所留下部分的形状,并画出的水平投影,即“基础平面图”。剖切到的墙边,用粗实线画出,基础只表示最下面底部轮廓边缘,用中实线(约为 0.3mm 粗的线型)画出,至于中间的放脚部分虽然有投影,但不予画出,这是习惯法。

基础平面图主要表示基础墙、柱、留洞及构件布置等平面位置关系,主要包括以下内容:

(1)图名和比例。基础平面图的比例应与建筑平面图相同。常用比例为 1∶100、1∶200,个别情况也有用 1∶150。

(2)基础平面图应标出与建筑底层平面图相一致的定位轴线、编号和轴线间的尺寸。

(3)基础的平面布置。基础的平面图应反映基础墙、柱、基础底面的形状、大小及基础与轴线的尺寸关系。

(4)管沟的位置及宽度,管沟墙及沟盖板的布置。

(5)基础梁的布置与代号,不同形式和类型的基础梁用代号 JL1、JL2……或 DL1、DL2……表示等。

(6)基础的编号、基础断面的剖切位置和编号。

(7)施工说明。用文字说明地基承载力、材料强度等级及施工要求等。

4. 基础平面图的识读内容

(1)轴线的位置及其编号、轴线间尺寸。外墙轴线到它的外墙皮为120mm,这是施工放样时的重要依据,在"结施2/6"中水平方向有5个轴线,竖面有6个轴线,由此构成轴线网格,即为施工放样的网格。若在严寒的北方,外墙一般带有保温要求,因此墙厚较大(一般大于240mm,如370mm或490mm),那么外墙轴线不是墙的中线,这在计算工程量时应特别注意。两轴线间的尺寸,通常采用300mm的倍数,但对于一些个别情况,或特殊场地、特殊使用要求者,可不受此限制。

(2)基础上面墙体的轮廓线,这是识图的第二个要点,在书中例子中,墙与基础圈梁(亦可称为地圈梁)的投影重合。必须注意的是,并不是所有地圈梁均与墙体同宽,即有地圈梁比墙体宽的。在图例中地圈梁以"DQL1、DQL2……"为代号,基础梁以"DL1、DL2……"为代号。

(3)基础底部放脚边缘轮廓线,以中实线来表示。

(4)当墙上设有出入管道的洞口时,可以用两段短细虚线,且垂直于墙边缘线表示,并注明洞口尺寸与标高,也可以引出线来标注。

(5)当有地沟且其上带有盖板时,用细虚线(两条平行)表示地沟位置,同时标注盖板代号"GB"及其出处的图集名称等。

(6)识图时,按构件分类识图且应注意构件的编号,如构造柱为"GZ1、GZ2……",柱为"Z1、Z2……",柱下独立基础为"J1、J2……"等。

(7)剖切位置及其符号。为了进一步清楚地表达基础中的内容,可在适当位置,尤其是具有代表性的部位,以详图的形式加以重点表述,为此而采用剖切号,因此识图时务必全面识读,尤其应注意剖视方向。在图例中,Ⓗ轴上的1—1剖面表示剖视方向向左,即字写在哪侧,就是朝哪一方向看。

5. 基础详图的形成、特点和主要内容

在基础平面图形成之后,需对局部进行详细表述时,可借助基础详图来实现。

基础详图是用较大的比例绘制出的基础底部构造图形,主要用于表达基础细部的尺寸、断面的形式和大小、所用材料和做法,以及基础埋置深度等。

对于砌体结构中的条形基础,基础详图就是基础的垂直断面图;对于独立基础,其详图应有基础的平面图、立面图和断面图。

基础详图因其特殊性而更具有其特点。以图示为例,不同构造的基础应分别绘出相应的详图,即使基础的构造相同,但尺寸不同,哪怕是部分尺寸不同时,也应有不同的详图,当然在表达清楚的前提下,可用一个详图表示具有相似或相近的两个或两个以上的详图,但应对不同的局部尺寸或局部构造标注清楚且区分开来,尤其应有不同的详图名称。基础断面图的边线一般用粗实线绘制,断面内应绘出材料图例,若材料为钢筋混凝土的基础,则只要绘出配筋情况,而不必绘出材料的图例。

基础详图的内容较多，其中主要内容可概括如下：

(1)详图的名称和比例；

(2)详图中轴线及其编号；

(3)基础详图的具体尺寸，包括有基础墙的厚度、基础的高度和宽度、基础垫层的厚度和宽度等；

(4)基础的标高，包括有室内标高、室外标高、基础底标高等；

(5)基础和基础垫层所用的材料、材料的强度等级、配筋数量及其布筋方式；

(6)基础中防潮层的位置及做法；

(7)基础(地)圈梁的位置、构造和做法；

(8)施工说明等。

三、砌体结构平面图

1. 结构平面图的位置

在砌体结构工程中，结构平面图是表示房屋室内地坪以上各楼层(包括屋面)平面承重构件布置方式和布置内容的图样。

2. 结构平面图的形成

在砌体结构中，结构平面图是以一个假设的水平剖切面，沿着砌体结构的楼板面(只有通过楼板的结构层，而不是通过楼板的面层或面层以上位置)将建筑物剖开，成为上下两部分，然后搬走上面部分，并从空中往下看下面部分，所看到的水平投影，并绘制而成的图形。它是用来表示各层柱、墙、梁、板、过梁和圈梁等构件的平面布置情况，以及各构件的构造尺寸、相对位置和配筋情况的图纸。显然，它是砌体结构中极其重要的组成部分，是识读图纸的必读内容。

3. 结构平面图的内容

在砌体结构工程图中，平面图内一般包括如下的内容：

(1)定位轴线及其编号、轴线间的尺寸；

(2)墙体、门窗洞口的位置以及在门窗洞口处布置的过梁或连系梁的情况及其编号等；

(3)构造柱和柱的位置、编号，及其通过相应的详图来表示其尺寸和配筋方式及配筋数量；

(4)钢筋混凝土梁的编号、位置；

(5)若采用现浇钢筋混凝土构件，梁的尺寸、配筋方式和配筋数量；板的标高、板的厚度及其配筋情况；

(6)当采用预制构件时，预制板的布置情况；

(7)各节点详图的剖切位置及剖视方向和编号；

(8)圈梁的平面布置情况等。

4. 结构平面图的作用

砌体结构平面图为施工中安装梁、板、柱等构件提供尺寸、位置、材料用量等依据,也为现浇钢筋混凝土构件在施工中进行模板制作与支撑、钢筋的绑扎和混凝土的浇筑提供依据,同时也为施工前进行工料分析和预算,以及施工后的决算等提供依据。

5. 砌体结构平面图的图示特点

(1)对于现浇钢筋混凝土楼(屋)面板,用粗实线绘制板中所配的钢筋,每一种钢筋只画一根,对于较复杂的板还应标注板的分类编号,如 B1、B2……,注写在相对应的板中指示线上方,其中指示线用细实线画在该板的两对角的连线上,并在该线的下方注写板厚,如 $h=100$,也可用板中局部的重合断面来表示板的型号、板的厚度和标高等。外轮廓线采用细实线或中粗实线,梁的位置采用细虚线绘制。

(2)对于预制楼板,采用粗实线表示楼层平面外轮廓,采用细实线表示预制板的铺设情况,并采用中粗虚线表示梁的位置。对于楼板下方不可见的墙体位置可采用虚线表示,也可采用实线表示。

(3)预制楼板的布置方式,有如下两种:

其一,在结构单元范围内,根据预制板的实际水平投影分块画出该楼板,并且标注所采用的预制板的数量和型号。同时对于具有相同设置方式的相同单元,只要采用相同的编号即可,如"甲、乙、丙"等表示单元符号,而不要对每一单元都画出,如图 4-4(a)所示。

其二,在楼盖结构平面内,对相同的单元范围,只画出一条对角线,并且沿着对角线方向注明预制板的型号和数量,如图 4-4(b)所示。

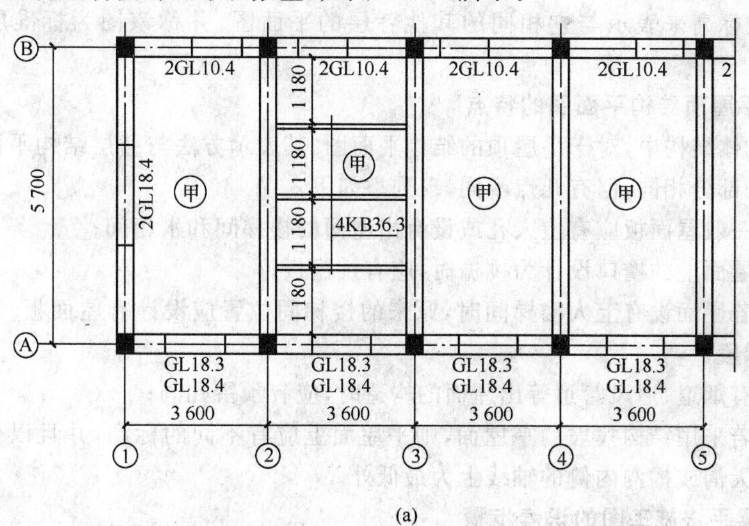

(a)

图　4-4

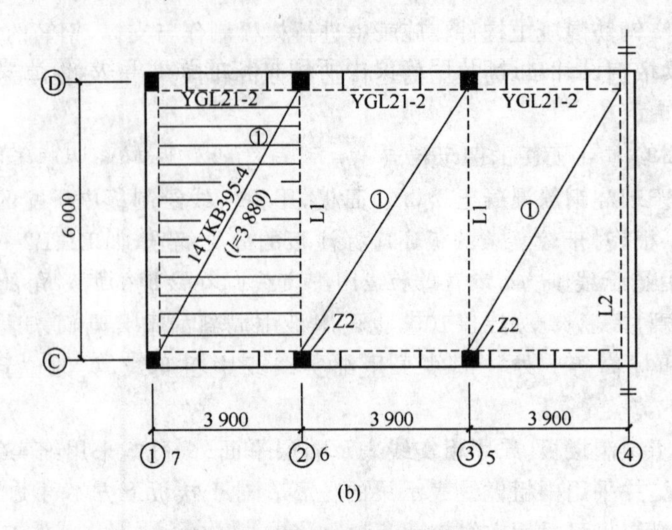

图 4-4 预制楼板的布置方式（单位：mm）

(a)预制楼板布置方式(一)；(b)预制楼板布置方式(二)

(4)楼梯间的结构布置，通常以构件详图的方式单独进行结构布置，而不在楼层结构平面中作详细表达，只是在楼梯间的位置用双对角线或单对角线表示楼梯间，并在线上注写"见××楼梯图"或"详见××楼梯图"的字样，这部分内容在楼梯详图中表示。

(5)对于具有相同构件布置的楼层，可只画出一个结构平面图，只是在该图中以不同的标高来表示与它相同的其他各层的平面图，并称该图为标准层结构平面图。

6. 平屋顶结构平面图的特点

在砌体结构中，对于平屋顶的结构平面图，其表示方法与楼层结构平面图的表示方法大部分相同，但有几点不同，现列举如下：

(1)一般屋面板应有上人孔或设有出屋面的楼梯间和水箱间；

(2)屋面上的檐口设计为挑檐时，应有挑檐板；

(3)若屋面设有上人楼梯间时，原来的楼梯间位置应设计有屋面板，而不再是楼梯的梯段；

(4)有烟道、通风管道等出屋面的构造时，应有预留孔洞；

(5)若采用结构找坡的平屋面，则平屋面上应有不同的标高，并且以分水线为最高处，天沟或檐沟内侧的轴线上为最低处。

7. 梁平法施工图的识读步骤

在识读梁的施工图之前，首先应了解梁平法施工图的识读步骤，现表述如下：

(1)查阅梁的类别和序号，查读梁的图名和比例；

(2)核查轴线编号和轴线间的尺寸，并结合建筑施工图中的平面图，检查是否正确、齐全；

(3)明确梁的编号、位置、数量等内容；

(4)识读结构设计总说明，明确梁中所用材料的强度等级、构造要求和通用表述方式及其内容；

(5)按梁的编号顺序，逐一进行识读，根据梁的标注方式，明确梁的断面尺寸、配筋情况和梁的标高及高差；

(6)根据结构的抗震等级、设计要求和标准构造详图，识读梁中纵向钢筋的位置和数量，配箍情况和吊筋设置的位置和数量，以及其他构造要求，主要有受力钢筋的锚固长度、搭接长度、连接方式、弯折要求、切断位置、附加箍筋的位置和用量、吊筋的构造要求、箍筋加密区的位置及其范围，主次梁的位置关系、主梁的支承情况等。

8. 砌体结构现浇钢筋混凝土楼板施工图中的主要内容

在砌体结构中，现浇钢筋混凝土楼盖(包括屋盖)是指该层梁与板整浇在一起，因此在梁网布置确定后，网格中的结构部分即为楼板，即网格成为楼板板块的支座。在施工图中现浇楼板所包含的内容如下：

(1)楼板所在楼层、图形名称和比例，这应与建筑施工图中的平面图相对应；

(2)梁网定位、定位轴线及其编号、轴线间尺寸，同样应与建筑平面图对应；

(3)现浇楼板的标高，尤其是阳台板、厨房的楼板和卫生间楼板，通常与结构层楼板有高差，均应显示出来。同时，应表明板的厚度，特别是较大的板块；

(4)现浇板的配筋方式及其用量；

(5)附加说明(或附注)和必要的详图及其索引情况；

(6)构造柱、墙体和柱的位置等情况。

9. 现浇板施工图的识读步骤

(1)查阅轴线位置、轴线编号及轴线间的尺寸，并结合建筑平面法、梁网平法施工图，核对是否一致，是否吻合。

(2)识读结构设计总说明中有关楼板部分的条文，明确现浇楼板的表示方法、所用材料的强度等级、以及构造要求等。

(3)识读现浇楼板的标高、高差和板厚。

(4)识读现浇板的配筋方式和用筋量，通过附注内容或附加说明，明确尚未注明的受力钢筋和分布钢筋的用量及分布情况。应特别注意钢筋的弯钩形状和方向，以便确定钢筋在板断面中的位置和做法。

四、构件结构详图

(一)楼梯结构详图

1. 楼梯的形式和类型

按施工方法不同，楼梯分为预制楼梯和现浇楼梯两种，现以现浇楼梯居多。

按采用的材料不同，楼梯分为木楼梯、钢楼梯、钢筋混凝土楼梯等类型，现以钢筋混凝土为材料者较为普遍。

按结构布置形式不同，楼梯分为板式楼梯、梁式楼梯、悬挑（板式）楼梯和螺旋（板式）楼梯等。现在最常见的楼梯形式依次为板式楼梯、梁式楼梯、螺旋（板式）楼梯和悬挑（板式）楼梯。

在实际结构工程中还有一种复合式楼梯，即板式与梁式混合的楼梯，也就是通常所讲的"三跨梯"。

2. 常见楼梯的结构组成

板式楼梯由梯段板、平台板和平台梁组成，梯段板是一块带有踏步的斜板，两端分别支于上、下平台梁上。当板式梯没有设置平台梁时，梯段板成为折板。板式楼梯一般适用于梯段水平跨度和使用荷载较小的情况。

梁式楼梯由踏步板、梯段斜梁、平台板和平台梁组成，踏步板支于两边斜梁（双梁式梯）上或中间一斜梁（平梁式梯）上，或一边斜梁另一边在承重墙上；斜梁支承于平台梁上，其中斜梁可设置在踏步板下（通常做法），也可设置于踏步上面，甚至还可以现浇栏板作为斜梁。梁式梯一般适用于梯段跨度（水平）大于3m的情况。

板梁复合梯，也称三跨梯，由梯段板、折式斜梁、踏步板、平台梁和平台板组成。其中，踏步板两端分别支于两边折式斜梁上，梯段板一端支于平台梁上，另一端支于折式斜梁上，折式斜梁两端直板支于承重墙上或梯柱上。

螺旋（板式）楼梯一般只有一块螺旋形板（带踏步），两端分别支于上下楼层的梁上。

3. 楼梯结构详图的内容和作用

楼梯结构详图由楼梯结构平面图和楼梯结构剖面图组成。其中，楼梯结构平面图为楼梯的水平剖面图，是表达各构件（如楼梯梁、平台板、梯段板、踏步等构件）的平面布置情况、构件代号、尺寸大小、平台板的配筋和板厚，以及平台的结构标高等内容的图样。当楼梯的平台板采用通用配筋时，可以单独给出其配筋情况。

楼梯结构的平面图应分层绘制，尤其是底层和顶层。当中间数层中楼梯的结构布置和构件类型完全相同时，可仅用一个平面图来表示，即标准层楼梯结构平面图，但应把反映标准层的每一个标高均注写在该平面图上。

楼梯结构剖面图为楼梯垂直剖面图，它是表达楼梯在竖直方向各构件的布置与构造、梯段板和楼梯梁的配筋情况和构件尺寸等内容的图纸。

各个平台梁通常为单跨梁，一般跨度只能归纳很少的几种，而且承受的荷载相差较小，往往采用通用配筋的方法，也有通过说明或断面表达的方式来表述其配筋及断面情况。

4. 楼梯详图识读步骤

为便于识读楼梯详图，应先了解识读步骤。根据楼梯详图的特点，识读时可按下列步骤进行。

(1)看图名，读比例。在砌体结构工程中，一栋建筑物一般设有两个或两个以上楼梯，且有可能它们之间存在较大差异或明显不同，所以采取不同的命名，如"甲梯”“乙梯”等，相应的详图即为“楼梯甲详图”和“楼梯乙详图”等图名。在楼梯详图中常用的比例一般为1∶50，也可采用1∶30或1∶20。

(2)查对楼梯间的位置。结合建筑平面图和结构平面图进行识读，要求这三者应吻合。

(3)识读楼梯平面图。主要内容有：楼梯间的轴线和编号，开间和进深尺寸，结构布置情况，平台板配筋和板厚、标高、构件编号等。

(4)识读梯段板、踏步板的结构构造、尺寸和配筋方式、配筋数量，以及梯段板两端的支质构造和标高。

(5)识读梯梁，即平台梁、斜梁或折式斜梁的构造、断面形式、断面尺寸、跨度、配筋情况和标高等。

(6)设计说明或附注。

(二)砌体结构竖向构件的识读

砌体结构竖向构件一般包括有墙体、构造柱和柱子。其中墙体受其作用不同分为承重墙体和非承重墙体(即非承重隔墙，也称为自承重隔墙)。构造柱是墙体中的组成部分，尤其是有抗震设防要求的砌体结构中必须采用，构造柱的代号为“GZ”，具体根据其截面形状、大小不同在“GZ”后面以阿拉伯数字来区分，如“GZ1、GZ2……”等。柱子在砌体结构中除了个别用于装饰外均用于承重，具体材料有无筋砌体柱、配筋砌体柱和钢筋混凝土柱子，一般采用钢筋混凝土柱居多。

对砌体墙体的识读，应借助“建施”中的平面图、“建施”设计总说明中的砌体部分的内容和“结施”中设计说明，按先外墙后内墙的顺序，逐轴进行识读。在识读过程中，应重点识读的内容有：

(1)墙体轴线及其编号；

(2)轴线之间的尺寸；

(3)门、窗等洞口的宽度，并结合门窗表和立面图，确定门窗的位置和高度；

(4)墙体的厚度，并结合设计说明识读其材料及其做法；

(5)壁柱(材料同墙体)的位置和大小；

(6)构造柱的位置及大小；

(7)墙体砌块的皮数，由标高及立面图纸共同确定。

对于构造柱的识读，主要内容包括：

(1)构造柱的位置；

(2)构造柱的类型；

(3)构造柱的数量；

(4)构造柱的配筋、断面大小等，如图4-5所示；

(5)构造柱与砌体之间关系，即应设置拉结钢筋，并结合建施中的平面图一起识读；

(6)构造柱与墙体施工的顺序，应遵循“先墙后柱”的原则。

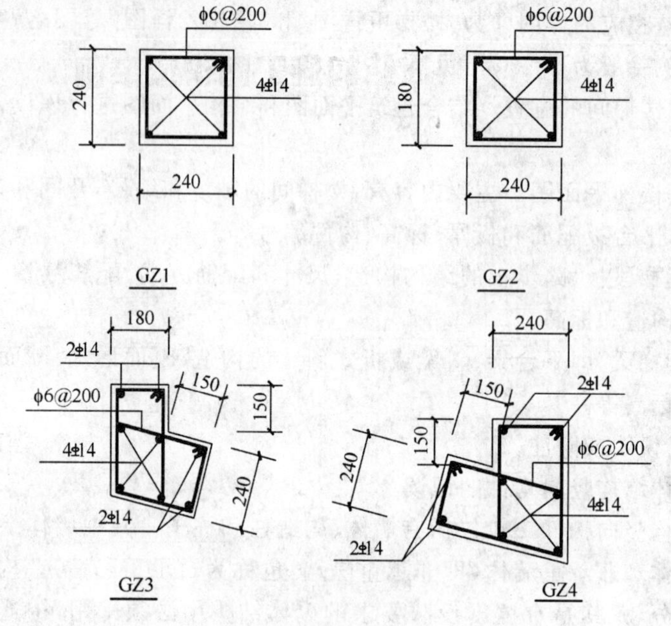

图 4-5　构造柱图样(单位:mm)

对于柱的识读,根据基础平面图和楼层结构平面图进行识读,主要内容包括:

(1)柱的位置及其轴线和编号;

(2)柱的类型,按柱的编写名称“Z1、Z2……”进行识读和确定;

(3)柱的数量;

(4)柱所采用的材料类型,区分是无筋砌体柱、配筋砌体柱和钢筋混凝土柱等;

(5)对于砌体柱的识读,包括柱断面大小、砌块品种、组砌施工方式,其中配筋砌体者尚需识读配筋方式和数量;

(6)对于钢筋混凝土柱的识读,包括柱断面的大小、断面的形状、配筋方式及配筋的数量,如图 4-6 所示。

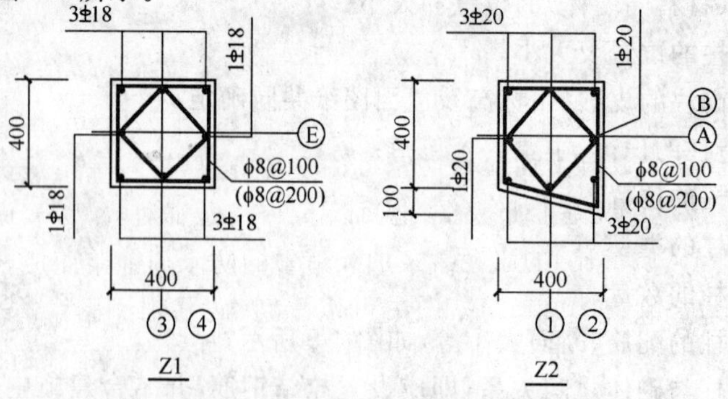

图 4-6　钢筋混凝土柱(单位:mm)

第二节　砌体结构施工图识读举例

一、基础施工图识读举例

1. 砖基础实例

【例 1】砖基础施工图实例，如图 4-7 所示。

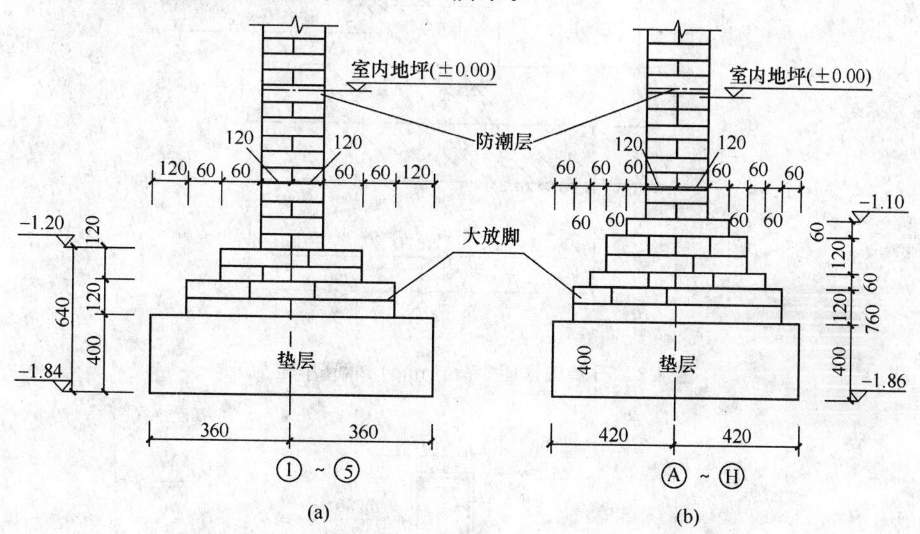

图 4-7　砖基础详图大样(单位:mm)(标高单位为 m)

(a)等高式;(b)不等高式

砖基础施工图的实例识读如下:

砖基础详图如图 4-7 所示。普通砖基础采用烧结普通砖与砂浆砌成，由墙基和大放脚两部分组成，其中墙基(即±0.000 以下的砌体)与墙身同厚，大放脚即墙基下面的扩大部分，按其构造不同，分为等高式和不等高式两种，如图 4-7 所示。等高式大放样是每两皮一收，每收一次两边各收进 1/4 砖长(即 60mm)；不等高式大放脚是两皮一收与一皮一收相间隔，每收一次两边各收进 1/4 砖长。大放脚的底宽应根据设计而定。大放脚各皮的宽度应为半砖长(即 120mm)的整倍数(包括灰缝宽度在内)。在大放脚下面应做砖基础的垫层，垫层一般采用灰土、碎砖三合土或混凝土等材料。在墙基上部(室内地面以下 1～2 层砖处)应设置防潮层，防潮层一般采用 1∶2.5(质量比)的水泥砂浆加入适量的防水剂铺浆而成，主要按设计要求而定，其厚度一般为 20mm。从图中可以看到，砖基础详图中有其相应的图名、构造、尺寸、材料、标高、防潮层、轴线及其编号，当遇见详图中只有轴线而没有编号时，表示该详图对于几个轴线而言均为适合；当其编号为Ⓐ～Ⓗ表明该详图在Ⓐ～Ⓗ轴之间各轴上均有该详图。

2. 石基础实例

【例 2】石基础施工图实例，如图 4-8 和图 4-9 所示。

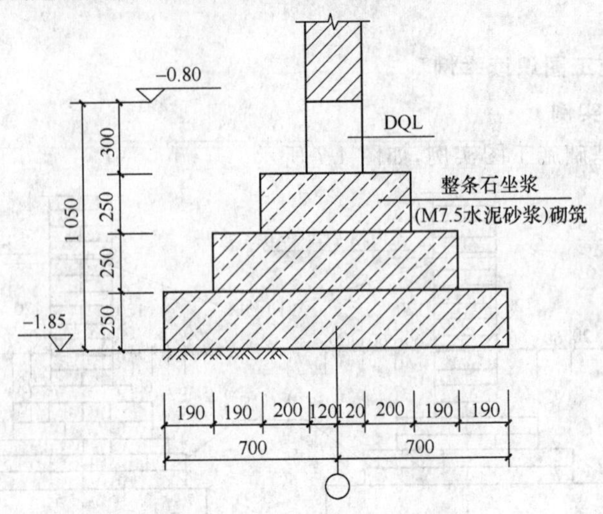

图 4-8　石基础详图(单位:mm)(标高单位为 m)

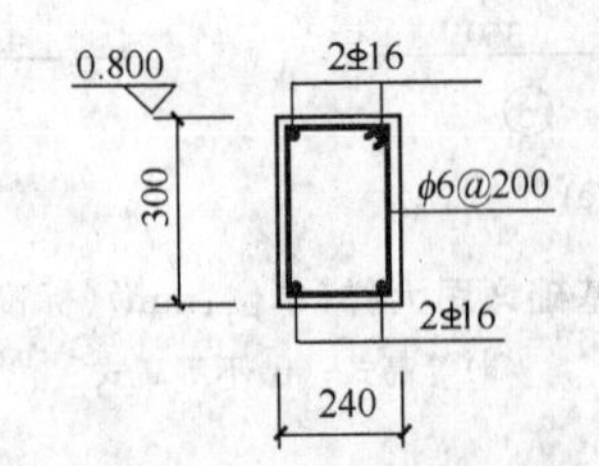

图 4-9　地圈梁详图(单位:mm)(标高单位为 m)

石基础施工图的实例识读如下:

石基础是用乱毛石或平毛石与水泥砂浆或水泥混合砂浆砌筑而成。其中乱毛石是指形状不规则的石块，平毛石是指形状虽不规则，但有两个大致互相平行的石面(可砌面)的石块。石基础可作墙下条形基础，亦可作成柱下独立基础。石基础断面按其形状不同分为矩形、梯形和阶梯形等，现以平毛石梯形石基础详图为例，如图 4-8 所示，一般基础顶面宽度应比墙基底面宽度大 200mm，基础底面的宽度由设计计算而定。梯形基础坡角应大于 450mm，阶梯形基础每阶不小于 250mm。从图中可见，详图内表示出详图石砌体的形状、标高、尺寸、轴线、图名、地圈梁位置等内容。地圈梁(DQL)亦有简称为地梁，适用于所有条形砌体基础，其详图以剖面图表示，如图 4-9 所示。

3. 钢筋混凝土条形基础实例

【例 3】钢筋混凝土条形基础施工图实例，如图 4-10 所示。

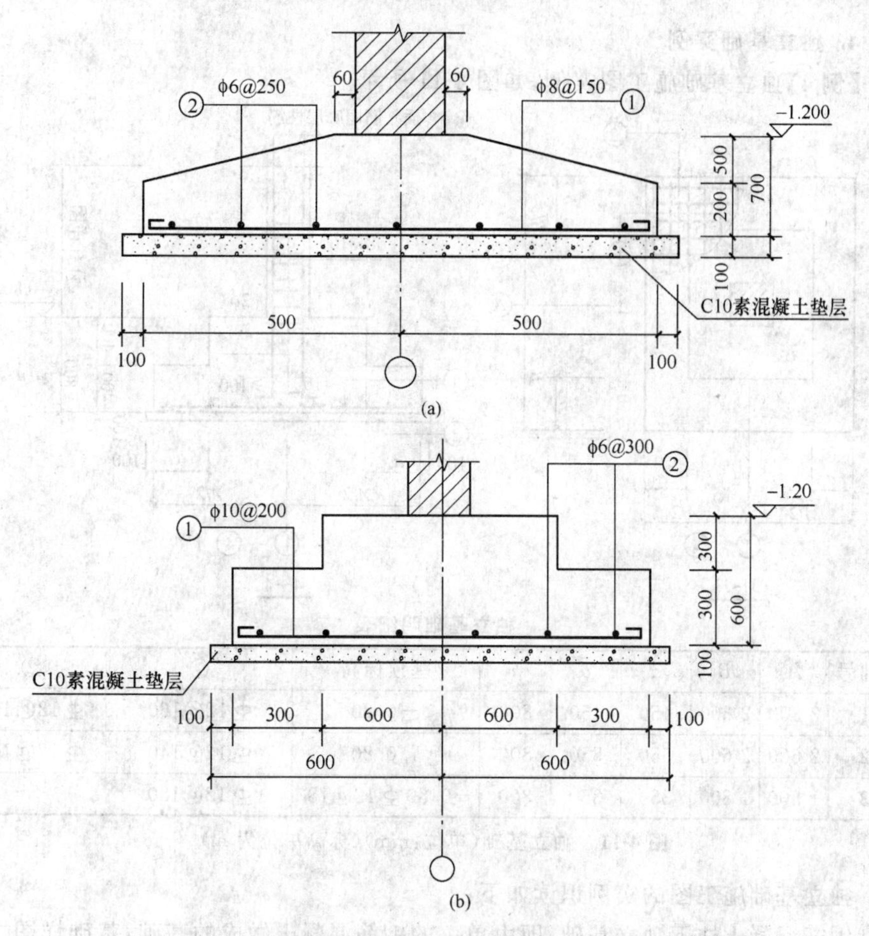

图 4-10　钢筋混凝土条形基础(单位:mm)(标高单位为 m)

(a)台形断面;(b)阶梯形断面

钢筋混凝土条形基础施工图的实例识读如下:

钢筋混凝土条形基础,即以单一的钢筋混凝土作为砌体结构墙体的基础,按其断面形状不同分为台形和阶梯形两种,尤其是作为砌体基础的大放脚部分更多,如图 4-10 所示。由图可见,在钢筋混凝土条形基础详图中,基础顶宽比墙基每侧宽 60mm,基础中的高度和底部宽度均由设计人员通过计算而定,基础下面设有 100mm 厚、宽度比基础底宽 200mm 的 C10 素混凝土垫层。基础中配有两种钢筋,即垂直于条形基础纵向轴线的①号钢筋,也即为受力钢筋,由设计计算而定;以及与条形基础纵向轴线平行的②号钢筋,即分布钢筋,由设计者按构造要求确定。同时,基础详图中标注有基础断面的尺寸、标高、轴线和特定的编号,对于同样适合于多条轴的断面也可不写具体轴线编号,如图 4-10(b)中所示。画出断面的形状和主要材料图例(对于钢筋混凝土部分只需画出钢筋,而不必再用相应的材料图例加以表示)。

4. 独立基础实例

【例 4】独立基础施工图实例，如图 4-11 所示。

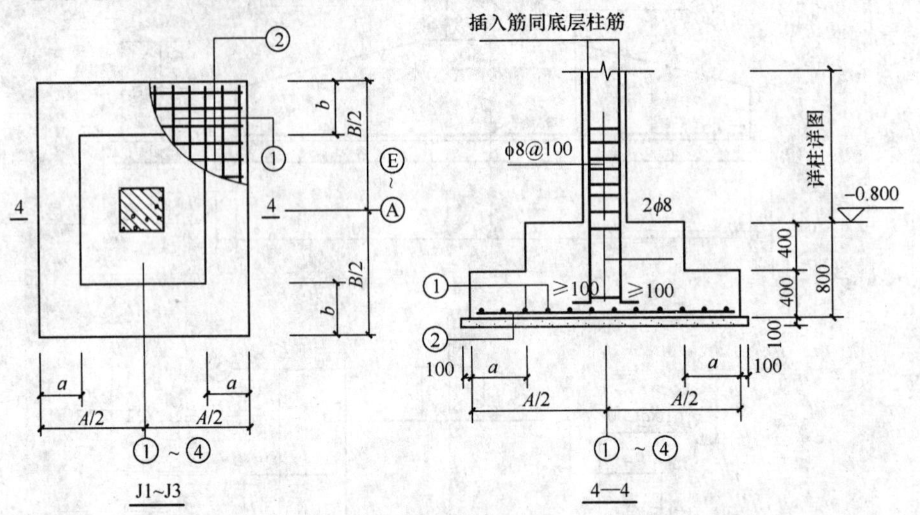

独立基础明细表

基础号	A	B	a	b	h	基顶标高	①	②
J1	2 300	2 300	450	450	800	−0.80	Φ12@160	Φ12@160
J2	2 600	2 600	550	550	800	−0.80	Φ12@140	Φ12@140
J3	1 800	1 800	350	350	800	−0.80 Φ12@180	Φ12@180	

图 4-11 独立基础(单位:mm)(标高单位为 m)

独立基础施工图的实例识读如下：

钢筋混凝土柱下独立基础，即由单一的钢筋混凝土做成的基础，基础详图主要包括独立基础的平面和剖面两大部分。其中，平面图中主要表示柱的断面位置及其大小、基础底面大小，基础底面形状可用正方形、长方形，个别也可采用图形(适用于柱断面为圆形的柱)。在剖面图中，剖切面按其形状不同分为台形和阶梯形两种，其中台形类同于图 4-10(a)所示，阶梯形如图 4-11 所示。从详图的平面图中可见，图中表示出基础顶面的形状和大小、底面形状和大小，因为该平面代表三种独立基础，所以平面尺寸大小以尺寸代号“A、B、a、b”来表示，具体大小按基础类型从基础明细表中查取，同时标写有图名“J1～J3”，标注基础的轴线及其编号，以及受力钢筋②号钢筋和①号钢筋、还有剖切位置及其编号(4—4)；然后以“4—4”剖切位置及其剖视方向(向上)画出剖切图，在剖切详图中表示出基础沿其高度方向的形状及其下的垫层(C10 素混凝土，100mm 厚)，同时注写轴线及其编号、图名、尺寸和标高，以及所采用的钢筋的品种、数量和布置方式，尤其还应表示出上部柱子的位置和其钢筋在基础中的做法。

二、砌体结构平面图识读举例

【例 5】梁平法施工图的识读范例，如图 4-12 所示。

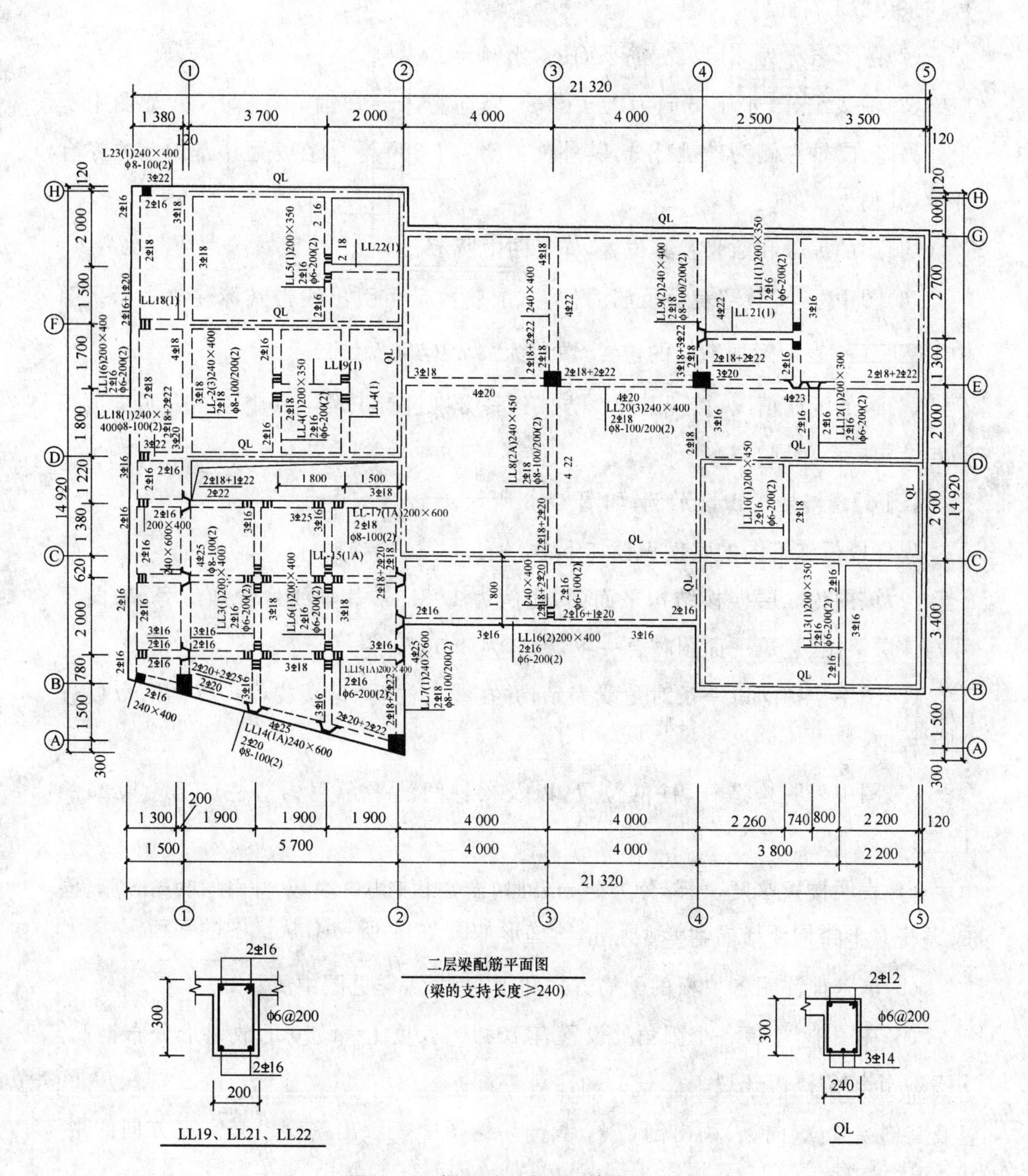

图 4-12　梁平法示例图(单位:mm)

梁平法施工图的实例识读如下：

(1)平面图中，竖向承重构件有柱和墙体，墙体上做有圈梁(QL)，其余梁的代号均采用“LL”符号。

(2)图形名称为二层梁配筋平面图，比例为1∶150。

(3)轴线编号，水平方向为①～⑤轴，竖向为Ⓐ～Ⓗ轴，轴线间尺寸如图中所示。另有，①轴左侧为外挑部分，其外挑长度为1 380，Ⓒ轴在房屋中部的前方亦有外挑，其长为1 800。

(4)梁的编号和数量及其位置，详见图中所示。

(5)图中“⎯⎯|__|⎯⎯”表示吊筋的位置，配筋数量由引出线带其标注来表示。图中“≶═Ⅲ═≶”表示附加箍筋的位置，数量为“3ϕ8@50”。

(6)梁的配筋情况，按照其注写方式逐一分别进行识读。其中该图表明梁顶标高与结构层高相同。

【例6】现浇楼板识读示例，如图4-13所示。

现浇楼板施工图的实例识读如下：

(1)该图为二层楼板结构平面图，比例为1∶150，其轴线位置和编号、轴向尺寸与该层梁图、建筑平面图吻合一致，标高为3.500；

(2)图中楼梯间以一条对角线表示，并在线上注明“见楼梯(甲)详图”，以便查阅楼梯图；

(3)图中表明构造柱、柱的位置，以及楼梯间的平台用构造柱(TZ1、TZ2)的位置；

(4)表明楼板厚度，大部分为90mm厚，个别板(共4块板)采用100mm厚，同时表明卫生间楼板顶面高差50mm；

(5)清楚地注明各块板的配筋方式和用筋数量，详见图中所示；

(6)在图中，楼板各个阳角处设置有10ϕ10、长度$l=1500$的放射形分布钢筋，用于防止该角楼板开裂。

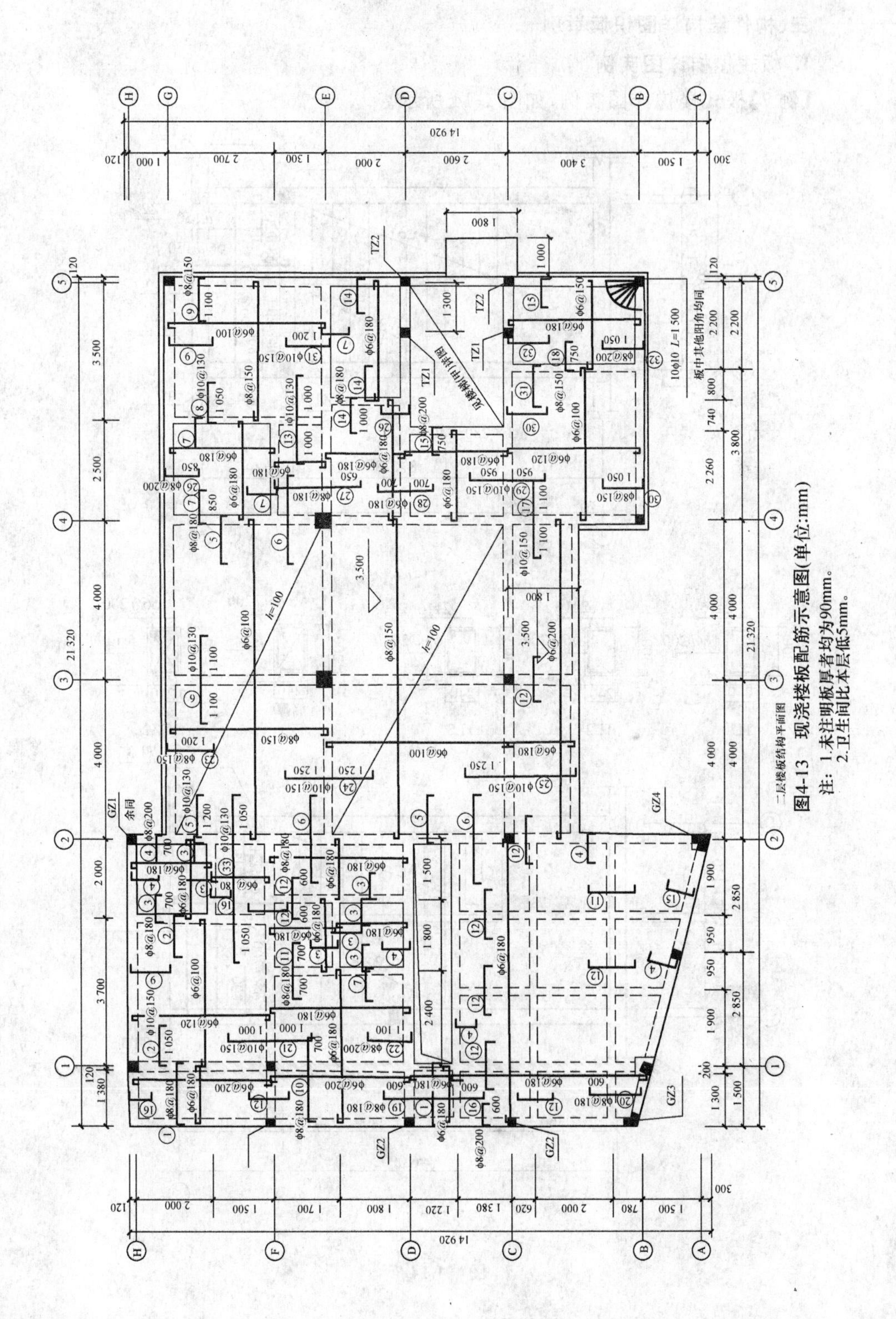

图4-13　现浇楼板配筋示意图(单位:mm)

注：1.未注明板厚者均为90mm。
2.卫生间比本层低5mm。

三、构件结构详图识读举例

1. 板式楼梯详图实例

【例 7】板式楼梯详图实例，如图 4-14 所示。

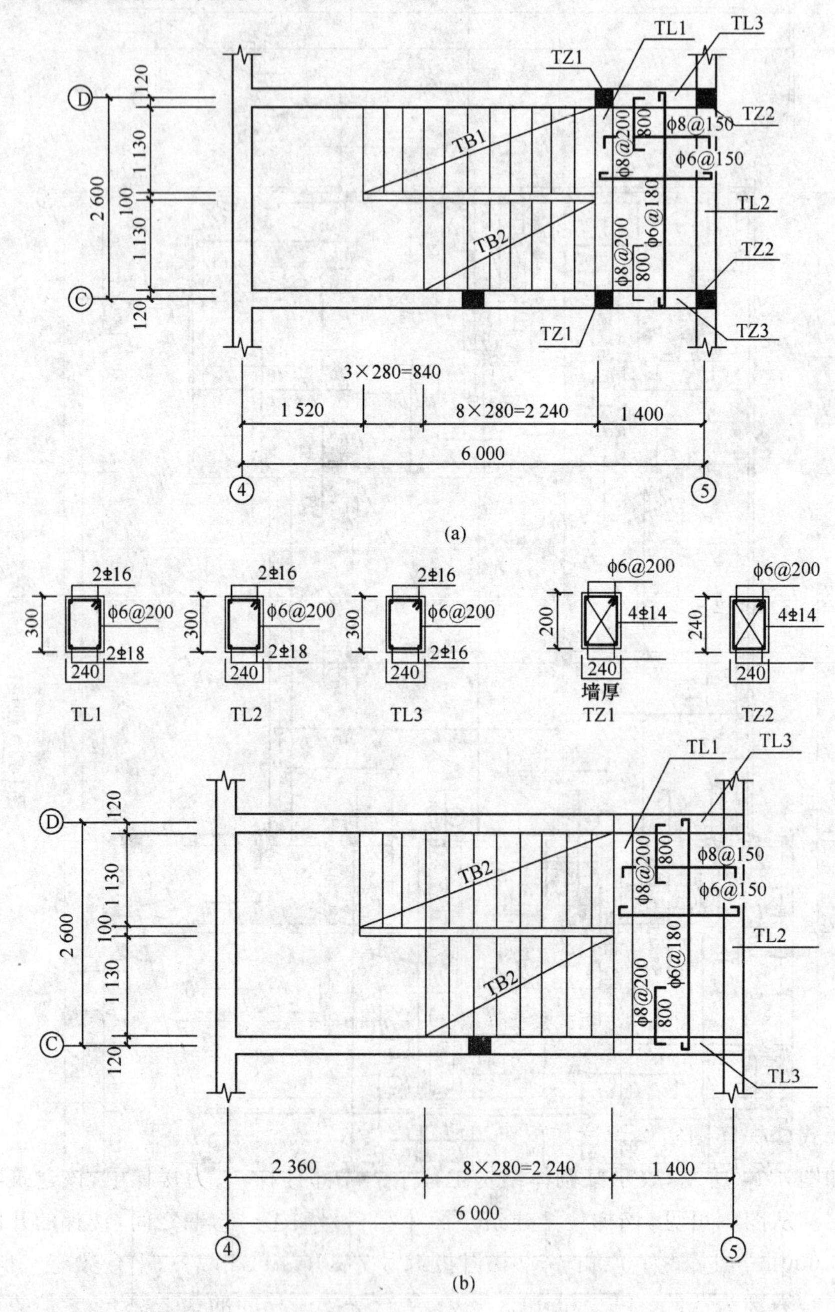

图　4-14

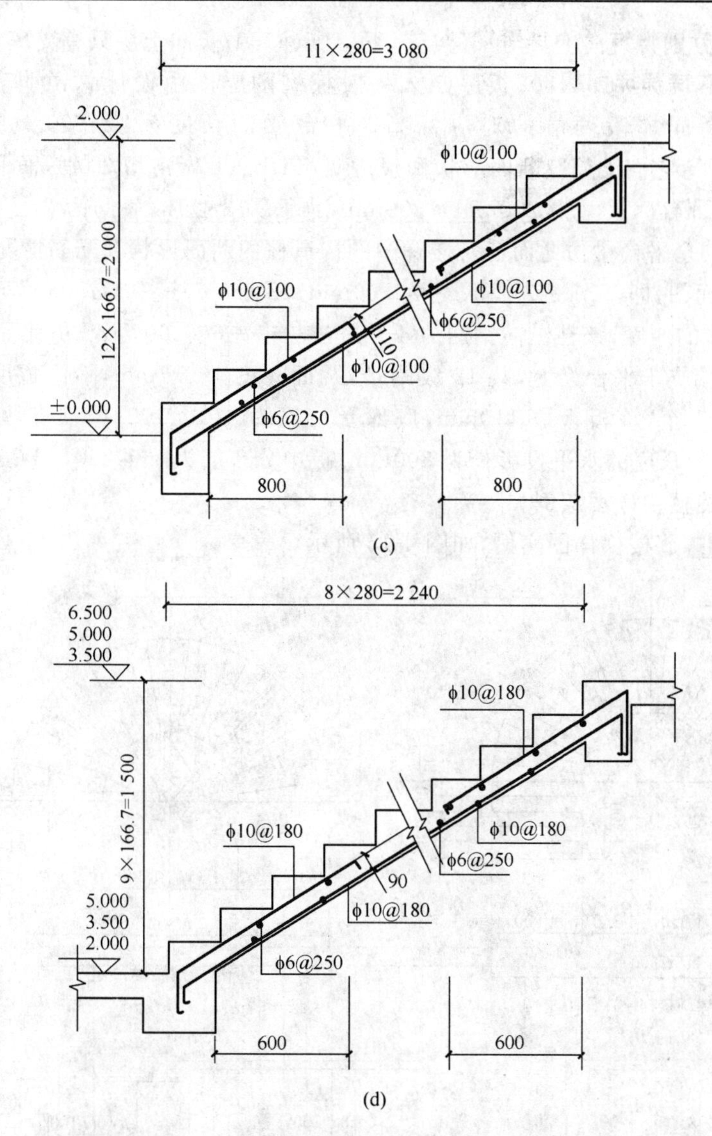

图 4-14　板式楼梯详图(单位:mm)(标高的单位为 m)

(a)底层楼梯(甲)结构平面图;(b)二层楼梯(甲)结构平面图;(c)TB1;(d)TB2

板式楼梯详图实例识读如下:

如图 4-14 所示,表示某砌体结构工程中的一部楼梯,名为楼梯甲,该建筑物只有三层。从图中可见,该梯位于建筑平面中Ⓒ～Ⓓ和④～⑤轴之间,楼梯的开间尺寸为 2 600mm,进深为 6 000mm,梯段板编号为 TB1、TB2 两种;平台梁有三种,它们的代号分别为 TL1、TL2 和 TL3 三种,平台梁支于梯间的构造柱上,它们的代号为 TZ1 和 TZ2 两种;两梯段板之间的间距为 100,因此每个梯段板的净宽为 1 130mm;平台板宽度为 1 400mm 减去半墙厚度,即为 1 280mm;平台板四周均有支座；配筋分别为短向上层为ϕ8@150，下层ϕ6@150；长向上层只有支座负筋，即配ϕ8@200，下层为ϕ6@180；板厚归入一般板型的厚度由设计总说明表述，即为90mm；标高同梯段两端的对应标高。平台梁的长度为“2 600＋2×120＝2 840(mm)”，它们配筋及断面形状和尺寸见 TL1、TL2 和 TL3 的断面图所示，即 TL1 为矩形断面，尺寸为 200mm×300mm，顶筋为 2Φ16，底筋为 2Φ18，箍筋为ϕ6@200，其余平台梁仿此而读。楼梯中的构造柱的断面形状及配筋情况详见 TZ1 和 TZ2 断面图，即 TZ1 的断面尺寸为 200mm×240mm，其中“240mm”对的边长即为梯间墙体的厚度，该柱纵向钢筋为 4Φ14，箍筋为ϕ6@200，TZ1 仿此而读。梯段板 TB1 两端支于平台梁上，共 12 级踏步，踢面高度 166.7mm，踏面宽度 280mm，水平踏面 11 个，该板板厚 110mm，底部受力筋为ϕ10@100；两端支座配筋均为ϕ10@100，其长度的水平投影长为 800mm；板中分布筋为ϕ6@250，TB2 仿此而读。

2. 螺旋楼梯详图实例

【例 8】螺旋楼梯详图实例，如图 4-15 所示。

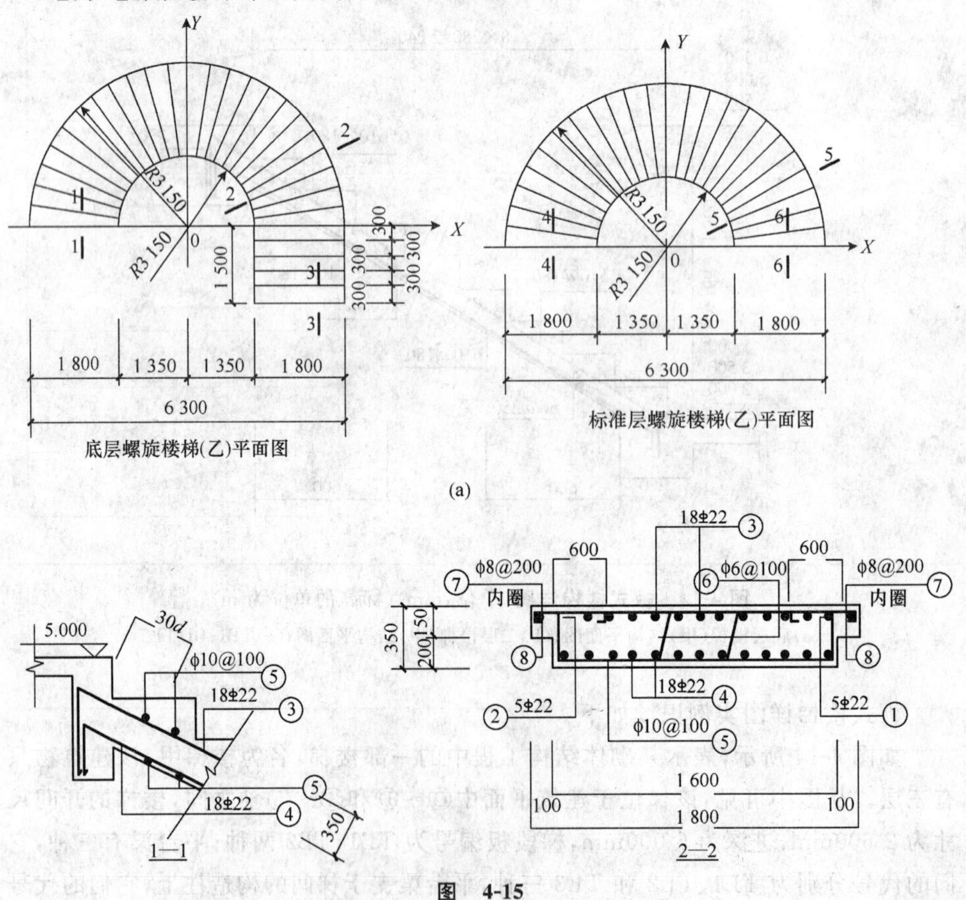

图　4-15

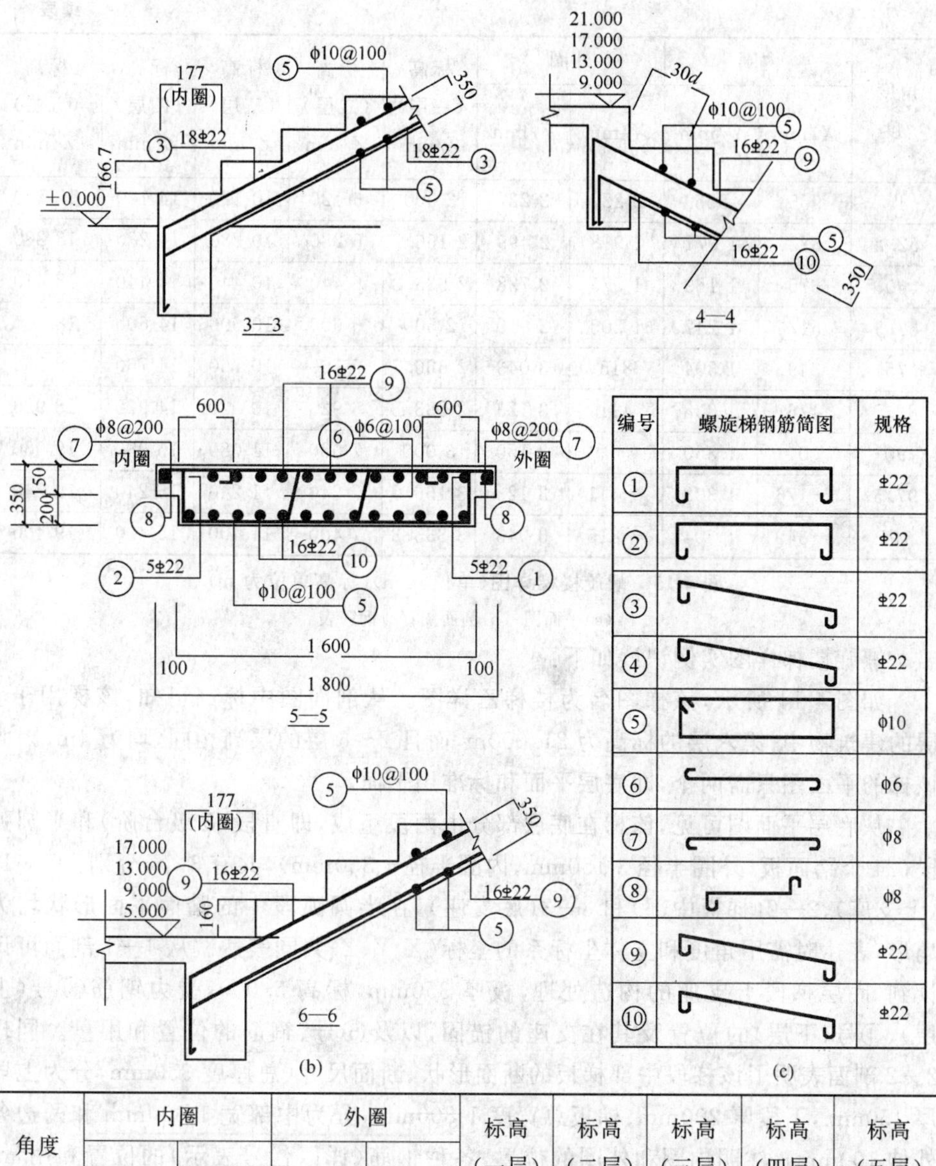

<table>
<tr><td rowspan="2">角度
/度</td><td colspan="2">内圈</td><td colspan="2">外圈</td><td rowspan="2">标高
（一层）
Z/mm</td><td rowspan="2">标高
（二层）
Z/mm</td><td rowspan="2">标高
（三层）
Z/mm</td><td rowspan="2">标高
（四层）
Z/mm</td><td rowspan="2">标高
（五层）
Z/mm</td></tr>
<tr><td>X/mm</td><td>Y/mm</td><td>X/mm</td><td>Y/mm</td></tr>
<tr><td>0</td><td>1 350</td><td>0</td><td>3 150</td><td>0</td><td>1 000</td><td>5 160</td><td>9 160</td><td>13 160</td><td>17 160</td></tr>
<tr><td>7.5</td><td>1 338</td><td>176</td><td>3 123</td><td>411</td><td>1 166.7</td><td>5 320</td><td>9 320</td><td>13 320</td><td>17 320</td></tr>
<tr><td>15</td><td>1 304</td><td>349</td><td>3 043</td><td>815</td><td>1 333.3</td><td>5 480</td><td>9 480</td><td>13 480</td><td>17 480</td></tr>
<tr><td>22.5</td><td>1 247</td><td>517</td><td>2 910</td><td>1 205</td><td>1 500</td><td>5 640</td><td>9 640</td><td>13 640</td><td>17 640</td></tr>
<tr><td>30</td><td>1 169</td><td>675</td><td>2 728</td><td>1 575</td><td>1 666.7</td><td>5 800</td><td>9 800</td><td>13 800</td><td>17 800</td></tr>
<tr><td>37.5</td><td>1 071</td><td>822</td><td>2 499</td><td>1 918</td><td>1 833.3</td><td>5 960</td><td>9 960</td><td>13 960</td><td>17 960</td></tr>
</table>

续表

角度/度	内圈		外圈		标高（一层）	标高（二层）	标高（三层）	标高（四层）	标高（五层）
	X/mm	Y/mm	X/mm	Y/mm	Z/mm	Z/mm	Z/mm	Z/mm	Z/mm
45	955	955	2 227	2 227	2 000	6 120	10 120	14 120	18 120
52.2	822	1 071	1 918	2 499	2 166.7	6 280	10 280	14 280	18 280
60	675	1 169	1 575	2 728	2 333.3	6 440	10 440	14 440	18 440
67.5	517	1 247	1 205	2 910	2 500	6 600	10 600	14 600	18 600
75	349	1 304	815	3 043	2 666.7	6 760	10 760	14 760	18 760
82.5	176	1 338	411	3 123	2 833.3	6 920	10 920	14 920	18 920
90	0	1 350	0	3 150	3 000	7 080	11 080	15 080	19 080
97.5	−176	1 338	−411	3 123	3 166.7	7 240	11 240	15 240	19 240
105	−349	1 304	−815	3 043	3 333.3	7 400	11 400	15 400	19 400

图 4-15　螺旋楼梯详图(单位:mm)(标高单位为 m)

(a)平面图;(b)剖面图;(c)钢筋表

螺旋楼梯详图实例识读如下：

如图 4-14 所示，该梯图名为楼梯乙详图。从剖面图中标高可知，该梯用于 6 层的建筑物中，第六层的标高为 21.000m，而且 2～6 层的层高相同，均为 4m，因此该梯的平面图只需两个，即底层平面和标准层平面。

从底层平面图可见，该梯在底层部分由两段组成，即直段(5 级台阶)和半圆弧段(24 个踏面板，外圈半径 3 150mm，内圈半径 1 350mm)，共有 3 个，分别为 1—1，(上支座)、2—2(梯板中部)和 3—3(底支座)，在半圆弧段中的踏面平面形状均为扇形，表达时需用角度和立体坐标系的坐标(X、Y、Z)共同表达。从 1—1 剖面可识读到，底层梯段上支座的构造处理，板厚 350mm，标高 5.000，受力钢筋③号(上层)、④号(下层)的位置及其在支座的锚固，以及⑤号、箍筋的位置和用量。同理 2—2 剖面表明了该梯段中部梯板的断面形状、断面尺寸(总厚度 350mm，分为上段厚 150mm，下段厚 200mm；梯板总宽度 1 800mm，分为中部宽 1 600mm 和两边各外伸 100mm)，注明内圈和外圈的位置，各种钢筋(详以代号表示)的位置和用量。由 3—3 剖面可知，该梯段在起步处(下支座)的标高、板厚、受力筋、箍筋的位置及用量、受力筋的锚固要求等。依据底层平面图和 1—1、2—2，3—3 剖面，结合钢筋表，可以确定各号钢筋的形状、位置和数量等；结合踏步尺寸明细表，即可识出该梯段各踏步板在空中的位置、尺寸和形状等。

对于标准层梯段的识读，仿底层梯段的读法即可。有关材料的强度等要求同样归属于结构设计总说明中。

3. 板梁复合式楼梯详图实例

【例 9】板梁复合式楼梯详图实例，如图 4-16 所示。

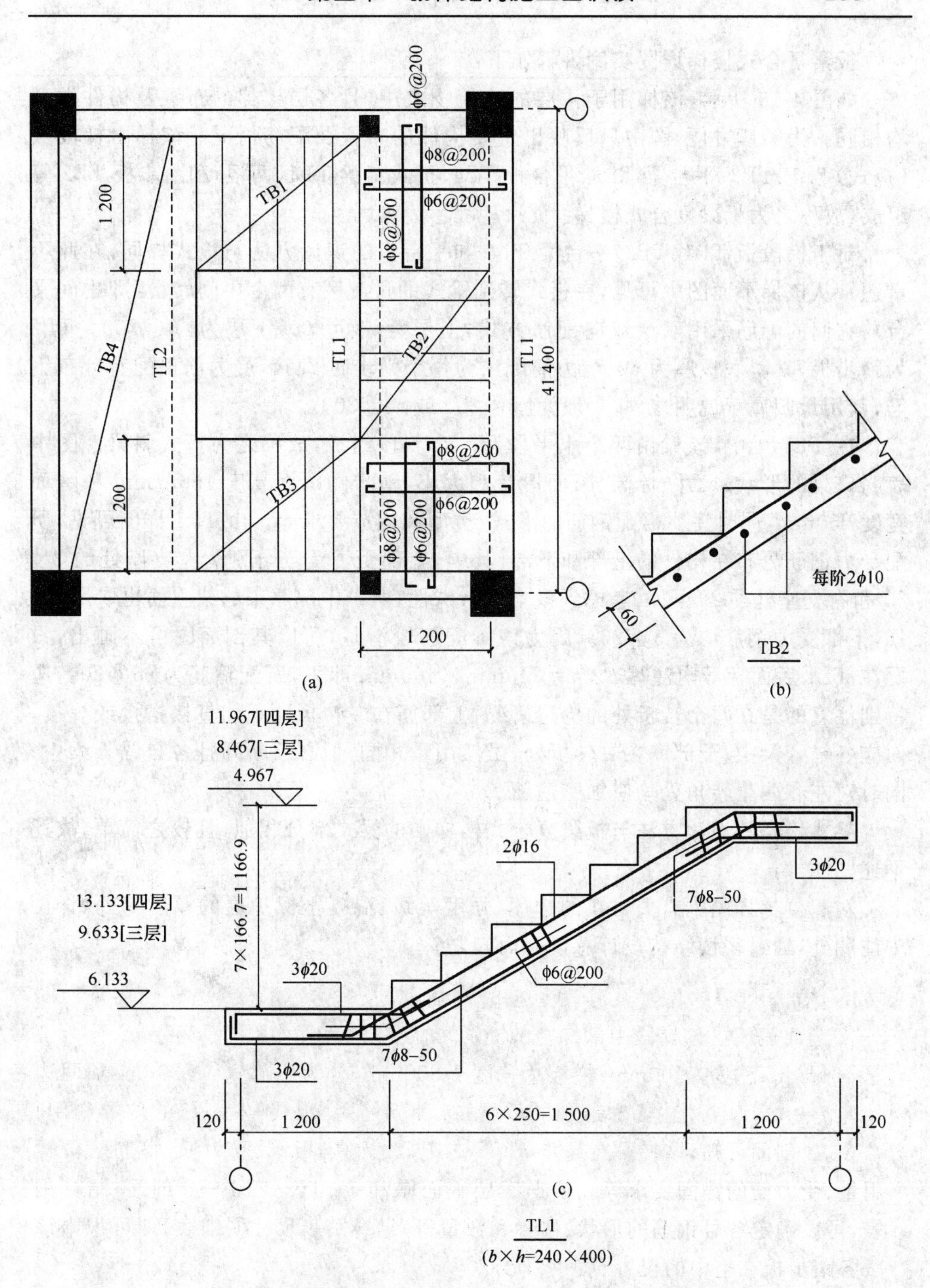

图 4-16　板梁复合式楼梯简图(单位:mm)(标高单位为 m)

(a)标准层平面图(简图);(b)TB2 详图;(c)TL1 详图

板梁复合式楼梯详图实例讲解如下：

如图 4-16 所示，该梯用于 4 层的建筑物之中，且各层楼梯的布置及构件类型均相同。为阅读方便，图中只反映出主要构件的布置及配筋情况。该梯由梯段板(板式)TB1、TB3、平台梁 TL2、平台板 TB4、折式斜梁 TL1(两根)和踏步板 TB2 等组成，故称之为板梁复合式楼梯。

对于梯段板 TB1、TB3、平台梁 TL2 和平台板的识读方法与板式梯同，在此不重述。从该梯平面图中可见，在板式转到梁式的过渡区有两个中间转台(即中间平台)，它们的配筋采用双层双向配筋方式，上层为ϕ8@200，下层为ϕ6@200。TB2 为踏步板，其斜底板厚为 60，受力筋配法为每个踏步底 2ϕ10，受力筋顶配有分布钢筋，其用量归属于说明之中，一般为ϕ6@250 或ϕ6@300。

在 TL1 梁中，该梁由两个水平段和一个斜段组成，故称之为折式斜梁。图中表明该梁的形状、尺寸、标高、断面形状和大小、踏步的踢面高度 166.7mm 和踏面宽度 250mm，同时注明需配钢筋的形式、类型和构造要求等。由 TL1 详图可见，所配受力钢筋分布在构件的上部和下部，其中，上部受力钢筋分别为左支座处的 3⌀20 和右支座处的 23⌀16，考虑到该梁的特殊性，所以中部原来的架立筋也取用 2⌀16，下部受力钢筋均为 3⌀20。因为该梁配筋较清楚，所以其剖面图可不画出，只要在 TL1 后面括号内注写 $b\times h=240\text{mm}\times400\text{mm}$ 即可，所配箍筋为ϕ6@20。应特别注意的是在两个转折处的构造情况，上部筋在左转折处不能直接搭接或焊接，而应各锚入梁中；下部筋在右转折处，虽然用量相同，但必须断开且各自锚入梁中；同时对左右两个转角处均应加密箍筋。

梁式楼梯的识读方法与板梁复合式楼梯中的梁式部分相似，且较之简单，故此不述。

对于楼梯详图中有关材料的选用、强度等级、混凝土保护层的厚度等，除详图中注明外，通过识读结构设计总说明而知之。

参考文献

[1] 徐剑等. 建筑识图与房屋构造[M]. 北京:金盾出版社,2003.

[2] 何斌. 建筑制图[M]. 北京:高等教育出版社,2005.

[3] 王子茹. 房屋建筑结构识图[M]. 北京,中国建材工业出版社,2009.

[4] 中华人民共和国住房和城乡建设部. 建筑结构制图标准(GB/T 50105—2010)[S]. 北京:中国建筑工业出版社,2010.

[5] 中华人民共和国住房和城乡建设部. 混凝土结构施工图平面整体表示方法制图规则和构造详图[S]. 北京:建筑标准设计研究院,2011.

[6] 中华人民共和国住房和城乡建设部. 建筑地基基础设计规范(GB 50007—2011)[S]. 北京:中国计划出版社,2012.

[7] 程文斌,张金良. 建筑工程制图[M]. 上海:同济大学出版社,2010.

[8] 陶红林. 建筑结构[M]. 北京:高等教育出版社,2002.

[9] 孙韬,王峰. 钢结构施工图[M]. 北京:人民交通出版社,2009.

[10] 中华人民共和国住房和城乡建设部. 房屋建筑制图统一标准(GB/T 50001—2010[S]. 北京:中国建筑工业出版社,2010.

[11] 中国建筑标准设计研究院. 混凝土结构施工图平面整体表示方法制图规则和结构详图(现浇混凝土框架、剪力墙、梁、板)(11G101—1). 北京,中国建筑标准设计研究院,2011.

[12] 中国建筑标准设计研究院. 混凝土结构施工图平面整体表示方法制图规则和结构详图(现浇混凝土板式楼梯)(11G101—2). 北京,中国建筑标准设计研究院,2011.

[13] 中国建筑标准设计研究院. 混凝土结构施工图平面整体表示方法制图规则和结构详图(独立基础、条形基础、筏形基础及桩基承台)(11G101—3). 北京,中国建筑标准设计研究院,2011.